数据库原理及应用（MySQL 8.0）

主　编　苏毅娟
副主编　石亚冰　李　帆

北京理工大学出版社
BEIJING INSTITUTE OF TECHNOLOGY PRESS

内 容 简 介

本书本着简明易学、循序渐进、学以致用的理念，详细阐述了关系数据库相关理论基础和 MySQL 数据库基本技术，内容涵盖数据库系统概述、关系数据库、MySQL 8.0 数据库和数据表的创建、结构化查询语言 SQL、关系数据库设计、关系数据库模式的规范化设计、数据库保护技术和数据库新技术发展。全书理论和实践并重，案例丰富，图文并茂，代码翔实，有完备的实验和教学文档等相关配套资源。书中和 SQL 语句有关的例子均在 MySQL 8.0 环境下测试通过。

本书既可以作为高等院校计算机科学与技术、软件工程、电子信息科学、信息安全、信息管理与信息系统、信息与计算科学等专业本科生数据库课程的教材，还可以供从事信息领域工作的科技人员及其他人员参阅。

版权专有　侵权必究

图书在版编目（CIP）数据

数据库原理及应用：MySQL 8.0 / 苏毅娟主编.
北京：北京理工大学出版社，2025.1.
ISBN 978-7-5763-4666-4

Ⅰ. TP311.132.3

中国国家版本馆 CIP 数据核字第 2025FG8876 号

责任编辑：时京京	文案编辑：时京京
责任校对：刘亚男	责任印制：李志强

出版发行	/ 北京理工大学出版社有限责任公司
社　　址	/ 北京市丰台区四合庄路 6 号
邮　　编	/ 100070
电　　话	/ (010) 68914026（教材售后服务热线）
	(010) 63726648（课件资源服务热线）
网　　址	/ http://www.bitpress.com.cn
版 印 次	/ 2025 年 1 月第 1 版第 1 次印刷
印　　刷	/ 三河市天利华印刷装订有限公司
开　　本	/ 787 mm×1092 mm　1/16
印　　张	/ 13
字　　数	/ 306 千字
定　　价	/ 89.00 元

图书出现印装质量问题，请拨打售后服务热线，负责调换

前　言

数据库技术是计算机技术的重要组成部分，也是发展最快、应用最广的计算机技术之一。数据库自 20 世纪 60 年代中后期出现以来，经历了 50 多年的发展已日臻完善，出现了 Oracle、SQL Server、MySQL、DB2 等十分成熟、深受用户喜爱的数据库管理软件。如今，在我们日常的工作、学习和生活中，数据库已经成为各类信息系统和应用系统的技术基础，与人们的生活息息相关。随着新一代信息技术的发展，数据库技术将发挥更重要的基础作用。

"数据库原理及应用"课程是计算机科学与技术专业和相近专业的主干课程。这门课程的主要特点是实践性强，同时又要求具备良好的理论基础。针对上述特点，本着突出理论知识的应用和实践能力的培养，基础理论以必需、实用为度，专业教学加强针对性和实用性等原则，本书在体系结构的安排上强调内容的系统性、连贯性、逻辑性和条理性，并给出了适量的典型例题和习题，从各种不同角度帮助读者了解和掌握所学的知识点，形成完整的知识体系。

MySQL 具有快捷、多用户、多线程和免费等特点，受到国内外众多的互联网公司和个人用户的青睐，很多中小型网站及软件开发公司将 MySQL 作为后台数据库系统。基于此背景，本书选用 MySQL 数据库管理系统作为实验平台。本书的例子都融合了 MySQL 的具体语句实现，打破了纯理论的枯燥教学，有利于读者在掌握理论知识的同时提高解决问题的动手能力。

本书由 8 章和 3 个附录组成。

第 1 章介绍关系数据库系统的基本概念、数据库管理系统的体系结构、数据模型的概念和常用的数据模型。

第 2 章介绍关系数据库中的关系模型、关系形式化定义、关系的完整性、关系运算的理论。

第 3 章介绍利用 MySQL 8.0 创建数据库和数据表。

第 4 章介绍结构化查询语言 SQL 的应用。

第 5 章介绍数据库设计的步骤和方法，主要介绍需求分析、概念模型设计、逻辑模型设计及物理结构设计。

第 6 章介绍关系数据库模式的规范化设计，包括函数依赖、多值依赖的概念，以及各级范式的规范化步骤。

第 7 章介绍数据库保护技术，包括数据库的安全性、完整性、并发控制、数据库恢复等内容。

第 8 章介绍大数据背景下的新型数据库管理系统，着重介绍分布式数据库、图数据库、流数据管理和时空数据库的相关技术和发展趋势，还介绍了国产数据库的发展历程及几个国产优秀数据库产品。

附录 A：MySQL 8.0 和 Navicat 两个软件的下载与安装步骤。

附录 B：MySQL 实验指导，通过 8 个具有代表性的具体实验，详细介绍了 MySQL 的使用方法，帮助读者加强、巩固对数据库技术理论和应用的掌握。

附录 C：本书的习题参考答案。

本书内容丰富，叙述严谨清晰，每章后均配有本章小结以及适量的思考题和习题，以配合对知识点的掌握，适合广大师生的教与学。本书除每章有大量实例外，最后还有配套的上机实验内容，以便学生更好地学习与掌握数据库的基本知识与技能。

本书可作为计算机各专业及信息类、电子类专业等数据库相关课程教材，也可作为数据库应用系统开发设计人员、工程技术人员、备考国家软考数据库工程师证书人员、自学考试人员等的参考书。

本书由南宁师范大学计算机与信息工程学院组织，由多年从事"数据库原理与应用"一线教学、具有丰富教学经验和实践经验的教师编写。其中，苏毅娟编写了第 1 章和第 7 章及附录 B，石亚冰编写了第 2 章和第 5 章，李帆编写了第 3~4 章和附录 A，潘颖编写了第 6 章，梁烽编写了第 8 章。尽管编者在编写本书时花费了大量的时间和精力，但由于水平有限，书中待商榷之处在所难免，敬请各位读者批评指正。

目 录

第1章　数据库系统概述 …………………………………………………………… 1
　1.1　数据库系统的基本概念 …………………………………………………… 1
　　1.1.1　数据 ………………………………………………………………… 1
　　1.1.2　数据库 ……………………………………………………………… 1
　　1.1.3　数据库管理系统 …………………………………………………… 2
　　1.1.4　数据库系统 ………………………………………………………… 3
　1.2　数据管理技术的发展 ……………………………………………………… 3
　1.3　数据库系统结构 …………………………………………………………… 7
　　1.3.1　三级模式结构 ……………………………………………………… 7
　　1.3.2　数据库的两级映像与独立性 ……………………………………… 9
　1.4　数据模型 …………………………………………………………………… 10
　　1.4.1　数据模型的类型 …………………………………………………… 10
　　1.4.2　数据模型的基本组成 ……………………………………………… 11
　　1.4.3　概念模型 …………………………………………………………… 12
　　1.4.4　逻辑模型 …………………………………………………………… 16
　1.5　小结 ………………………………………………………………………… 21
　习题1 …………………………………………………………………………… 21

第2章　关系数据库 ………………………………………………………………… 25
　2.1　关系数据结构及形式化定义 ……………………………………………… 25
　　2.1.1　关系 ………………………………………………………………… 25
　　2.1.2　关系模式 …………………………………………………………… 28
　2.2　关系操作 …………………………………………………………………… 28
　2.3　关系的完整性 ……………………………………………………………… 29
　　2.3.1　实体完整性 ………………………………………………………… 29
　　2.3.2　参照完整性 ………………………………………………………… 29
　　2.3.3　域完整性 …………………………………………………………… 30
　　2.3.4　用户自定义完整性 ………………………………………………… 30

2.4 关系代数 ·· 30
   2.4.1 传统的集合运算 ··· 30
   2.4.2 专门的关系运算 ··· 32
   2.4.3 关系代数运算举例 ·· 35
2.5 小结 ·· 39
习题 2 ·· 40

第 3 章 MySQL 8.0 数据库和数据表的创建 ·· 42

3.1 MySQL 简介 ·· 42
3.2 MySQL 数据库的操作和管理 ·· 42
   3.2.1 命令行方式 ·· 42
   3.2.2 图形化操作和管理方式 ·· 42
   3.2.3 MySQL 服务启动 ·· 43
3.3 使用 Navicat 创建数据库 ·· 44
3.4 创建数据表 ·· 48
   3.4.1 使用表设计器创建表 ·· 48
   3.4.2 表结构的修改 ·· 52
   3.4.3 表的删除 ·· 54
3.5 表中数据的插入和更新 ·· 54
   3.5.1 表中数据的插入 ·· 55
   3.5.2 表中数据的修改 ·· 56
   3.5.3 表中数据的删除 ·· 56
   3.5.4 表中数据的浏览 ·· 56
小结 ·· 57
习题 3 ·· 57

第 4 章 结构化查询语言 SQL ·· 58

4.1 SQL 概述 ·· 58
   4.1.1 SQL 的功能 ·· 58
   4.1.2 SQL 的特点 ·· 59
4.2 表的创建、修改、删除 ·· 61
   4.2.1 表的创建 ·· 61
   4.2.2 表的修改 ·· 63
   4.2.3 表的删除 ·· 63
4.3 表中的数据查询 ·· 63
   4.3.1 单表查询 ·· 64
   4.3.2 连接查询 ·· 72
   4.3.3 嵌套查询 ·· 72
   4.3.4 集合查询 ·· 74
4.4 数据的插入、修改和删除 ·· 76

4.4.1 数据插入 ·· 76
4.4.2 数据修改 ·· 78
4.4.3 数据删除 ·· 79
小结 ··· 79
习题 4 ··· 80

第 5 章 关系数据库设计 ·· 82
5.1 数据库设计概述 ·· 82
  5.1.1 数据库设计方法 ·· 82
  5.1.2 数据库设计的基本步骤 ··· 83
5.2 需求分析 ·· 85
5.3 概念模型设计 ·· 88
5.4 逻辑模型设计 ·· 94
5.5 物理结构设计 ·· 99
5.6 数据库的运行与维护 ··· 101
习题 5 ··· 102

第 6 章 关系数据库模式的规范化设计 ······································ 105
6.1 问题的提出 ··· 105
6.2 规范化 ··· 107
  6.2.1 函数依赖 ·· 107
  6.2.2 码 ·· 108
  6.2.3 范式 ·· 109
  6.2.4 1NF ·· 109
  6.2.5 2NF ·· 109
  6.2.6 3NF ·· 111
  6.2.7 BCNF ··· 111
  6.2.8 多值依赖 ·· 112
  6.2.9 4NF ·· 115
  6.2.10 规范化小结 ·· 116
6.3 数据依赖的公理系统 ··· 116
6.4 小结 ·· 120
习题 6 ··· 121

第 7 章 数据库保护技术 ·· 123
7.1 数据库的安全性 ·· 123
  7.1.1 用户标识与鉴别 ·· 123
  7.1.2 存取控制 ·· 124
  7.1.3 视图机制 ·· 125
  7.1.4 审计方法 ·· 130
  7.1.5 数据加密 ·· 130

7.2 数据库的完整性 …………………………………………………………………… 130
　　7.2.1 MySQL 提供的约束 ……………………………………………………… 131
　　7.2.2 存储过程 …………………………………………………………………… 134
　　7.2.3 触发器 ……………………………………………………………………… 136
7.3 并发控制 …………………………………………………………………………… 138
　　7.3.1 事务 ………………………………………………………………………… 138
　　7.3.2 并发操作与数据的不一致性 ……………………………………………… 140
　　7.3.3 并发操作的调度 …………………………………………………………… 141
　　7.3.4 封锁 ………………………………………………………………………… 143
7.4 数据库恢复 ………………………………………………………………………… 147
　　7.4.1 数据库的故障种类 ………………………………………………………… 147
　　7.4.2 数据库恢复 ………………………………………………………………… 148
7.5 小结 ………………………………………………………………………………… 152
习题 7 …………………………………………………………………………………… 153

第 8 章 数据库新技术发展 …………………………………………………………… 156

8.1 大数据背景下的数据库 …………………………………………………………… 156
　　8.1.1 分布式数据库 ……………………………………………………………… 156
　　8.1.2 图数据库 …………………………………………………………………… 158
　　8.1.3 流数据管理 ………………………………………………………………… 159
　　8.1.4 时空数据库 ………………………………………………………………… 160
　　8.1.5 其他新技术 ………………………………………………………………… 160
8.2 国产数据库 ………………………………………………………………………… 161
　　8.2.1 国产数据库的发展历程 …………………………………………………… 161
　　8.2.2 国产优秀数据库产品 ……………………………………………………… 162
8.3 总结 ………………………………………………………………………………… 163

附录 A　软件的下载与安装 …………………………………………………………… 164

附录 B　配套实验 ……………………………………………………………………… 175

附录 C　习题参考答案 ………………………………………………………………… 188

参考文献 ………………………………………………………………………………… 199

第 1 章

数据库系统概述

数据库技术是计算机科学的一个重要分支。数据库技术诞生于 20 世纪 60 年代末，历经几十年，已形成较为完整的理论体系。它的应用非常广泛，几乎涉及所有的应用领域。本章主要介绍数据管理技术的发展、数据模型和数据库系统的基本概念等，为后续各章的学习打下基础。

1.1 数据库系统的基本概念

在系统地介绍数据库系统的基本概念之前，这里先介绍与数据库技术密切相关的 4 个基本概念。

1.1.1 数据

数据（Data）是数据库中存储的基本对象。在计算机领域内，数据这个概念已经不局限于普通意义上的数字，还包括文本、图形、图像、声音、视频等。凡是用来描述事物特征的符号记录都可以称为数据。例如，学生的年龄是 18 岁；学生性别是"男"，也可以将文字形式改为用字母"M"表示"男"，这里的"18""男"和"M"都是数据。

日常生活中我们直接用自然语言来描述事物。在计算机中，为了存储和处理这些事物，需要抽取出对这些事物感兴趣的特征，然后组成一个记录来描述。例如，在学生档案中，通常会对学生的姓名、性别、出生日期、籍贯、系别、入学时间感兴趣，那么可以这样描述：

（李明，男，2001.9，广西南宁，计算机系，2019.9）。

这里的学生记录就是数据。了解其含义的人会得到如下信息：李明是一名大学生，2001 年 9 月出生，男，广西南宁人，2019 年 9 月考入计算机系。而不了解其语义的人则可能无法准确理解其含义。可见，数据的形式还不能完全表达其内容，需要进行解释。所以数据和对数据的解释是不可分的。数据的解释是对数据含义的说明，数据的含义称为数据的语义，数据与其语义是不可分的。

1.1.2 数据库

数据库（DataBase，DB），顾名思义，就是存储数据的仓库，只不过这个仓库存在于计算机的存储设备上。

严格地讲，数据库是长期存储在计算机内、有组织的、可共享的大量数据的集合。数据库中的数据按一定的数据模型组织和存储，具有较小的冗余度、较高的独立性和易扩展性，并可为用户共享。例如，图书馆可能同时有描述图书信息的数据（图书编号、书名、作者、单价、出版社、出版日期）和图书借阅数据（读者编号、读者姓名、图书编号、书名、作者、借阅时间、借阅天数）。在这两个数据中，存在有冗余数据（如图书编号、书名、作者）。在构造数据库时，就可以消除冗余数据，只存储一套数据，因为数据库中的数据可为用户共享。

1.1.3 数据库管理系统

数据库管理系统（Database Management System，DBMS）是位于用户与操作系统之间的一层数据管理软件，用户通过数据库管理系统来统一管理和控制数据库中的数据。它的主要功能包括以下几个方面：

（1）数据定义功能。DBMS 提供数据定义语言（Data Definition Language，DDL），用户通过它可以方便地对数据库中的数据对象（包括表、视图、索引、存储过程等）进行定义。

例如，下面 DDL 语句的执行结果就是创建了一个数据对象——学生表 s。

```
CREATE TABLE S
(sno char(6) PRIMARY KEY,
sname varchar(8),
sex char(2),
birth date,
bp varchar(50),
dno char(2));
```

（2）数据操纵功能。DBMS 还提供数据操纵语言（Data Manipulation Language，DML），用户可以使用 DML 操纵数据以实现对数据库的基本操作，如查询、插入、删除和修改等。实际应用中，查询是使用频率最高的操作，对应 SQL 语言的 SELECT 命令。

例如，下面是一个 SQL 查询的例子，通过它可以找出所有女学生的学号和姓名。

```
SELECT sno,sname
FROM S
WHERE sex='女';
```

（3）数据控制功能。DBMS 提供了数据控制语言（Data Control Language，DCL），用户可以通过 DCL 完成对用户访问数据权限的授予和撤销，即安全性控制；解决多用户对数据库的并发使用所产生的事务处理问题，即并发控制；数据库的转储、恢复功能；数据库的性能监视、分析功能等。

（4）数据的组织、存储和管理。DBMS 要分类组织、存储和管理各种数据，包括数据字典、用户数据、存取路径等，需确定以何种文件结构和存取方式在存储级上组织这些数据，以提高存取效率。在进行数据库设计时，这些都由具体的 DBMS 自动实现，使用者一般不需设置。

数据库管理系统的目标是让用户能够更方便、更有效、更可靠地建立数据库和使用数据库中的数据资源。数据库管理系统不是应用软件，不能直接用于诸如人事信息管理、工资管理或资料管理等事务管理工作，但数据库管理系统能够为事务管理提供技术和方法、应用系统的设计平台和设计工具，使相关的事务管理软件很容易设计。典型的商用数据库管理系统有 Oracle、DB2、MySQL、SQL Server、Informix、Sybase 等。其中，MySQL 具有开源、免费、体积小、便于安装且功能强大等特点。

1.1.4 数据库系统

数据库系统（Database System，DBS）是指在计算机系统中引入数据库后的系统，一般由数据库、数据库管理系统（及其开发工具）、应用系统、数据库管理员和用户等构成。应当指出的是，数据库的建立、使用和维护等工作只依靠 DBMS 远远不够，还要有专门的人员来完成，这类人则称为数据库管理员（Database Administrator，DBA）。

数据库系统可以用图 1-1 来表示。数据库系统在整个计算机系统中的地位如图 1-2 所示。在实际应用中，数据库、数据库管理系统和数据库系统经常被统称为数据库，而实质上这三个概念是不一样的，在使用过程中要根据上下文内容正确地使用相关的术语。

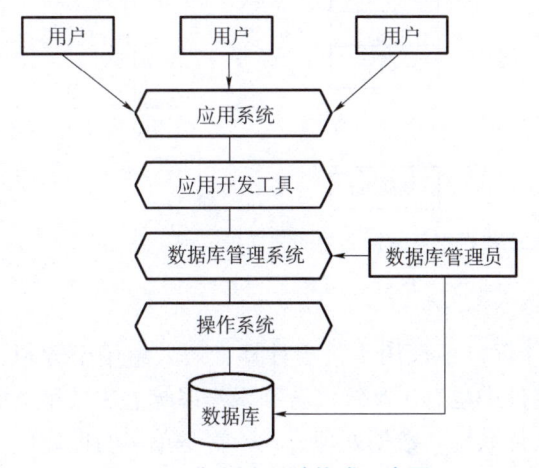

图 1-1　数据库系统构成示意图　　　　图 1-2　数据库系统在计算机系统中的地位

1.2　数据管理技术的发展

数据管理技术的发展与计算机的外存储器、系统软件及计算机应用范围有密切的联系。数据管理技术经历了人工管理、文件系统管理、数据库系统管理 3 个阶段。

1. 人工管理阶段

20 世纪 50 年代中期以前，计算机主要用于科学计算，数据管理处于人工管理阶段，数据处理的方式是批处理。

当时计算机硬件存储设备主要有磁带、卡片、纸带等，还没有磁盘等直接存取的存储设备；软件也处于初级阶段，没有操作系统和管理数据的专门软件。数据的组织和管理完全靠程序员手工完成，因此也称为手工管理阶段，该阶段数据的管理效率很低，主要特点如下：

（1）不保存数据。因计算机主要用于科学计算，不要求将数据长期保存，只是在每次计算时，将数据和程序输入计算机内存中，然后进行计算，最后将计算结果输出，所以计算机中不保存数据和程序。

（2）应用程序管理数据。数据需要由应用程序管理，每个应用程序不仅要考虑数据的逻辑结构，还要考虑设计其物理结构，包括数据的存储结构、存取方法和输入方式等，使程序员的工作量很大。

（3）数据不共享，冗余度大。每个程序都有自己的一组数据，程序与数据融为一体，相互依赖。当多个应用程序涉及某些相同的数据时，势必造成数据重复存储的现象，这种现象称为数据冗余。因此，程序之间有大量的冗余数据。

（4）程序与数据不具有独立性。程序依赖数据，如果数据的类型、格式或输入/输出方式等逻辑结构或物理结构发生变化，必须对应用程序做相应的修改，因此，数据与程序不具有独立性。

在人工管理阶段，应用程序与数据之间是一一对应关系，如图 1-3 所示。

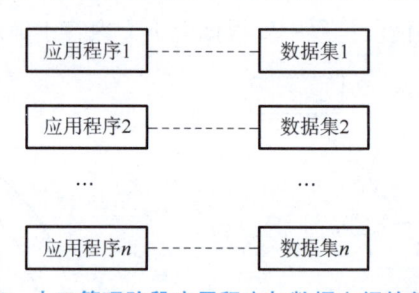

图 1-3　人工管理阶段应用程序与数据之间的关系

2. 文件系统管理阶段

20 世纪 50 年代后期到 60 年代中期，计算机不仅用于科学计算，还大量用于管理。磁盘、磁鼓等直接存取设备也相继被使用，软件中也有了高级语言和操作系统。在操作系统中已经有了专门的管理数据软件，一般称为文件系统。数据处理方式不再是单一的批处理，产生了联机实时处理的方式。该阶段的特点如下：

（1）数据可以长期保存。由于计算机大量用于数据处理，数据以"文件"形式可长期保存在外部存储器上，以供进行查询、修改、插入和删除等操作。

（2）文件系统管理数据。文件系统把数据组织成内部有一定结构的记录，并以文件的形式存储在存储设备上，这样程序只与存储设备上的文件交互，不必关心数据的物理存储（存储位置、结构等），而由文件系统提供的存取方法实现数据的存取，从而实现按文件名访问，按记录进行存取。

（3）程序与数据之间有一定的独立性。由于程序通过文件系统对数据文件中的数据进行读取和处理，使程序和数据之间具有设备独立性，即当改变存储设备时，不必改变应用程序。程序员不需要考虑数据的物理存储，而将精力集中于算法程序设计上，大大减少了维护程序的工作量。

在文件系统管理阶段，应用程序与数据之间的关系如图 1-4 所示。

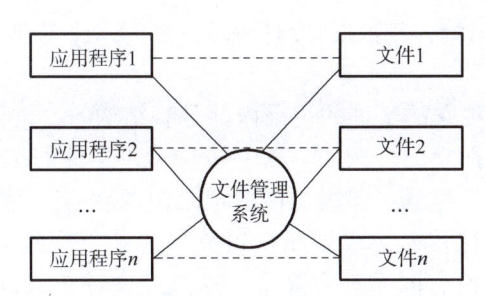

图 1-4 文件系统管理阶段应用程序与数据之间的关系

尽管文件系统有上述优点，但仍存在以下缺点：

（1）数据冗余度大。在文件系统中，一个文件基本上对应一个应用程序，即文件仍然是面向应用的。当不同的应用程序具有部分相同的数据时，也必须建立各自的文件，不能共享相同的数据，这就会造成同一个数据重复存储，导致数据冗余度大，浪费存储空间。同时，相同数据的重复存储、各自管理，可能造成数据的不一致性，给数据的修改和维护带来困难。

（2）数据独立性差。文件系统中的文件是为某个特定应用服务的，文件的逻辑结构是针对具体的应用来设计和优化的，因此，对现有的数据增加一些新的应用是很困难的，系统扩充性较差。一旦数据的逻辑结构发生变化，就必须修改应用程序和文件结构的定义；而如果应用程序发生变化，改用另一种程序设计语言来编写程序，也将引起文件数据结构的改变。

可见，在文件系统中，数据与文件之间缺乏联系，不能反映现实世界事物之间的内在联系。为了解决这些问题，产生了数据库技术。

3. 数据库系统管理阶段

20 世纪 60 年代后期以来，计算机用于管理数据的规模更为庞大，应用越来越广泛，数据量也急剧增长，同时人们对多种应用、多种语言互相覆盖的共享数据集合的需求越来越多。

在计算机硬件方面，出现了大容量、存取快速的磁盘。同时软件价格上升，硬件价格下降，编制和维护系统软件及应用程序所需的成本相对增加，其中维护的成本更高；在处理方式上，联机实时和分布式处理的应用更多。

为满足多用户、多个应用程序共享数据的需求，使数据为尽可能多的应用服务，数据库技术应运而生，出现了统一管理数据的专门软件系统——数据库管理系统。

数据库管理系统是数据管理技术发展的一个重大变革，将过去在文件系统中的以程序设计为核心、数据服从程序设计的数据管理模式改变为以数据库设计为核心、应用程序设计退居次位的数据管理模式，如图 1-5 所示。

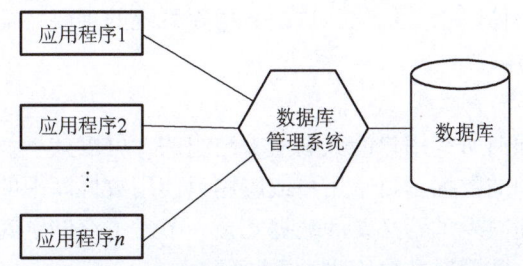

图 1-5 数据库系统管理阶段应用程序与数据之间的关系

从文件系统到数据库系统，是数据管理技术的一个飞跃，该阶段的特点如下。

1. 数据结构化

在文件系统中，相互独立的文件的记录内部是有结构的，类似于属性之间的联系，而记录之间是没有结构的、孤立的。例如，图 1-6 中学生文件的记录由学号、姓名、性别、出生日期、班级、住址属性组成；课程文件的记录由课程号、课程名称、学分属性组成；学习文件的记录由学号、课程号、成绩属性组成。这三个数据文件其记录内部已有了一定的结构，但记录之间并没有联系。实际上，这三个文件记录间是有内在联系的，即学习文件中的学号值必须是学生文件的某个学生的学号值，学习文件中的课程号值必须是课程文件的某门课程的课程号值。这种记录之间的联系可以用参照完整性来表述。由于数据文件间的无关性，无法保证这三个文件之间的参照完整性，只能由程序员编写一段复杂的程序来实现。

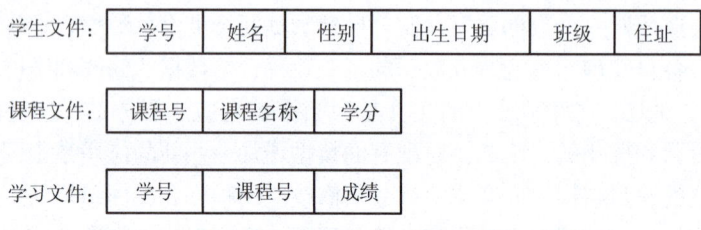

学生文件： | 学号 | 姓名 | 性别 | 出生日期 | 班级 | 住址 |

课程文件： | 课程号 | 课程名称 | 学分 |

学习文件： | 学号 | 课程号 | 成绩 |

图 1-6 文件系统阶段的学生、课程、学习文件结构

在数据库系统中，数据记录保存在关系中，关系之间的参照完整性是由数据库管理系统实现的，也就是说数据库系统不仅考虑某个应用的数据结构完整性，还要考虑整体组织的完整性。如图 1-7 所示，学生关系和学习关系存在共同的属性列（学号），课程关系和学习关系存在共同的属性列（课程号），数据库系统要求学习关系中的学号值必须是学生关系的某个学生的学号值，学习关系中的课程号值必须是课程关系的某门课程的课程号值，而不像在文件系统中必须通过程序来约束。

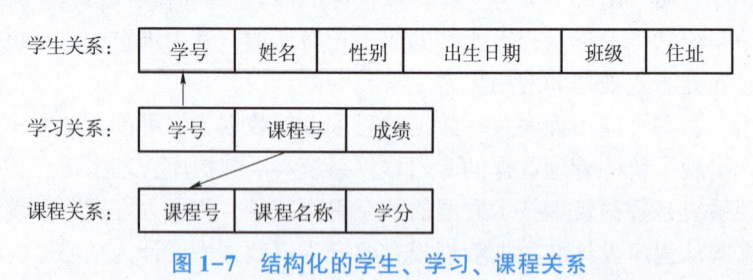

学生关系： | 学号 | 姓名 | 性别 | 出生日期 | 班级 | 住址 |

学习关系： | 学号 | 课程号 | 成绩 |

课程关系： | 课程号 | 课程名称 | 学分 |

图 1-7 结构化的学生、学习、课程关系

数据库系统实现了整体数据结构化，这是数据库系统的主要特征，也是数据库系统与文件系统的根本区别。

2. 数据冗余度小、共享性高

数据库中的数据是面向所有用户的数据需求组织的，可以共享。因此，不同用户、不同应用可同时存取数据库中的数据，每个用户或应用只使用数据库中的一部分数据，同一数据可供多个用户共享，从而减少了不必要的数据冗余，节省了存储空间，也避免了数据之间的不一致性，即避免了同一数据在数据库中的重复储存。

在此需说明一点，从理论上讲，数据库中的数据应该是冗余度越小越好。然而，在实际运行的数据库系统中，为了提高查询效率，在某种程度上仍然保留一些重复数据，称为可控冗余度。

3. 数据独立性高

数据独立性是指数据库中的数据与应用程序之间相互独立、互不依赖，这在很大程度上减少了应用程序设计与维护的工作量。

在数据库系统中，数据独立性一般分为数据的逻辑独立性和物理独立性。

逻辑独立性是指用户的应用程序与数据库的逻辑结构是相互独立的，数据库的逻辑结构发生变化时，用户的程序不需要改变。

物理独立性是指用户的应用程序与数据库的存储结构是相互独立的。改变数据库的存储结构时，不影响逻辑结构，只要不改变逻辑结构，就不影响应用程序。若某个数据库管理系统升级或进行了数据库迁移，管理系统一般会将以前的存储结构用新的存储方式进行存储，但逻辑结构是不变的，所以也不需要改变应用程序。

4. 数据由数据库管理系统统一管理和控制

在数据库的数据管理方式下，应用程序不能直接存取数据，必须通过数据库管理系统这个中间接口才能访问数据，因此，数据库中的数据是由数据库管理系统统一管理和控制的。数据库管理系统必须提供以下4个方面的数据控制功能。

（1）数据的安全性（Security）保护。

数据库系统对访问数据库的用户进行身份及其操作的合法性检查，以防止不合法地使用数据，造成数据的丢失和信息泄露。例如，数据库系统通常采取用户标识与鉴别实现安全保护，即每次用户要求进入系统时，由系统进行核对，合法者才具有使用权。

（2）数据的完整性（Integrity）控制。

数据库系统自动检查数据的一致性、相容性，保证数据应符合完整性约束条件。例如，规定性别只能是男或女，考试成绩只能在 0~100 分等。

（3）并发控制（Concurrency Control）。

数据库系统提供并发控制机制，能有效地控制多个用户程序同时对数据库中数据的操作，保证共享及并发操作，防止多用户并发访问时所产生的不一致性。

（4）数据库恢复（Recovery）。

数据库系统具有恢复功能，即当数据库遭到破坏时，能自动从错误状态恢复到某一正确状态。

1.3　数据库系统结构

1.3.1　三级模式结构

数据库体系结构是数据库的一个总体框架，是数据库内部的系统结构。

为了有效地组织、管理数据，提高数据库的逻辑独立性和物理独立性，1978年美国国家标准协会（American National Standard Institute，ANSI）的数据库管理研究小组提出标准化建议，为数据库设计了一个严密的三级模式体系结构，它包括模式、外模式和内模式。三级结构之间差别很大，为实现这三个抽象级别的联系和转换，数据库管理系统提供了外模式/模式和模式/内模式的两级映像。数据库系统体系结构如图 1-8 所示。

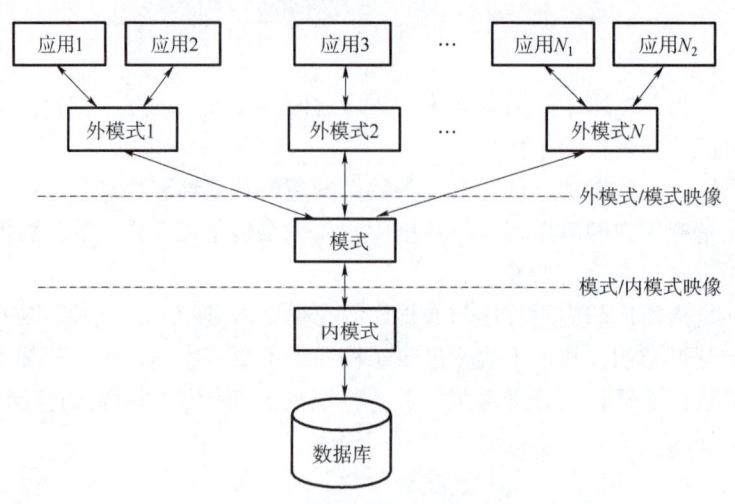

图 1-8　数据库系统的三级模式结构

（1）模式（Schema）。

模式也称逻辑模式或概念模式，是数据库中全体数据的逻辑结构和特征的描述，是所有用户的公共数据视图。它是数据库系统模式结构的中间层，既不涉及数据的物理存储细节和硬件环境，也与具体的应用程序、与所使用的应用开发工具高级程序设计语言无关。

模式实际上是数据库在逻辑级上的视图。一个数据库只有一个模式。数据库模式以某种数据模型为基础，统一考虑所有用户的需求，并将这些需求有机地结合成一个逻辑整体。定义模式时不仅要定义数据的逻辑结构，例如数据记录由哪些数据项构成，数据项的名字、类型、取值范围等，而且要定义数据之间的联系，定义与数据有关的安全性、完整性要求。模式可以减小系统的数据冗余，实现数据共享。DBSM 提供模式描述语言（Data Description Language）来严格地定义模式。

在教学管理数据库应用系统中，图 1-9 所示的关系模式集合中的所有关系模式，以及有关它们中的各个关系模式对应的数据完整性、安全性和数据控制方面的要求和描述，就构成了教学管理数据库应用系统的模式。

```
学生关系模式：学生（学号，姓名，性别，出生日期，班级，部门号）
课程关系模式：课程（课程号，课程名称，课时数，学分）
学习关系模式：学习（学号，课程号，成绩）
教师关系模式：教师（教师号，教师名，性别，职称，部门号）
讲授关系模式：讲授（课程号，教师号）
部门关系模式：部门（部门号，部门名称，办公地点，电话）
```

图 1-9　教学管理数据库应用系统中的数据库模式

（2）外模式（External Schema）。

外模式也称子模式（Subschema）或用户模式，它是数据库用户（包括应用程序员和最终用户）能够看见和使用的局部数据的逻辑结构和特征的描述，是数据库用户的数据视图，是与某一应用有关的数据的逻辑表示。DBMS 提供子模式语言（子模式 DDL）来严格定义外模式。

外模式通常是模式的子集。一个数据库可以有多个外模式。由于它是各个用户的数据视图，如果用户在应用需求、提取数据的方式、对数据保密的要求等方面存在差异，则其外模式描述是有所不同的。可见，不同数据库用户的外模式可以不同。例如，对教学管理数据库应用系统而言，教学管理人员可能需要获得上课安排的信息，其信息结构如图 1-10 的教学安排所示；学生用户可能需要查看每门课程的成绩信息，其信息结构如图 1-10 的课程成绩所示等。

教学安排（课程号，课程名称，学时数，教师名，职称，部门名称）
课程成绩（学号，姓名，课程号，课程名称，学分，成绩）

图 1-10　外模式示例

对应用程序员来说，虽然在数据库中并不存在这样的关系模式，但可通过定义外模式使应用程序员在编写应用程序时，直接使用这样的外模式进行数据查询操作，就像数据库中有这样的关系模式一样，可以直接查询教学安排信息和学生各门课程的成绩信息。

使用外模式有以下优点。

① 由于使用外模式，用户不必考虑那些与自己无关的数据，也无须了解数据的存储结构，使用户使用数据的工作和程序设计的工作都得到了简化。

② 由于用户使用的是外模式，使用户只能对自己需要的数据进行操作，数据库的其他数据与用户是隔离的，这样有利于数据的安全和保密。

③ 由于用户可以使用外模式，而同一模式可以派生出多个外模式，所以有利于数据的独立性和共享性。

（3）内模式（Internal Schema）。

内模式也称存储模式（Storage Schema），是数据在数据库中的内部表示。内模式是数据物理结构和存储方式的描述，一个数据库只有一个内模式，它是 DBMS 管理的最低层。内模式规定了所有内部记录类型、索引和文件的组织方式，以及数据控制方面的细节。DBMS 提供内模式描述语言（内模式 DDL）来严格地定义内模式。

总之，模式描述数据的全局逻辑结构，外模式涉及的是数据的局部逻辑结构，即用户可以直接接触到的数据的逻辑结构，而内模式更多地是由数据库系统内部实现的。

1.3.2　数据库的两级映像与独立性

数据库系统的三级模式是对数据进行三个级别的抽象。它把数据的具体组织留给 DBMS 去做，用户只要抽象地处理数据，而不必关心数据在机器中的具体表示方式和存储方式。为了能够实现这三个抽象级别的联系和转换，数据库管理系统在这三级模式之间提供了两层映像：外模式/模式映像和模式/内模式映像。如图 1-8 所示，这两层映像保证了数据库系统中的数据能够具有较高的逻辑独立性和物理独立性。

（1）外模式/模式映像。

模式描述的是数据的全局逻辑结构，外模式描述的是数据的局部逻辑结构。对应于同一个模式可以有任意多个外模式。对每一个外模式，数据库系统都提供了一个外模式/模式映像，它定义了该外模式与模式之间的对应关系。这些映像定义通常包含在各自外模式的描述中。

如果数据库的模式需要改变时，例如，增加新的关系、增加属性列、改变属性的数据类型、改变数据间的联系等，可由数据库管理员对各个外模式/模式的映像做相应的改变，从而保持外模式不变。应用程序是依据数据的外模式编写的，因此应用程序就不必修改了，保证了数据与程序的逻辑独立性，简称数据的逻辑独立性。

（2）模式/内模式映像。

数据库中只有一个模式，也只有一个内模式，所以模式/内模式映像是唯一的，它定义了数据全局逻辑结构与存储结构之间的对应关系。如果数据库为了某种需要改变内模式，例如，为了提高对某个文件的存取效率，选用了另一种存储结构，可由数据库管理员对模式/内模式映像做相应改变，可以使模式尽可能保持不变，从而不必修改或重写应用程序，保证了数据与程序的物理独立性，简称数据的物理独立性。

在数据库的三级模式结构中，数据库模式即全局逻辑结构是数据库的中心与关键，它独立于数据库的其他层次。因此，设计数据库模式结构时应首先确定数据库的逻辑模式。

数据库的内模式依赖它的全局逻辑结构，但独立于数据库的用户视图即外模式，也独立于具体的存储设备。它是将全局逻辑结构中所定义的数据结构及其联系按照一定的物理存储策略进行组织，以达到较好的时间与空间效率。

数据库的外模式面向具体的应用程序，它定义在逻辑模式之上，但独立于存储模式和存储设备。当用户需求发生较大变化，相应外模式不能满足其视图要求时，该外模式就要做相应的改动，所以设计外模式时应充分考虑到应用的扩充性。

数据与程序之间的独立性，使数据的定义和描述可以从应用程序中分离出去。另外，由于数据的存取由 DBMS 管理，用户不必考虑存取路径等细节，从而简化了应用程序的编制，大大减少了应用程序的维护和修改工作量。

1.4 数据模型

数据库通常是某个企业、组织或部门所涉及的数据的综合，它不仅要反映数据本身的内容，而且要反映数据之间的联系。现实世界中的事物必须先转换成计算机能够处理的数据，这需要采用数据模型来表示和抽象现实的数据和信息。

数据模型（Data Model）是对现实世界中数据特征的抽象。现有的数据库系统均是基于某种数据模型建立的，数据模型是数据库系统的核心和基础。

1.4.1 数据模型的类型

数据模型应满足三个方面的要求：一是能比较真实地模拟现实世界；二是容易理解；三是便于在计算机上实现。目前，一种数据模型要很好地满足这三个方面的要求尚很困难。因此，在数据库系统中，针对不同的使用对象和应用目的，采用不同的数据模型。可以将数据模型分为两类：概念模型和逻辑模型。

1. 概念模型

概念模型（Conceptual Model），也称为信息模型，它是按照用户的观点对数据和信息进行建模，主要用于数据库设计。其中最具影响力和代表性的是 P. P. S. Chen 于 1976 年提出的实体—联系模型（Entity-Relationship Model，E-R 模型）。

2. 逻辑模型

逻辑模型是按计算机系统的观点对数据建模，有严格的形式化定义，主要用于 DBMS 实现。逻辑模型主要包括层次模型（Hierarchical Model）、网状模型（Network Model）、关系模型（Relational Model）。

数据模型是数据库系统的基础，各种计算机上实现的 DBMS 软件都是基于某种数据模型的。为了把现实世界的具体事物抽象、组织为某一 DBMS 支持的数据模型，通常先把现实世界中的客观对象抽象为概念模型，然后再把概念模型转换为某一 DBMS 支持的数据模型，这一过程如图 1-11 所示。

现实世界（客观对象） —分析、抽象→ 信息世界（概念模型） —转换→ 计算机世界（DBMS 支持的逻辑模型）

图 1-11　现实世界中客观对象的抽象过程

从图 1-11 可以看出，数据处理中，数据加工经历了现实世界、信息世界和计算机世界 3 个不同世界的两级抽象和转换。从客观对象到概念模型的转换是由数据库设计人员完成的，从概念模型到逻辑模型的转换可以由数据库设计人员完成，也可以用设计工具协助设计人员完成。

下面首先介绍数据模型的共性，即数据模型的组成要素，然后再分别介绍两类不同的数据模型——概念模型和逻辑模型。

1.4.2　数据模型的基本组成

一般地讲，数据模型是严格定义的概念的集合。这些概念精确地描述系统的静态特性、动态特性和完整性约束条件。因此，数据模型通常由数据结构、数据操作和数据的完整性约束三部分组成。

1. 数据结构

数据结构是对数据静态特征的描述，是数据模型最基本的组成部分。数据的静态特征包括数据的基本结构和数据间的联系。例如，在学校中我们要管理学生的基本情况（学号、姓名、出生日期、院系、班级、选课情况等），这些基本情况说明了每一个学生的特性，构成在数据库中存储的框架，即对象类型。学生在选课时，一个学生可以选多门课程，一门课程也可以被多名学生选，这类对象之间存在数据关联，这种数据关联也要存储在数据库中。

数据库系统中，通常按照数据结构的类型来命名数据模型。如层次结构、网状结构和关系结构的模型分别命名为层次模型、网状模型和关系模型。由于采用的数据结构类型不同，通常把数据库分为层次数据库、网状数据库和关系数据库等。

2. 数据操作

数据操作是指对数据动态特征的描述，包括对数据进行的操作及相关操作规则。数据库的操作主要有检索和更新（包括插入、删除、修改）两大类。数据模型要定义这些操作的确切含义、操作符号、操作规则（如优先级别）以及实现操作的语言。

例如，在关系模型中，数据操作提供了一组完备的关系运算（分为关系代数和关系演算两大类），以支持对数据库的各种操作。

3. 数据的完整性约束

数据的完整性约束是对数据静态和动态特征的限定，是用来描述数据模型中数据及其联系应该具有的制约和依存规则，以保证数据的正确、有效和相容。

数据模型应该反映和规定符合本数据模型必须遵守的、基本的、通用的完整性约束条件。例如，在关系模型中，任何关系必须满足实体完整性和参照完整性两个条件。

另外，数据模型还应该提供定义完整性约束条件的机制，用以反映特定的数据必须遵守特定的语义约束条件。如学生信息中必须要求学生性别只能是男或女，学生的选课成绩应该在数据 0~100 分等。

1.4.3 概念模型

从图 1-8 可看出，概念模型是现实世界信息的抽象反映，不依赖具体的计算机系统，是现实世界到计算机世界的一个中间层次。概念模型是数据库设计人员进行数据库设计的工具，也是数据库设计人员和业务领域的用户进行交流的工具。因此，概念模型具有较强的语义表达能力，能够方便、直接地表达应用中的各种语义知识；另外还很简单、清晰和易于被用户理解。

常用的概念模型有实体—联系（Entity-Relationship，E-R）模型、语义对象模型。本书介绍的是实体—联系模型，也是最常用的一种概念模型。

1. 基本概念

（1）实体（Entity）。

实体是客观存在并可相互区别的事物。实体可以是人、事、物，也可以是抽象的概念或联系，例如一个学生、一个部门、一门课程，学生的一次选课等都是实体。

（2）实体集（Entity Set）。

具有相同性质的一类实体的集合称为实体集。例如，全体学生构成一个学生实体集，全部课程构成一个课程实体集。

（3）属性（Attribute）。

实体所具有的某一特性称为属性。一个实体可以由若干属性来描述。例如，学生实体可以由学号、姓名、性别、出生日期、所在院系、专业等属性组成。比如学生张三由（21002101，张三，男，200104，计算机系，软件工程）这个属性组合来描述。

（4）码（Key）。

能够唯一标识一个实体的属性或属性集称为码。例如，学号是学生实体的码。

（5）域（Domain）。

属性的取值范围称为该属性的域。例如，学号的域为 8 个数字字符组成的字符串，性别的域为 {男，女}。

（6）联系（Relationship）。

现实世界中，事物内部以及事物之间是有联系的，这些联系在信息世界中反映为实体集内部的联系和实体集之间的联系。实体集内部的联系通常是指同一个实体集内部实体之间的联系；实体集之间的联系通常是指不同实体集之间的联系。

2. 两个实体集之间的联系

实体集之间的联系有一对一联系、一对多联系和多对多联系三种。

（1）一对一联系（1∶1）。

如果实体集 A 中每一个实体最多与实体集 B 中的一个实体有联系，反之，实体集 B 中的每个实体最多与实体集 A 中的一个实体有联系，则称实体集 A 与实体集 B 具有一对一联系，记为 1∶1，如图 1-12 所示。

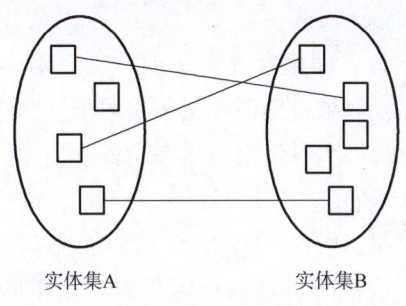

图 1-12　两个实体集之间的 1∶1 联系

例如，学校的班级与班长之间、飞机的乘客与座位之间都是一对一联系。

（2）一对多联系（1∶n）。

如果实体集 A 中每一个实体与实体集 B 中的 n 个实体（$n \geq 0$）有联系，反之，实体集 B 中的每个实体最多与实体集 A 中的一个实体有联系，则称实体集 A 与实体集 B 具有一对多联系，记为 1∶n，如图 1-13 所示。

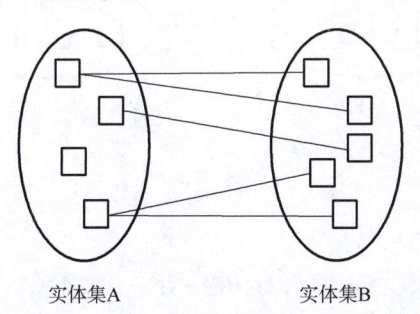

图 1-13　两个实体集之间的 1∶n 联系

例如，学校的班级和学生之间、校长和教师之间都是一对多联系。

（3）多对多联系（$m∶n$）。

如果实体集 A 中每一个实体与实体集 B 中的 n 个实体（$n \geq 0$）有联系，反之，实体集 B 中的每个实体与实体集 A 中的 m 个实体（$m \geq 0$）有联系，则称实体集 A 与实体集 B 具有多对多联系，记为 $m∶n$，如图 1-14 所示。

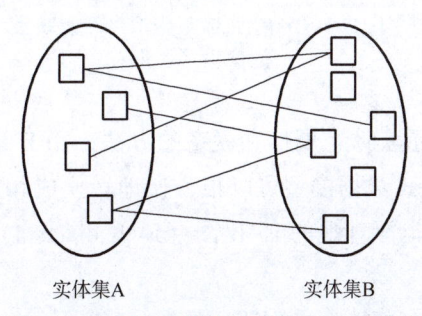

图 1-14　两个实体集之间的 $m∶n$ 联系

例如，课程和学生之间、学生和教师之间、社团和学生之间都是多对多联系。

实际上，一对一联系是一对多联系的特例，一对多联系是多对多联系的特例。

3. 两个以上的实体集之间的联系

一般地，两个以上的实体集之间也存在着一对一、一对多、多对多联系。例如，对课程、教师和参考书三个实体集，如果一门课程可以由若干教师讲授、使用若干本参考书，而每一个教师只讲授一门课程，每一本参考书只供一门课程使用，则课程与教师、参考书之间的联系是一对多的，如图1-15所示。

又如有三个实体集：供应商、项目、零件，一个供应商可以供应多个项目多种零件；每个项目可以使用多个供应商供应的零件；每种零件可以由不同供应商提供，可以看出供应商、项目、零件三者之间的联系，如图1-16所示。

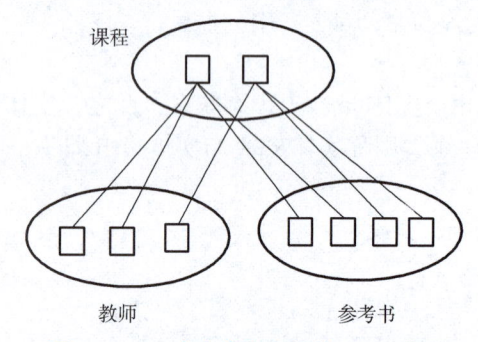

图 1-15　三个实体集之间的 $1:n$ 联系 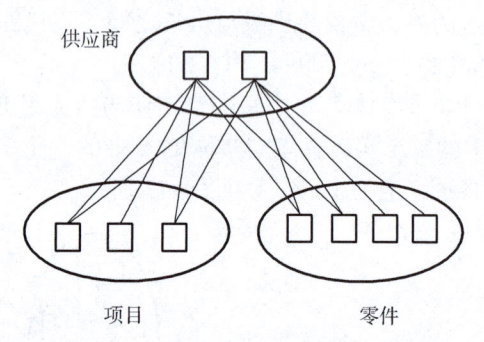　　　图 1-16　三个实体集之间的 $m:n$ 联系

4. 同一个实体集内部之间的联系

同一个实体集内的各实体之间也可以存在一对一、一对多、多对多的联系。例如，职工实体集内部具有领导与被领导的联系，即某一职工（经理）领导若干名职工，而一个职工仅被另外一个职工（经理）直接领导，因此这是一对多的联系，如图1-17所示。

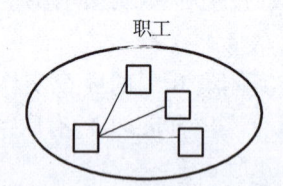

图 1-17　同一个实体集内部之间的联系

5. E-R 图的表示方法

E-R 数据模型提供了表示实体、属性和联系的方法。用 E-R 数据模型对一个系统的模拟，称为 E-R 数据模型。E-R 数据模型可以很方便地转换成相应的关系、层次和网状数据模式。E-R 数据模型可以用非常直观的 E-R 图（E-R diagram）表示。E-R 图的表示方法如下：

① 实体集：用矩形表示，矩形框内写明实体名。

② 属性：用椭圆形表示，并用无向边将其与相应的实体连接起来。

例如，学生实体具有学号、姓名、性别、出生日期、所在系等属性，用 E-R 图表示如图 1-18 所示。

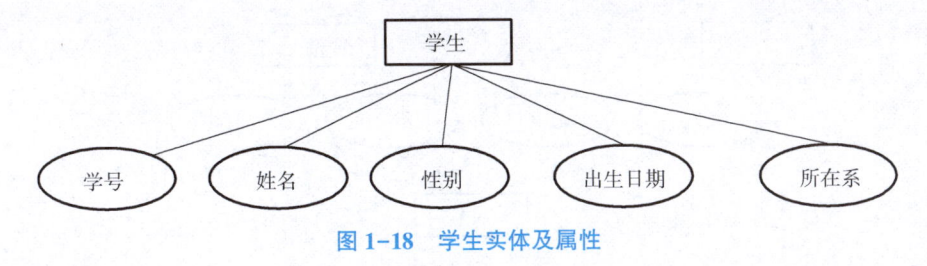

图 1-18 学生实体及属性

③ 联系：用菱形表示，菱形框内写明联系名，并用无向边分别与有关实体集连接起来，同时在无向边上标明联系的类型（1∶1、1∶n 或 m∶n）。

需要注意的是，如果一个联系具有属性，则这些属性也要用无向边与该联系连接起来。例如，学生与课程之间存在选课的 m∶n 联系，学生选修课程后会得到该门课程的选修成绩，成绩就是选课的属性，则学生、课程两个实体及其之间联系的 E-R 图表示如图 1-19 所示。

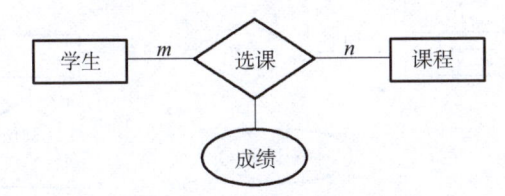

图 1-19 学生与课程之间的 $m∶n$ 联系

下面用 E-R 图来表示某个企业集团生产管理的概念模型。

企业集团生产管理涉及的实体有以下几种：

- 工厂属性有工厂号、厂名、地址。
- 产品属性有产品号、产品名、规格。
- 职工属性有职工号、姓名、年龄、职称。

这些实体之间的联系如下：企业集团有若干工厂，每个工厂生产多种产品，且每一种产品可以在多个工厂生产，每个工厂按照固定的计划数量生产产品；每个工厂聘用多名职工，且每名职工只能在一个工厂工作，工厂聘用职工有聘期和工资。

分析可知，工厂和产品具有多对多联系，且用计划数量表示某种产品在某个工厂的计划生产数量。工厂和职工具有一对多联系，且用聘期和工资表示工厂聘用职工的情况。

企业集团生产管理 E-R 图如图 1-20 所示。图 1-20（a）为实体及其属性图，图 1-20（b）为实体及其联系图。这里我们把实体的属性用图画出仅仅是为了更清晰地表示出实体及其实体之间的联系。

E-R 图是抽象和描述现实世界的有力工具。用 E-R 图表示的概念模型独立于具体的 DBMS 所支持的数据模型，它是各种数据模型的共同基础。

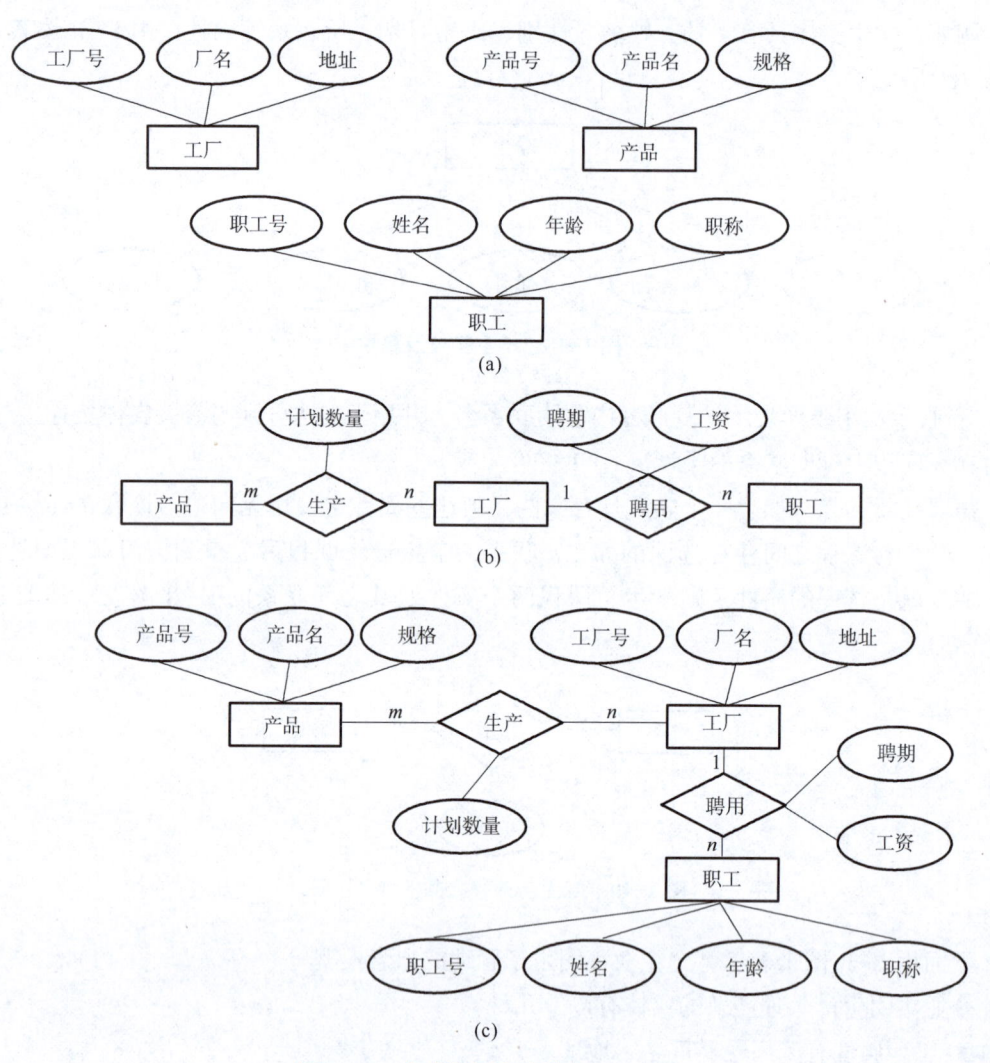

图 1-20　企业集团生产管理 E-R 图
(a) 实体及其属性图；(b) 实体及其联系图；(c) 完整的实体—联系图

1.4.4　逻辑模型

逻辑模型是数据库系统的核心和基础，各种计算机上实现的 DBMS 软件都是基于某种数据模型的。目前，数据库领域最常用的逻辑数据模型主要有层次模型、网状模型和关系模型3 种。

数据结构、数据操作和数据完整性约束这三个内容完整地描述了一个数据模型，下面将从这三个方面介绍 3 种数据模型。

1. 层次模型

层次模型是数据库系统中最早出现的数据模型。基于层次模型的数据库管理系统的典型代表是美国 IBM 公司于 1968 年开发的信息管理系统（Information Management System，IMS），也是最早研制成功的数据库管理系统。

(1) 数据结构。

层次模型实际上是一个树状结构，它的每个节点是一个记录类型，每个记录类型可包含若干字段。记录之间的联系用节点之间的连线（有向边）表示。上层节点称为父节点或双亲节点，下层节点称为子节点或子女节点，同一双亲的子女节点称为兄弟节点，没有子女的节点称为叶节点，父子之间的联系是一对多联系。如图 1-21 所示为一个高校中专业的组织机构层次关系。

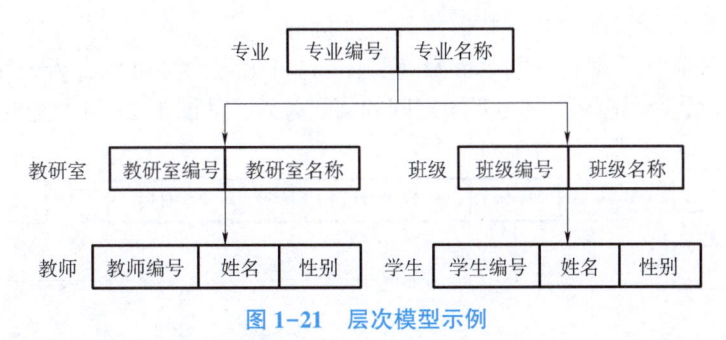

图 1-21 层次模型示例

层次数据模型的数据结构是树状结构，需满足如下条件。
① 有且只有一个节点没有双亲节点（称为根节点）。
② 根以外的其他节点有且只有一个双亲节点。

例如，图 1-21 所示的专业教学层次模型示例共有 5 个记录型，其中，专业为根节点，教研室和班级是兄弟节点（是专业的子女节点），教师和学生为叶节点，而每个记录型又由不同的字段构成。专业到教研室、专业到班级、教研室到教师、班级到学生都是一对多联系。

(2) 数据操作及完整性约束。

层次模型支持的数据操作主要有查询、插入、删除和更新，其中执行插入、删除、更新操作时要满足层次模型的完整性约束条件，包括以下几个方面：

① 执行插入操作时，不能插入无双亲的子节点。如新来的教师未分配教研室则无法插入数据库中。

② 执行删除操作时，如果删除双亲节点，则其子女节点也会被一起删除。如删除某个教研室，则它的所有教师也会被删除。

③ 执行更新操作时，应更新所有相应的记录，以保证数据的一致性。

(3) 层次模型的优缺点。

层次模型结构简单，层次分明，存取效率高，便于在计算机内实现。若要存取某一记录型的记录，可以从根节点起，按照有向树的层次逐层向下查找，查找路径就是存取路径。

现实世界中事物之间的联系很多是非层次的，如多对多联系、一个节点具有多个双亲节点等，层次模型不能直接表示两个以上实体型间的复杂的联系和多对多联系，只能通过引入冗余数据或创建虚拟节点的方法来解决，易产生不一致性；对数据的插入和删除操作限制较多；由于结构严密，层次命令趋于程序化。

2. 网状模型

现实世界中事物之间的联系更多的是非层次联系，用层次模型表示非树状结构很不方便，网状模型可以克服这一缺点。基于网状模型的数据库管理系统有 Gullinet Software 公司的 IDMS、Univac 公司的 DMS1100 、HP 公司的 IMAGE 等。

（1）数据结构。

网状模型是一种比层次模型更具普遍性的数据结构，它消除了层次模型的两个限制，允许多个节点无双亲，允许一个子节点有两个或多个父节点，此外它还允许两个节点之间有多种联系（称为复合联系）。如图 1-22 所示是一个网状模型。网状模型可以更直接地去描述现实世界，而层次模型实际上是网状模型的一个特例。

网状模型中每个节点表示一个记录型（实体），每个记录型可包含若干字段（实体的属性），节点间的连线表示记录类型（实体）间的父子关系，如图 1-23 所示是网状模型的例子。

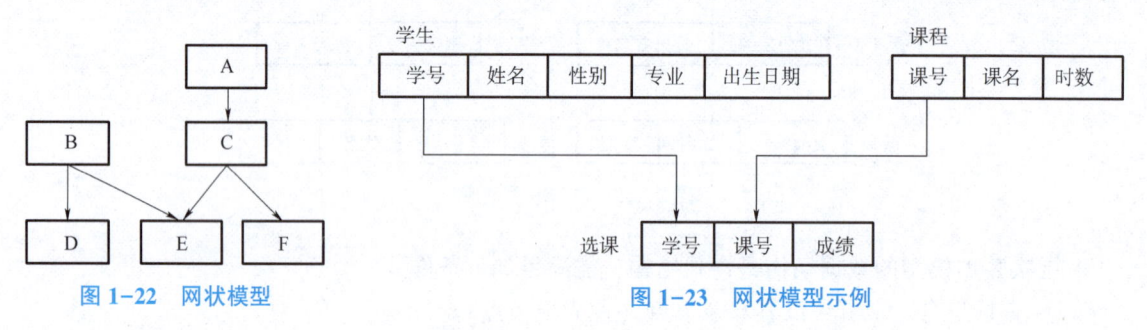

图 1-22 网状模型

图 1-23 网状模型示例

（2）数据操作及完整性约束。

网状模型的数据操纵主要有查询、插入、删除和更新，其中执行插入操作时，允许插入无双亲的子节点；执行删除操作时，允许只删除双亲节点，其子节点仍在；执行更新操作时，只需更新指定记录即可，查询操作可以有多种实现方法。

网状模型没有层次模型那样严格的完整性约束条件，但具体到某一个网状数据库产品时，可以提供一定的完整性约束，对数据操纵加以限制。

（3）网状模型的优缺点。

网状模型的优点是能够直接描述现实世界；查询方便、操作功能强、存取效率较高。其缺点是数据结构及其对应的数据操作语言极为复杂；由于实体间的联系是通过存取路径来指示的，应用程序必须指定存取路径，程序设计变得非常复杂。

3. 关系模型

关系模型是目前应用最广泛，也是最重要的一种数据模型。关系数据库就是采用关系模型作为数据的组织方式。

1970 年，美国 IBM 公司的研究员 E.F.Codd 首次提出了数据库系统的关系模型，开创了数据库关系方法和关系数据理论的研究，为数据库技术奠定了理论基础。20 世纪 80 年代以来，计算机软件厂商新推出的数据库管理系统几乎都支持关系模型，非关系的数据库产品也大都加上了关系接口。

（1）数据结构。

关系模型由一组关系组成。每个关系的数据结构是一张规范化的二维表，即要求二维表中每行和每列交汇处的值不可再分，也就是说，表中不能有子表。每个二维表称为一个关系，并且有一个名字，称为关系名。在关系模型中，数据以及数据之间的联系都是用关系来表示的。

设有一个教学管理数据库,共有 6 个关系:学生关系(Student)、课程关系(Course)、选课关系(SelectCourse)、教师关系(Teacher)、授课关系(Teaching)和部门关系(Dept),这 6 个关系对应 6 个表,分别简写为 S(学生)、C(课程)、SC(选课)、T(教师)、TC(授课)、D(部门),如表 1-1~表 1-6 所示。

表 1-1　S(学生)

sno 学号	sname 姓名	sex 性别	birthday 出生日期	class 班级	dno 部门号
2001001	李思	女	2001/6/7	20 软件班	01
2001002	孙浩	男	2002/7/9	20 软件班	01
2001003	周强	男	2001/9/6	20 软件班	01
2001004	李斌	男	2001/12/2	20 计本班	01
2001005	黄琪	女	2002/6/9	20 计本班	01
2001006	张杰	男	2002/10/23	20 计本班	01
2002001	陈晓萍	女	2002/11/12	20 数本班	02
2002002	蒋咏婷	女	2001/7/9	20 数本班	02
2002003	张宇	男	2002/10/24	20 数本班	02
2003001	姜珊	女	2001/4/20	20 电子班	03
2003002	吴晓凤	女	2002/5/8	20 电子班	03
2003003	周国涛	男	2002/3/10	20 电子班	03
2003004	郑建文	男	2001/12/30	20 电子班	03

表 1-2　C(课程)

cno 课程号	cname 课程名	hours 课时数	credit 学分
C50101	数据结构	64	4
C50102	计算机导论	48	3
C50103	数据库原理	64	4
C50201	数学分析	48	3
C50202	概率论与数理统计	64	4
C50301	电子学基础	48	3

表 1-3　SC(选课)

sno 学号	cno 课程号	score 成绩
2001001	C50101	85
2001001	C50102	75
2001002	C50101	54
2001002	C50102	60

续表

sno 学号	cno 课程号	score 成绩
2001003	C50101	95
2001004	C50102	93
2001005	C50102	43
2001006	C50102	78
2002001	C50201	84
2002002	C50201	90
2002003	C50201	95
2003001	C50301	67
2003002	C50301	87
2003003	C50301	92

表 1-4　T（教师）

tno 教师号	tname 教师姓名	sex 性别	prof 职称	dno 部门号
T01	张林	女	教授	01
T02	张晓红	女	讲师	02
T03	李雪梅	女	讲师	03
T04	周伟	男	副教授	01
T05	张斌	男	讲师	03
T06	王小平	男	副教授	02

表 1-5　TC（授课）

cno 课程号	tno 教师号
C50101	T01
C50102	T04
C50103	T01
C50201	T02
C50202	T06
C50301	T03

表 1-6　D（部门）

dno 部门号	dname 部门名	address 地址	tel 电话
01	计信学院	计信-301	13907756789
02	数统学院	数统-402	15601234567
03	物电学院	物电-203	15707761234

(2) 数据操作及完整性约束。

关系模型的数据操作主要包括查询、插入、删除和更新数据，其数据操作是集合操作，操作对象和操作结果都是关系，即若干元组的集合，而不像非关系模型是单记录的操作方式。关系模型的完整性约束条件包括实体完整性、参照完整性、域完整性和用户自定义完整性。

(3) 关系模型的优缺点。

关系模型的优点有：建立在严格数学概念基础上；数据结构简单直观、易理解；存取路径对用户透明，数据独立性更高，安全保密性更好。其缺点是查询效率不高、速度慢、需要进行查询优化，因此增加了开发 DBMS 的难度。

1.5 小 结

本章主要介绍了与数据库相关的一些概念、数据管理技术的发展、数据库系统结构和数据模型。与数据库相关的一些概念有数据库、数据库管理系统和数据库系统。数据管理经历了人工管理、文件系统管理和数据库系统管理三个阶段。关于数据库系统的体系结构，主要介绍了外模式、模式、内模式这三级模式，外模式/模式、模式/内模式二级映射保证了数据库系统的逻辑独立性和物理独立性。

数据模型是数据库系统的核心和基础。本章主要介绍了概念模型的相关知识以及 3 种主要的数据模型：层次模型、网状模型、关系模型。其中关系模型是当今的主流模型。概念模型的表示方法是 E-R 图，实体、属性、联系是 E-R 模型中的重要概念。本章初步介绍了关系模型的相关概念，后面的章节会对关系模型进一步详细讲解。

学习这一章应该把注意力放在掌握基本概念和基本知识方面，为进一步学习后面章节的内容打好基础。

习题 1

一、单项选择题

1. 下列 4 项中，不属于数据库系统特点的是（　　）。
   A. 数据共享　　　　B. 数据完整性　　　C. 数据冗余度高　　D. 数据独立性高
2. 在 DBS 中，逻辑数据与物理数据之间可以差别很大，实现两者之间转换工作的是（　　）。
   A. 应用程序　　　　B. 操作系统　　　　C. DBMS　　　　　D. I/O 设备
3. DBS 具有数据独立性特点的原因是在 DBS 中（　　）。
   A. 采用磁盘作为外存　　　　　　　B. 采用三级模式结构
   C. 使用 OS 来访问数据　　　　　　 D. 用宿主语言编写应用程序
4. 数据独立性是指（　　）。
   A. 数据之间相互独立　　　　　　　B. 应用程序与 DB 的结构之间相互独立
   C. 数据的逻辑结构与物理结构相互独立　D. 数据与磁盘之间相互独立
5. 数据库是存储在一起的相关数据的集合，能为各种用户共享，且（　　）。
   A. 消除了数据冗余　　　　　　　　B. 降低了数据的冗余度
   C. 具有不相容性　　　　　　　　　D. 由用户进行数据导航

6. 数据库管理系统是（　　）。
   A. 采用了数据库技术的计算机系统
   B. 包括数据库、硬件、软件和 DBA 的系统
   C. 位于用户与操作系统之间的一层数据管理软件
   D. 包含操作系统在内的数据管理软件系统
7. 数据库（DB）、数据库系统（DBS）、数据库管理系统（DBMS）之间的关系是（　　）。
   A. DB 包含 DBS 和 DBMS　　　　B. DBMS 包含 DB 和 DBS
   C. DBS 包含 DB 和 DBMS　　　　D. 没有任何关系
8. 数据库系统的核心软件是（　　）。
   A. 数据模型　　　　　　　　　　B. 数据库管理系统
   C. 数据库　　　　　　　　　　　D. 数据库管理员
9. 关于关系数据库系统叙述正确的是（　　）。
   A. 数据库系统避免了一切冗余
   B. 数据库系统减少了数据冗余
   C. 数据库系统比文件系统能管理更多的数据
   D. 数据库系统中数据的一致性是指数据类型的一致
10. 下列叙述中，错误的是（　　）。
    A. 数据库技术的根本目标是要解决数据共享的问题
    B. 数据库设计是指设计一个能够满足用户要求、性能良好的数据库
    C. 数据库系统中，数据的物理结构必须与逻辑结构一致
    D. 数据库系统是一个独立的系统，但是需要操作系统的支持
11. 在数据库管理系统提供的数据语言中，负责数据的查询及增、删、改等操作的是（　　）。
    A. 数据定义语言　　B. 数据转换语言　　C. 数据控制语言　　D. 数据操纵语言
12. 下列有关数据库的描述，正确的是（　　）。
    A. 数据库是一个结构化的数据集合　　　B. 数据库是一个关系
    C. 数据库是一个 DBF 文件　　　　　　D. 数据库是一组文件
13. 在数据库的三级模式结构中，描述数据库中全体数据的全局逻辑结构和特征的是（　　）。
    A. 外模式　　　　B. 内模式　　　　C. 存储模式　　　　D. 模式
14. （　　）是存储在计算机内有结构的数据的集合。
    A. 数据库系统　　B. 数据库　　　　C. 数据库管理系统　D. 数据结构
15. 数据库三级模式中，真正存在的是（　　）。
    A. 外模式　　　　B. 子模式　　　　C. 模式　　　　　　D. 内模式
16. 在数据库中，数据的物理独立性是指（　　）。
    A. 数据库与数据管理系统的相互独立
    B. 用户程序与 DBMS 的相互独立
    C. 用户的应用程序与存储磁盘上数据的相互独立
    D. 应用程序与数据库中数据的逻辑结果相互独立

17. 为了保证数据库的逻辑独立性，需要修改的是（　　）。
   A. 模式与外模式之间的映像　　　　B. 模式与内模式之间的映像
   C. 模式　　　　　　　　　　　　　D. 三级模式
18. （　　）是位于用户与操作系统之间的一层数据管理软件。
   A. 数据库系统　　　　　　　　　　B. 数据库应用系统
   C. 数据库管理系统　　　　　　　　D. 数据库
19. 一个数据库系统的外模式（　　）。
   A. 只能有一个　　　　　　　　　　B. 最多只能有一个
   C. 至少两个　　　　　　　　　　　D. 可以有多个
20. 数据库系统的三级模式中，表达物理数据库的是（　　）。
   A. 外模式　　　B. 模式　　　C. 用户模式　　　D. 内模式
21. 数据模型通常是由（　　）三要素构成。
   A. 网络模型、关系模型、面向对象模型
   B. 数据结构、网状模型、关系模型
   C. 数据结构、数据操纵、关系模型
   D. 数据结构、数据操纵、数据的完整性约束

二、填空题

1. 数据管理技术发展过程经历了人工管理、文件系统和数据库系统三个阶段，其中数据独立性最高的阶段是_____。
2. 在关系数据库中，把数据表示成二维表，每一个二维表称为_____。
3. 数据库系统中，实现数据管理功能的核心软件称为_____。
4. 数据库三级模式体系结构的划分，有利于保持数据的_____。
5. 数据库管理系统常见的数据模型有层次模型、网状模型和_____三种。
6. 在 DB 的三级模式结构中，数据按_____的描述给用户，按_____的描述存储在磁盘中，而_____提供了连接这两级的相对稳定的中间观点，并使两级中任何一级的改变都不受另一级的影响。
7. 在数据库理论中，数据物理结构的改变，如存储设备的更换、物理存储的更换、存取方式等都不影响数据库的逻辑结构，从而不引起应用程序的变化，称为_____。

三、简答题

1. 简述数据库管理系统的功能。
2. 请解释数据库的概念。
3. 什么是数据库系统？
4. 试述数据库三级模式结构。
5. 什么是数据库的数据独立性？它包含哪些内容？
6. 定义并解释以下术语：模式、外模式、内模式。
7. 什么是数据模型？数据模型有何特征？
8. 数据模型有哪三个要素？
9. 什么是概念模型？有何特征？

四、应用题

1. 某学生宿舍管理系统，涉及的部分信息如下：

（1）学生：学号、姓名、性别、专业、班级。

（2）寝室：寝室号、房间电话。

（3）管理员：员工号、姓名、联系电话。

其中：每个寝室可同时住宿多名学生，每名学生只分配一个寝室；每个寝室指定其中一名学生担当寝室长；每个管理员同时管理多个寝室，但每个寝室只有一名管理员。

请根据以上信息画出 E-R 图。

2. 某教学管理系统涉及教员、学生、课程、教室四个实体，它们分别具有下列属性：

教员：职工号、姓名、年龄、职称　　学生：学号、姓名、年龄、性别

课程：课程号、课程名、课时数　　　教室：教室编号、地址、容量

这些实体间的联系如下：一个教员可讲授多门课程，一门课程只能由一个教员讲授；一个学生选修多门课程，每门课程有多个学生选修，学生学习有成绩，一门课只在一个教室上，一个教室可上多门课。

请根据以上信息画出 E-R 图。

第 2 章

关系数据库

1970 年，IBM 的研究员埃德加·弗兰克·科德（E. F. Codd）在美国计算机学会会刊 *Communications of the ACM* 上发表了题为 *A Relational Model of Data for Large Shared Data Banks* 的论文，开创了数据库系统的新纪元。在此基础上，E. F. Codd 连续发表了多篇论文，奠定了关系数据库的理论基础。关于关系方法的理论和软件系统在接下来的若干年取得了长足的发展，IBM 公司的 San Jose 实验室在 IBM 系列机上研制的关系数据库实验系统 System R 历时 6 年获得成功。1981 年，IBM 公司又宣布了具有 System R 全部特征的新的数据库软件产品 SQL/DS 问世。

经过学者们多年努力的研究和开发，关系数据库系统从实验室走向了社会，成为最重要、应用最广泛的数据库系统，大大促进了数据库领域的扩展和深化。据此，要想掌握关系数据库技术，对其中最核心的关系模型的原理、技术和应用的学习尤为重要，相关的内容也是本书的重点。

2.1 关系数据结构及形式化定义

数据模型的三要素中提到数据结构、数据操作、数据约束构成了一个严谨、完整的数据模型。接下来就针对关系数据模型的三要素进行深入详细的介绍。

2.1.1 关系

关系模型的数据结构只包含了单一的数据结构，即关系。从用户的角度来看，关系就是一张扁平的二维表。在关系模型中，用以描述现实世界中实体及实体之间的各种联系只采用一种数据结构，就是关系。

由于关系模型是建立在集合代数的基础上的，可以用集合论中的表述方法给出关系的形式化定义。

1. 域

定义 2.1　域是一组具有相同数据类型的值的集合。

例如，自然数，整数，表示性别的{男,女}，表示大于 0 并且小于 5 的整数{1,2,3,4}，同一个班级全体学生的姓名，一个演员主演的所有影视剧的名称等，都可以是域。

2. 笛卡尔积

定义 2.2　给定一组域 $D_1, D_2, \cdots, D_n$，允许其中某些域是相同的，它们的笛卡尔积为

$$D_1 \times D_2 \times \cdots \times D_n = \{(d_1, d_2, \cdots, d_n) | d_i \in D_i, i=1,2,\cdots,n\} \tag{2.1}$$

其中，每一个元素 $(d_1, d_2, \cdots, d_n)$ 叫作一个 n 元组，或简称元组。元素中每一个值 d_i 叫作一个分量。一个域允许的不同取值个数称为这个域的基数，若 $D_i(i=1,2,\cdots,n)$ 为有限集，其对应基数为 $m_i(i=1,2,\cdots,n)$，上述笛卡尔积的基数 M 为

$$M = \prod_{i=1}^{n} m_i \tag{2.2}$$

可见，笛卡尔积就是一张二维表，表中每行对应一个元组，表中的每一列的值来自各自的域。例如，给出三个域：

D_1 = 动物集合 = {猫,狗}

D_2 = 食物集合 = {老鼠,骨头,小鱼}

D_3 = 叫声集合 = {喵喵,汪汪}

则 D_1，D_2，D_3 的笛卡尔积为

$D_1 \times D_2 \times D_3$ = {(猫,老鼠,喵喵),
　　　　　　(猫,老鼠,汪汪),
　　　　　　(猫,骨头,喵喵),
　　　　　　(猫,骨头,汪汪),
　　　　　　(猫,小鱼,喵喵),
　　　　　　(猫,小鱼,汪汪),
　　　　　　(狗,老鼠,喵喵),
　　　　　　(狗,老鼠,汪汪),
　　　　　　(狗,骨头,喵喵),
　　　　　　(狗,骨头,汪汪),
　　　　　　(狗,小鱼,喵喵),
　　　　　　(狗,小鱼,汪汪)}

其中，(猫,小鱼,汪汪)，(狗,老鼠,喵喵) 等都是元组，而猫、老鼠、汪汪等都是分量。

该笛卡尔积的基数为 2×3×2=12，即该笛卡尔积一共有 12 个元组。这 12 个元组可以用一张二维表格表示，如表 2-1 所示。

表 2-1 D_1，D_2，D_3 的笛卡尔积

动物	食物	叫声
猫	老鼠	喵喵
猫	老鼠	汪汪
猫	骨头	喵喵
猫	骨头	汪汪
猫	小鱼	喵喵
猫	小鱼	汪汪
狗	老鼠	喵喵

续表

动物	食物	叫声
狗	老鼠	汪汪
狗	骨头	喵喵
狗	骨头	汪汪
狗	小鱼	喵喵
狗	小鱼	汪汪

从表 2-1 中可以发现，域的笛卡尔积就是各个域的所有可能组合，这些组合构成了一个集合。

3. 关系

定义 2.3 $D_1 \times D_2 \times \cdots \times D_n$ 的子集称为在域 $D_1, D_2, \cdots, D_n$ 上的关系，表示为

$$R(D_1, D_2, \cdots, D_n)$$

其中，R 表示关系的名字，n 是关系的目或度。关系中每个元素称为元组，通常用字母 t 表示。

当 $n=1$ 时，称该关系为一元关系。

当 $n=2$ 时，称该关系为二元关系。

关系是笛卡尔积的子集，那关系也可用一张二维表表示，表的每一行就是一个元组，表的每一列就对应一个域，由于域允许相同，为了加以区分，每个域有一个名字，称为属性，n 目关系必有 n 个属性。

若关系中的某一属性（或属性组）的值能唯一地标识一个元组，而其子集不行，则称该属性（或属性组）为候选码/候选键。

若一个关系有多个候选码，则选定其中一个为主码/主键。在任何时刻，关系的主码/主键一定具备以下几个特征。

（1）唯一性。当给定某关系的主键每个属性一个确定的值时，该主键值能唯一确定一个元组。

（2）非冗余性。如果从主键属性集合中去掉任一属性，该属性集不再具有唯一性。

（3）有效性。主键中任一属性都不能为空值。

候选码中的所有属性称为主属性。不包含在任何候选码中的属性称为非主属性。关系中所有属性是这个关系的候选码，称为全码。

通常情况下，$D_1 \times D_2 \times \cdots \times D_n$ 的结果是没有实际语义的，即表 2-1 呈现出来的元组集合并没有实际的语义，也就是我们不能解释这个表描述的是一种什么事实或现象。但是请观察表 2-2：

表 2-2 动物特征关系

动物	食物	叫声
猫	老鼠	喵喵
狗	骨头	汪汪
猫	小鱼	喵喵

这个表体现出的信息，说明了两种动物的食物习性和发声的特征，而在表 2-1 中剩下的元组集合里，传达的信息则是两种动物食物习性和发声特征的错误描述。这两种方式选取子集都是有实际语义的，笛卡尔积有意义的子集称为关系，这时构成子集的元组才能反映现实世界中实体之间有意义的"关系"。

关系有如下性质。

(1) 关系中的每个分量都是不可再分的数据单位，即关系表中不能再有子表。
(2) 关系中任意两行不能完全相同，即关系中不允许出现相同的元组。
(3) 关系是元组的集合，所以关系中元组间的顺序可以任意。
(4) 关系中的属性是无序的，使用时一般按习惯排列各列的顺序。
(5) 每一个关系都有一个主键唯一地标识它的各个元组。

关系模型要求关系必须是规范化的，即要求关系必须满足一定的规范条件。这些规范条件中最基本的一条就是，关系的每一个分量必须是一个不可分的数据项。

例如，表 2-3 虽然很好地表达了动物与食物之间的一对多关系，但由于食物属性中分量取了两个值，不符合规范化的要求，因此这样的数据结构在关系数据库中是不允许的。通俗地讲，关系表中不允许还有表，简言之，不允许"表中有表"。表 2-3 中还有一个小表。

表 2-3 非规范化关系

动物	叫声	食物	
		食物 1	食物 2
猫	喵喵	老鼠	小鱼
狗	汪汪	骨头	

2.1.2 关系模式

关系模式是对关系"型"的描述，在关系数据库中，关系模式是关系的外在结构，关系是值。

定义 2.4 关系模式可以简单形式化地表示为：

$$R(U) \text{ 或 } R(A_1, A_2, \cdots, A_n)$$

其中，R 为关系模式的名称，同某个关系一一对应；U 为组成该关系的属性名集合。如上例中动物特征关系的关系模式就是动物特征关系（动物，叫声，食物）。某一领域中实体以及实体间的联系用关系来表示，相关的关系模式在某一时刻对应的关系的集合就称为关系数据库，如第 1 章的教学管理数据库。

关系模式和关系不是同一个概念，二者的区别是：首先，同一关系模式下，有很多的关系；其次，关系模式是关系的结构，可以理解为二维表的表头，关系是关系模式在某一个时刻的数据；最后，关系模式是稳定的、静态的，关系随时间可能变化，是动态的。

2.2 关系操作

关系模型给出了关系的操作包括查询操作，插入、删除、修改操作两大部分。查询操又可分为并、差、交、笛卡尔积、选择、投影、连接、除等。其中，并、差、笛卡尔积、选择、投影是 5 种基本操作，其他操作可以用这几种操作来定义和导出。关系操作的特点是操作对象和结果都是关系。

2.3 关系的完整性

关系模型的基本理论不但对其数据结构进行了严格的定义，同时也规定了其中的数据必须符合的某种约束条件。这些约束条件给出了关系模型在定义和数据操作时应遵循的规则。这一规则的组合称为完整性约束。关系的完整性约束包含：实体完整性、参照完整性、域完整性、用户自定义完整性 4 类。

2.3.1 实体完整性

实体完整性规则：在关系中，主键的值不能取空值且取值唯一。

实体完整性保证关系中的每个元组都是可识别的和唯一的。在关系数据库中，一个关系对应现实世界的一个实体集，关系中的每一个元组对应一个实体。而实体是可以区分的，在关系中用主键来唯一标识一个实体。

例如，学生关系 $S(sno, sname, sex, birthday, class, dno)$ 中，学号属性 sno 是主键，其值必须是非空唯一的。课程关系 $C(cno, cname, hours, credit)$ 中，课程号属性 cno 是主键，其值必须是非空唯一的。

2.3.2 参照完整性

关系模型不仅能表示实体还能表示实体间的联系，这就决定了关系和关系之间不会是孤立的，而它们间的联系就是利用参照完整性规则体现出来的。参照完整性约束涉及外键（Foreign Key）的概念。

设基本关系 R 有一个属性（组）F，F 不是 R 的主键，而与另一个关系 S 的主键相对应，则该属性集 F 是关系模式 R 的外键，并称基本关系 R 为参照关系，基本关系 S 为被参照关系或目标关系。

例 1：教师关系 $T(tno, tname, sex, prof, dno)$
　　　　部门关系 $D(dno, dname, address, tel)$

教师关系 T 中，部门编号属性 dno 就是教师关系 T 的外键，因为它是部门关系 D 的主键。关系 T 是参照关系，关系 D 是被参照关系或目标关系。

例 2：学生关系 $S(sno, sname, sex, birthday, class, dno)$
　　　　课程关系 $C(cno, cname, hours, credit)$
　　　　选课关系 $SC(sno, cno, score)$

选课关系 SC 中，学号属性 sno 就是选课关系 SC 的外键，因为它是学生关系 S 的主键。关系 SC 是参照关系，关系 S 是被参照关系或目标关系。课程号属性 cno 就是选课关系 SC 的外键，因为它是课程关系 C 的主键。关系 SC 是参照关系，关系 C 是被参照关系或目标关系。

参照完整性规则：外键的取值要么为空，要么等于其所参照的关系中的某个元组的主键值。

参照完整性规则实际上定义了外键与被参照的主键之间的引用规则。

例1中，教师关系 T 中部门编号 dno 只能取部门关系中的 dno 分量值或者空值，表示的含义是该教师属于其中的某个部门或是还没分配到某个具体的部门。

例2中，选课关系 SC 中学号 sno 只能取学生关系 S 中的 sno 分量值（这里 sno 不能取空值，因为 sno 是主属性），选课关系 SC 中课程号 cno 只能取课程关系 C 中的 cno 分量值（这里 cno 不能取空值，因为 cno 是主属性）。

2.3.3 域完整性

关系模型规定元组在属性上的分量必须来自属性的域，这个域由域完整性规定，包括关系 R 中属性的数据类型、格式、取值范围、是否允许空值等。

2.3.4 用户自定义完整性

上述三类完整性约束都是基本的，此外针对不同的应用领域，不同的关系数据库系统根据其应用环境的不同，往往还需要一些特殊的约束条件。这些条件需要用户自己定义，它反映了具体应用所涉及的数据必须满足的语义要求。例如，年龄不能小于学龄，夫妻的性别不能相同，成绩有时在 0~100 分，有时可能在 0~10 分。

2.4 关系代数

关系代数是关系模型的理论基础，是一种抽象的查询语言。虽然无法在任何一台实际的计算机上执行用关系代数式表示的查询，但是它可以用相当简单的形式来表达所有关系数据库查询语言必须完成的运算的集合，所以它能用作评估实际系统查询语言能力的标准或基础。

关系代数的运算按运算符的不同可分为传统的集合运算和专门的关系运算两类。

2.4.1 传统的集合运算

传统的集合运算是二目运算，包括并、差、交、笛卡尔积 4 种运算。

设关系 R 和关系 S 具有相同的目 n（即两个关系都有 n 个属性），且相应的属性取自同一个域，t 表示一个元组变量。关系 R 和关系 S 如表 2-4~表 2-5 所示。

表 2-4 关系 R

A	B	C
a_1	b_1	c_1
a_1	b_2	c_2
a_3	b_2	c_1

表 2-5 关系 S

A	B	C
a_1	b_2	c_2
a_3	b_2	c_1
a_3	b_3	c_2

1. 并

$$R \cup S = \{t \mid t \in R \vee t \in S\}$$

其结果也是 n 目关系，由属于 R 或属于 S 的元组组成（表 2-6）。

表2-6 关系 $R \cup S$

A	B	C
a_1	b_1	c_1
a_1	b_2	c_2
a_3	b_2	c_1
a_3	b_3	c_2

2. 差

$$R-S=\{t\,|\,t\in R \land t\notin S\}$$

其结果也是 n 目关系，由属于 R 但不属于 S 的元组组成的集合（表2-7）。

表2-7 关系 $R-S$

A	B	C
a_1	b_1	c_1

3. 交

$$R \cap S=\{t\,|\,t\in R \land t\in S\}$$

其结果也是 n 目关系，由既属于 R 也属于 S 的元组组成（表2-8）。

表2-8 关系 $R \cap S$

A	B	C
a_1	b_2	c_2
a_3	b_2	c_1

交和差运算之间存在如下关系：

$$R \cap S = R-(R-S) = S-(S-R)$$

4. 笛卡尔积

设关系 R 有 n 个属性，i 个元组；关系 S 有 m 个属性，j 个元组。则关系 R 和 S 的笛卡尔积是一个有 $(n+m)$ 个属性的关系。每个元组的前 n 个分量来自 R 的一个元组，后 m 个分量来自 S 的一个元组，且元组的数目为 $i \times j$ 个，如表2-9所示。表示为

$$R \times S = \{t\,|\,t=<t^n,t^m> \land t^n\in R \land t^m\in S\}$$

表2-9 关系 $R \times S$

R.A	R.B	R.C	S.A	S.B	S.C
a_1	b_1	c_1	a_1	b_2	c_2
a_1	b_1	c_1	a_3	b_2	c_1
a_1	b_1	c_1	a_3	b_3	c_2
a_1	b_2	c_2	a_1	b_2	c_2
a_1	b_2	c_2	a_3	b_2	c_1

续表

R.A	R.B	R.C	S.A	S.B	S.C
a_1	b_2	c_2	a_3	b_3	c_2
a_3	b_2	c_1	a_1	b_2	c_2
a_3	b_2	c_1	a_3	b_2	c_1
a_3	b_2	c_1	a_3	b_3	c_2

这里作几点说明。

(1) 本例子中将关系 R 的属性放在前面，S 的属性放在后面连接成一个新的元组，但是实际的关系操作中属性间的前后次序是无关的。

(2) 笛卡尔积运算得到的新关系将数据库的多个孤立的关系联系起来，这样就使数据库中独立的关系有了沟通的桥梁。

(3) 笛卡尔积运算要求参与运算的关系没有同名属性，为此通常在结果关系的属性前面加上<关系名>. 来区分。

2.4.2 专门的关系运算

在关系运算中，除需要一般的集合运算外，还需要一些专门的关系运算，即选择、投影、连接和除运算。为了叙述的方便，先引入几个记号。

- 设关系模式 $R(A_1, A_2, \cdots, A_n)$，它的一个关系设为 R。$t \in R$ 表示 t 是 R 的一个元组。$t[Ai]$ 则表示元组 t 中属性 Ai 上的一个分量。

- R 为 n 目关系，S 为 m 目关系。$t_r \in R$，$t_s \in S$，$\widehat{t_r t_s}$ 表示元组的连接。它是一个 $n+m$ 列的元组，前 n 个分量为 R 中的一个 n 元组，后 m 个分量为 S 中的一个 m 元组。

- 给定一个关系 $R(X, Z)$，X 和 Z 为属性组。当 $t[X]=x$ 时，x 在 R 中的象集定义为 $Z_x = \{t[Z] | t \in R, t[X] = x\}$，它表示 R 中属性组 X 上值为 x 的诸元组在 Z 上分量的集合。

例如，如图 2-1 所示，在关系 R 中，X_1 在 R 中的象集 $Z_{X_1} = \{Z_1, Z_2, Z_3\}$；$X_2$ 在 R 中的象集 $Z_{X_2} = \{Z_2, Z_3\}$；X_3 在 R 中的象集 $Z_{X_3} = \{Z_1, Z_3\}$。

关系 R 象集举例如图 2-1 所示。

X	Z
X_1	Z_1
X_1	Z_2
X_1	Z_3
X_2	Z_2
X_2	Z_3
X_3	Z_1
X_3	Z_3

(a)

X	X在R上的象集
X_1	$Z_{X_1}=\{Z_1, Z_2, Z_3\}$
X_2	$Z_{X_2}=\{Z_2, Z_3\}$
X_3	$Z_{X_3}=\{Z_1, Z_3\}$

(b)

图 2-1 关系 R 象集举例
(a) 关系 R；(b) 象集举例

1. 选择

选择运算是在关系 R 中选择满足条件 F 的所有元组组成一个关系。定义为

$$\sigma_F(R) = \{t \mid t \in R \land F(t) = \text{true}\}$$

其中，σ 是选择运算符；R 是关系名；t 是元组；F 是条件表达式，取逻辑"真"值或"假"值。条件表达式中的运算符如表 2-10 所示。

表 2-10 条件表达式 F 中的运算符

运算符		含义
比较运算符	>	大于
	≥	大于等于
	<	小于
	≤	小于等于
	=	等于
	<>	不等于
逻辑运算符	∧	与
	∨	或
	¬	非

2. 投影

投影运算是从关系 R 中选取若干属性，并用这些属性组成一个新的关系。定义为

$$\Pi_A(R) = \{t.A \mid t \in R\}$$

其中，Π 是投影运算符；R 是关系名；A 为被投影的属性或属性组；$t.A$ 表示元组中相应于属性（集）A 的分量。

投影运算可以分为两步完成：

步骤 1：选取出指定的属性，形成一个可能含有重复行的新关系；

步骤 2：删除重复行，形成结果关系。

3. 连接

连接运算用来连接相互之间有联系的多个关系，从而产生一个新的关系。连接运算主要有：θ 连接、等值连接、自然连接等。

（1）θ 连接一般表示为：

$$R \underset{A\theta B}{\bowtie} S = \left\{ \widehat{t_r \theta t_s} \mid t_r \in R \land t_s \in S \land t_r \cdot A \theta t_s \cdot B \right\}$$

θ 连接从 R 和 S 关系的广义笛卡尔积中选择在 A 属性组上的值与在 B 属性组上的值满足比较运算符 θ 的元组。

（2）等值连接一般表示为：

$$R \underset{A=B}{\bowtie} S = \left\{ \widehat{t_r = t_s} \mid t_r \in R \land t_s \in S \land t_r \cdot A = t_s \cdot B \right\}$$

从公式中我们可以发现等值连接同 θ 连接的关系，将 θ 连接中的"θ"比较运算符更换

为"="即为等值连接,所以等值连接是 θ 连接的一个特例。

(3) 自然连接一般表示为:

$$R \bowtie S = \left\{ \underset{t_r \bowtie t_s}{\frown} \mid t_r \in R \wedge t_s \in S \wedge t_r \cdot B = t_s \cdot B \right\}$$

自然连接要求两个参与运算的关系中进行比较的分量必须是相同的属性或属性组,并且在连接结果中将重复的属性(组)去掉,使结果关系中只保留一个公共属性(组)。上述公式中假设 R 和 S 的公共属性 B 参与运算。

自然连接与等值连接的差别为:自然连接要求相等的分量必须有相同的属性名,等值连接不用;自然连接要求将重复的属性名去掉,等值连接不用。

例如,设有表 2-11 所示的"商品"关系和表 2-12 所示的"销售"关系,分别进行等值连接运算和自然连接运算。

等值连接:

$$商品 \underset{商品·商品号=销售·商品号}{\bowtie} 销售$$

自然连接:

$$商品 \bowtie 销售$$

表 2-11 "商品"关系

商品号	商品名	进货价格	库存量
P01	转筒洗衣机	2 400	6
P02	滚筒洗衣机	4 500	4
P03	干衣机	4 550	4

表 2-12 "销售"关系

商品号	销售日期	销售价格
P01	2019-3-12	2 600
P01	2019-4-10	3 500
P02	2019-4-11	4 700
P02	2019-5-10	4 700

等值连接和自然连接的结果分别如表 2-13、表 2-14 所示。

表 2-13 等值连接结果

"商品"·商品号	商品名	进货价格	库存量	"销售"·商品号	销售日期	销售价格
P01	转筒洗衣机	2 400	6	P01	2019-3-12	2 600
P01	转筒洗衣机	2 400	6	P01	2019-4-10	3 500
P02	滚筒洗衣机	4 500	4	P02	2019-4-11	4 700
P02	滚筒洗衣机	4 500	4	P02	2019-5-10	4 700

表 2-14 自然连接结果

商品号	商品名	进货价格	库存量	销售日期	销售价格
P01	转筒洗衣机	2 400	6	2019-3-12	2 600
P01	转筒洗衣机	2 400	6	2019-4-10	3 500
P02	滚筒洗衣机	4 500	4	2019-4-11	4 700
P02	滚筒洗衣机	4 500	4	2019-5-10	4 700

从表 2-14 中可以看出，两个关系进行自然连接时，连接的结果由两个关系中公共属性值相等的元组构成，并且除去了其中一组重复属性。

4. 除

除法的简单描述：设关系 S 的属性是关系 R 的属性的一部分，则 $R \div S$ 的属性是由 R 但不属于 S 的所有属性组成。而 $R \div S$ 的任一元组是 R 中某个元组的一部分，且必须符合下列要求：即任取属于 $R \div S$ 的一个元组 t，则 t 与 S 的任一元组连接后，都为 R 中原有的一个元组。除法的一般形式为：设有关系 $R(A,B)$ 和 $S(B,C)$，其中 A、B、C 是关系的属性，则

$$R(A,B) \div S(B,C) = R(A,B) \div \Pi_B(S)$$

也可以用前面提到的象集的概念来描述除法，设有一个 S 关系如表 2-15 所示，利用图 2-1（a）中的关系 R。

表 2-15 关系 S

Z	T
z_1	t_2
z_1	t_1
z_2	t_3
z_3	t_1

则关系 $R \div S$ 可以这样运算：

步骤 1：求出 $\Pi_Z(S) = \{z_1, z_2, z_3\}$；

步骤 2：在关系 R 中，x_1 在 R 中的象集 $Z_{x_1} = \{z_1, z_2, z_3\}$；$x_2$ 在 R 中的象集 $Z_{x_2} = \{z_2, z_3\}$；x_3 在 R 中的象集 $Z_{x_3} = \{z_1, z_3\}$；

步骤 3：判断只有 $\Pi_Z(S)$ 是 x_1 在 R 中象集的子集，所以除法结果为 $\{x_1\}$。

2.4.3 关系代数运算举例

下面以表 2-16~表 2-18 所示的 *student*，*course* 和 *s_c* 关系为例，给出一些关系代数运算的例子。

表 2-16 *student* 关系

sno	sname	sex	age	dept
202001001	张恒	男	21	计算机科学
202001002	乔天	女	19	计算机科学
202002001	王伟	男	20	信息工程
202002002	齐艳涵	女	19	信息工程
202001003	陈夏	女	20	计算机科学
202003001	李敏	女	19	自动化控制
202001004	赵晓明	男	19	计算机科学
202003002	王茜李	女	20	自动化控制

表 2-17 *course* 关系

cno	cname	hours
C001	网络原理	60
C002	高等数学	80
C003	数据结构	64
C004	高级开发语言	58
C005	数据库原理	64

表 2-18 *s_c* 选课关系

sno	cno	grade
202001001	C001	90
202001001	C002	87
202001001	C003	75
202001001	C004	68
202001001	C005	88
202001002	C004	88
202002001	C002	57
202002001	C004	88
202001003	C002	89
202001003	C003	53
202001003	C004	67
202001004	C002	76
202001004	C005	60
202003001	C002	76
202003002	C001	92
202003002	C002	91

例 2.1 查询学生姓名及所在系。

$$\Pi_{sname,dept}(student)$$

结果如表 2-19 所示。

表 2-19　例 2.1 结果

sname	dept
张恒	计算机科学
乔天	计算机科学
王伟	信息工程
齐艳涵	信息工程
陈夏	计算机科学
李敏	自动化控制
赵晓明	计算机科学
王茜李	自动化控制

例 2.2　查询年龄大于 20 岁的学生信息。

$$\sigma_{age>20}(student)$$

结果如表 2-20 所示。

表 2-20　例 2.2 结果

sno	sname	sex	age	dept
202001001	张恒	男	21	计算机科学

例 2.3　查询选修了 2 号课程（编号 c002）的学生学号、姓名及成绩。

$$\Pi_{sno,sname,grade}(\sigma_{cno='c002'}(student \bowtie s\_c))$$

结果如表 2-21 所示。

表 2-21　例 2.3 结果

sno	sname	grade
202001001	张恒	87
202002001	王伟	57
202001003	陈夏	89
202001004	赵晓明	76
202003001	李敏	91
202003002	王茜李	76

例 2.4　查询计算机科学系选修了 2 号课程（编号 c002）的学生学号、姓名。

$$\Pi_{sno,sname}(\sigma_{cno='c002' \wedge dept=='计算机科学'}(student \bowtie s\_c))$$

结果如表 2-22 所示。

表 2-22　例 2.4 结果

sno	sname
202001001	张恒
202001003	陈夏
202001004	赵晓明

例 2.5　查询信息工程系或选修了 2 号课程（编号 c002）的学生学号、姓名。

$$\Pi_{sno,sname}(\sigma_{cno='c002' \vee dept='信息工程'}(student \bowtie s\_c))$$

结果如表 2-23 所示。

表 2-23　例 2.5 结果

sno	sname
202001001	张恒
202002001	王伟
202001003	陈夏
202001004	赵晓明
202003001	李敏
202003002	王茜李
202002002	齐艳涵

例 2.6　查询未选修 4 号课程（编号 c004）的学生学号。

$$\Pi_{sno}(student) - \Pi_{sno}(\sigma_{cno='c004'}(s\_c))$$

结果如表 2-24 所示。

例 2.7　查询同时选修课 1 号课程和 2 号课程的学生学号。

$$\Pi_{sno}(\sigma_{cno='c001' \wedge cno='c002'}(s\_c \underset{sno=sno}{\bowtie} s\_c))$$

结果如表 2-25 所示。

表 2-24　例 2.6 结果

sno
202002002
202003001
202001004
202003002

表 2-25　例 2.7 结果

sno
202001001
202003002

例 2.8　查询选修了高等数学课程的学生学号、姓名和成绩。

$$\Pi_{sno,sname,grade}(\sigma_{cname=='高等数学'}(student \bowtie s\_c \bowtie course))$$

结果如表 2-26 所示。

表 2-26　例 2.8 结果

sno	sname	grade
202001001	张恒	87
202002001	王伟	57
202001003	陈夏	89
202001004	赵晓明	76
202003001	李敏	91
202003002	王茜李	76

例 2.9　查询选修了全部课程的学生学号及姓名。

$$\Pi_{sno,sname}((\Pi_{sno,cno}(s\_c) \div \Pi_{cno}(course)) \bowtie student)$$

结果如表 2-27 所示。

表 2-27　例 2.9 结果

sno	name
202001001	张恒

2.5　小　结

本节介绍了 8 种关系代数运算，其中并、差、笛卡尔积、选择和投影这 5 种运算为基本运算。交、连接和除均可以用其他 5 种基本运算来表达。表 2-28 中对这些操作进行了总结。

表 2-28　关系代数运算小结

操作	表示方法	功能
并	$R \cup S$	R 和 S 需相同模式，运算得到一个新关系，它由 R 和 S 中所有不同的元组构成
交	$R \cap S$	R 和 S 需相同模式，运算得到一个新关系，它由 R 和 S 中的公共元组构成
差	$R-S$	R 和 S 需相同模式，运算得到一个新关系，它由 R 中并不属于 S 的元组构成
广义笛卡尔积	$R \times S$	运算得到一个新关系，由 R 中的每个元组和 S 中的每个元组并联构成
选择	$\sigma_F(R)$	运算得到一个新关系，由 R 中满足 F 的元组构成
投影	$\Pi_{A1,A2,\cdots,An}(R)$	运算得到一个新关系，由 R 的指定属性组成一个 R 的垂直子集组成，并且去掉了重复的元组

续表

操作	表示方法	功能
连接	$R \underset{A\theta B}{\bowtie} S$	运算得到一个新关系,由 R 和 S 广义笛卡尔积中所有满足 θ 运算的元组构成
自然连接	$R \bowtie S$	运算得到一个新关系,由 R 和 S 在所有公共属性上相等连接得到,并且在结果中只保留一个公共属性
除	$R \div S$	运算得到一个属性集合 A 上的关系,该关系的元组与 S 中的每个元组进行组合都是 R 的一个元组,属性集合 A 是 R 的,但不是 S 的属性集合

关系数据库是目前应用最广的数据库。本章首先介绍了数据模型的三要素,重点介绍了关系模型的有关概念、关系模型的数据结构、关系操作及完整性约束;然后介绍了关系代数的各种运算方法;最后结合实例介绍了在传统的集合运算基础上再运用专门的关系运算,可以实现对关系的多条件查询操作。

习题 2

一、单项选择题

1. 下列不是关系模型组成的是（　　）。
   A. 关系数据结构　　　　　　　　B. 操作集合
   C. 函数依赖　　　　　　　　　　D. 完整性约束
2. 下列不是关系代数最基本运算的是（　　）。
   A. 并运算　　B. 交运算　　C. 选择　　D. 差运算
3. 从一个关系中挑选若干属性列,组成一个新的关系的操作称为（　　）。
   A. 投影　　　B. 选择　　　C. 笛卡尔积　　D. 差运算
4. 在基本的关系中,下列说法正确的是（　　）。
   A. 与行列顺序有关　　　　　　　B. 属性名允许重名
   C. 任意两个元组不允许重复　　　D. 列是非同质的
5. 在关系理论中,如果一个关系中的一个属性或属性组能够唯一地标识一个元组,那么可称该属性或属性组为（　　）。
   A. 索引码　　B. 关键字　　C. 域　　　D. 关系名
6. 设"员工档案"数据表中有员工编号、姓名、年龄、职务、籍贯等属性,其中可以作为关键字的是（　　）。
   A. 员工编号　　B. 姓名　　C. 职务　　D. 年龄
7. 在某一场考试中,一位学生只能参加一场考试,一场考试有多位学生参加,这说明该场考试与学生之间存在（　　）联系。
   A. 一对一　　B. 一对多　　C. 多对多　　D. 未知
8. 下列实体类型的联系中,属于多对多联系的是（　　）。

A. 学校与班级之间的联系　　　　　　B. 教师与职称之间的联系
C. 学生与课程之间的联系　　　　　　D. 公司与总经理之间的联系

9. 表示二维表中的"行"的关系模型术语是（　　　）。

A. 属性　　　　　B. 元组　　　　　C. 列　　　　　D. 数据表

10. （　　　）要求关键字属性不能为空。

A. 实体完整性　　　B. 参照完整性　　　C. 域完整性　　　D. 用户自定义完整性

二、填空题

1. 包含在_____中的属性叫主属性。
2. 设有关系 R，从关系 R 中选择符合条件 F 的元组，采用的关系运算为_____。
3. 当两个关系 R 和 S 进行自然连接运算时，要求 R 和 S 含有一个或多个共有的_____。
4. 设有关系模式为系（系编号，系名称，电话，办公地点），则该关系模式的主键是_____，主属性是_____，非主属性是_____。
5. 当两个关系没有公共属性时，其自然连接操作的结果表现为_____。

三、简答题

1. 简述关系的特性。
2. 关系数据库的 4 个完整性约束是什么？
3. 等值连接和自然连接的区别是什么？
4. 已知关系 R 和 S 如图 2-2 所示，计算以下运算的值：$R-S$，$R \cup S$，$R \cap S$，$R \times S$。

关系 R

A	B	C
1	15	123
2	11	149
3	10	150
4	13	112

关系 S

A	B	C
4	13	112
7	15	120
3	10	150
5	13	117

图 2-2

5. 针对本章表 2-16~表 2-18，使用关系运算表示出下列查询要求。

（1）查询学生姓名及年龄。
（2）查询全体女同学的学生信息。
（3）查询选修了 5 号课程（编号 c005）的学生学号、姓名及成绩。
（4）查询选修了 2 号课程（编号 c002）成绩高于 70 分的学生学号、姓名和系信息。
（5）查询选修了 2 号课程（编号 c002）和 3 号课程（编号 c003）的学生学号、姓名。
（6）查询被所有学生选修了的课程的课程名和学时。

第 3 章

MySQL 8.0 数据库和数据表的创建

3.1 MySQL 简介

MySQL 是一个开放源代码的数据库管理系统，是由 MySQL AB 公司开发、发布并支持的。MySQL 的主要特点也是它近年来广泛流行的最大原因，即它是一个跨平台的、开源的、关系型数据库管理系统。MySQL 能够广泛地应用在 Internet 上的中小型网站开发中。与其他大型数据库管理系统（如 Oracle、DB2、SQL Server 等）相比，虽然 MySQL 规模小、功能有限，但是它体积小、速度快、成本低，并且提供的功能对稍微复杂的应用来说已经够用，这些特性也更加使 MySQL 成为世界上最受欢迎的开放源代码数据库之一。目前最新的版本都是基于 MySQL 8.0 的。

3.2 MySQL 数据库的操作和管理

数据库就是一种可以通过某种方式存储数据库对象的容器。简而言之，数据库就是一个存储数据的地方，可以把它想象成一个文件柜，而数据库对象则是存放在文件柜中的各种文件，并且是按照特定规律存放的，这样可以方便地管理和处理。而数据库的操作包括创建数据库和删除数据库，这些操作都是数据库管理的基础。目前针对 MySQL 数据库的操作和管理主要流行以下两种方式。

（1）通过命令行方式进行 MySQL 数据库管理（类似于 dos 命令）。

（2）通过图形化操作和管理的方式进行 MySQL 数据库管理（类似于 Windows 窗口）。

3.2.1 命令行方式

MySQL 数据库管理系统提供了许多命令行工具，这些工具可以用来管理 MySQL 服务器、对数据库进行访问控制、管理 MySQL 用户以及数据库备份和恢复工具等。通过命令行客户端来操作数据库，效率高、灵活度大。

3.2.2 图形化操作和管理方式

尽管通过命令行客户端来操作数据库，效率高、灵活度大，但是对刚入门的初级用户来说稍显困难，因为需要熟练灵活地掌握 SQL 语句。因此对初学者来说，更建议采用一种简单实用的入门方法，即通过图形化客户端来操作管理。

目前主流的图形界面管理工具有 MySQL Workbench、Navicat、SQLyog；其中 MySQL Workbench 为英文界面，Navicat 和 SQLyog 均为中文界面。考虑到 Navicat 比较适合初学者，因此本章节以下内容将选用该客户端来向读者展示数据库的操作及管理。

3.2.3 MySQL 服务启动

在 MySQL 的安装过程中，MySQL 数据库服务已默认安装为 Windows 的服务之一，可以通过 Windows 的服务管理器查看，如图 3-1 所示。因此，对 MySQL 数据库的服务启动，通常也有以下两种方式。

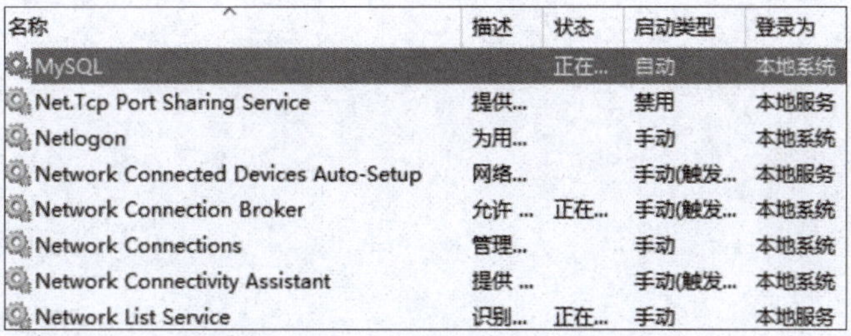

图 3-1 已经启动的 MySQL 服务

1. 使用图形服务工具来控制 MySQL 服务器

打开 Windows 的服务管理器，在其中可以看到服务名为"MySQL"的服务项，其右边状态为"已启动"，表明该服务已经启动，可以直接双击 MySQL 服务，打开"MySQL 的属性"对话框，在其中通过单击"启动"或"停止"按钮来更改服务状态，如图 3-2 所示。

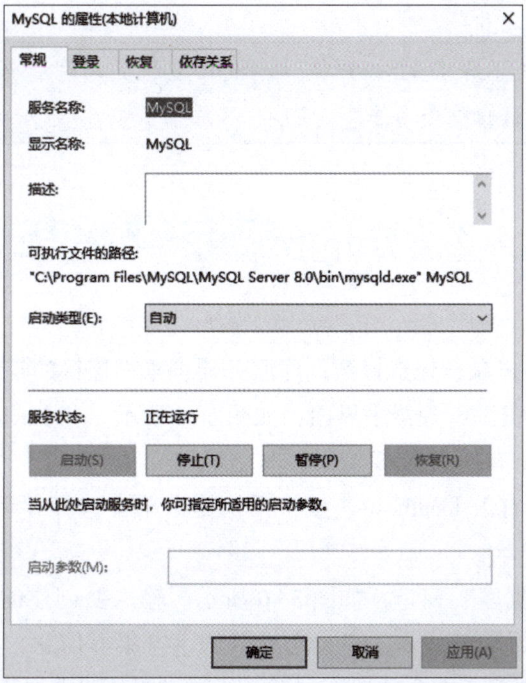

图 3-2 MySQL 的属性页面

由于设置了 MySQL 为自动启动,在这里可以看到服务已经启动,而且启动类型为自动。如果没有"已启动"字样,说明 MySQL 服务未启动。

2. 从命令行使用 NET 命令启动

方法为:单击"开始"菜单,在搜索框中输入"cmd",按"Enter"键确认。弹出命令提示符界面。然后输入"net start MySQL",按"Enter"键,就能启动 MySQL 服务了;停止 MySQL 服务的命令为"net stop MySQL",如图 3-3 所示。

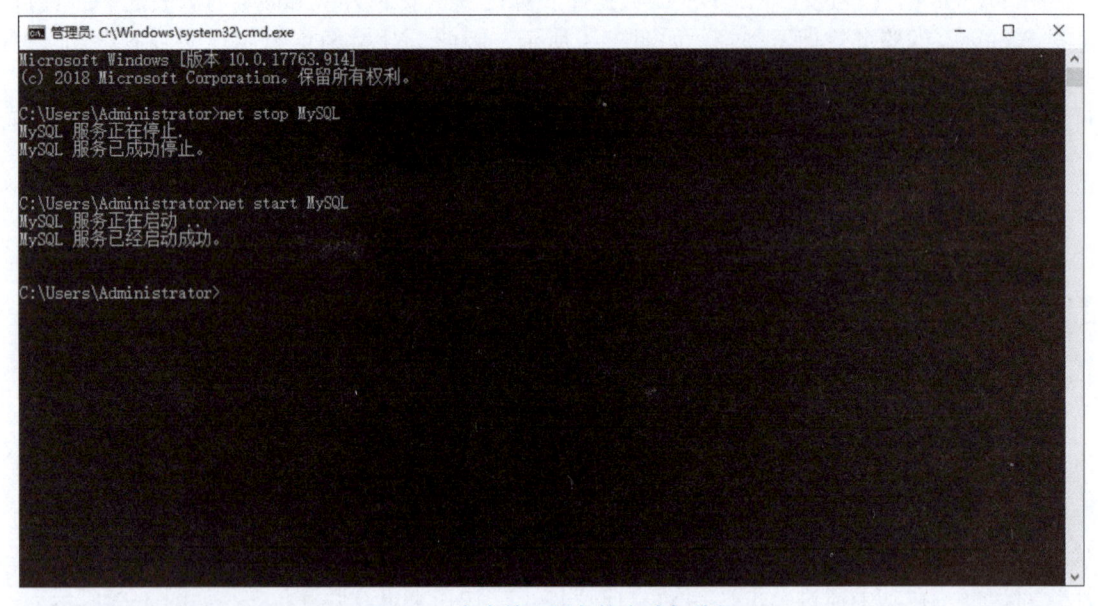

图 3-3 命令管理服务的启动与关闭

注意:启动服务和关闭服务的命令中,MySQL 是服务名字,如果设置了其他的名字,需要将 MySQL 替换为对应的服务名字。

3.3 使用 Navicat 创建数据库

1. 创建数据库

(1)运行 Navicat 客户端,先选择数据库服务器,本书连接的是本地服务器 localhost,连接成功后,进入 Navicat 资源管理器主界面,如图 3-4 所示。在 Navicat 的资源管理器中,将显示所连接的服务器下所有的数据库。

(2)在图 3-4 中,右击 localhost 连接,在快捷菜单中选择"新建数据库",如图 3-5 所示。

(3)打开"新建数据库"窗口,如图 3-6 所示。输入要创建的数据库名称,例如我们输入"学生—选课"数据库名"xs_xk",选择默认字符集等信息,单击"确定"按钮,就会在 localhost 连接下发现多了一个数据库"xs_xk",说明新建数据库成功,如图 3-7 所示。

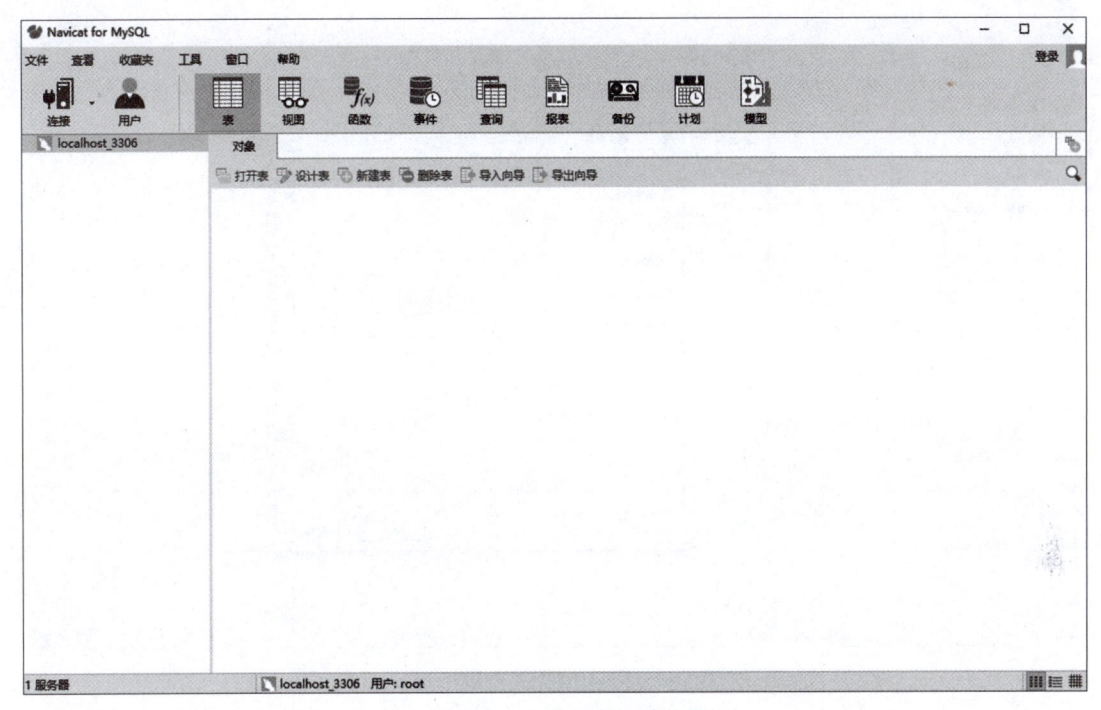

图 3-4 Navicat 资源管理器主界面

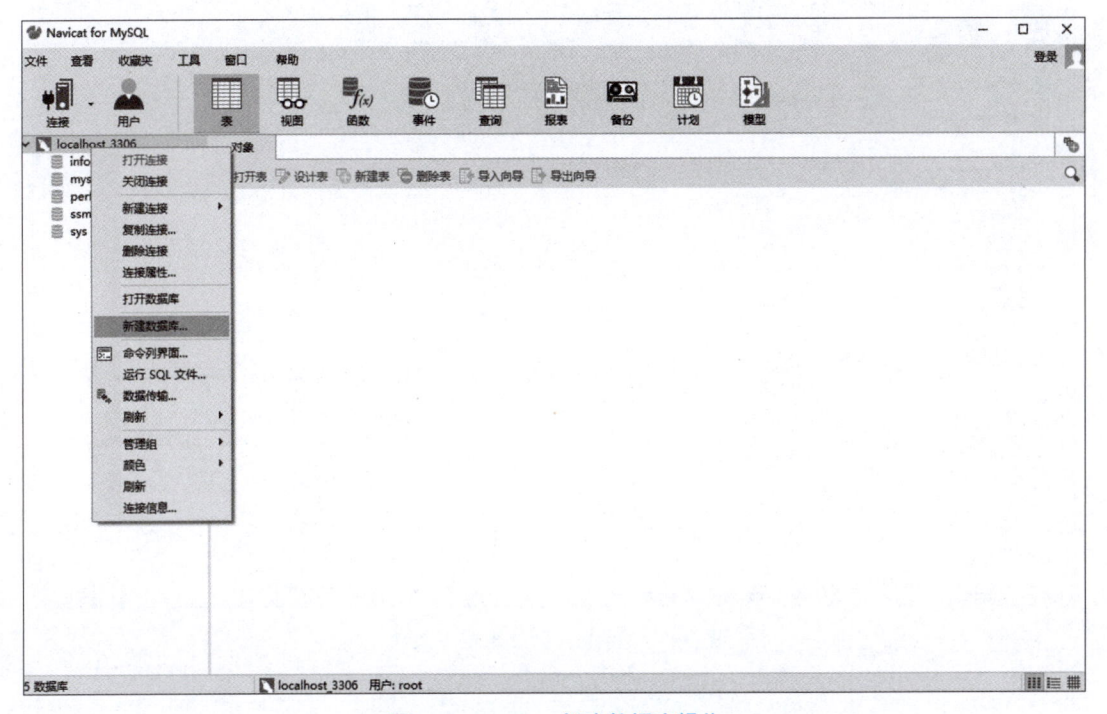

图 3-5 Navicat 新建数据库操作

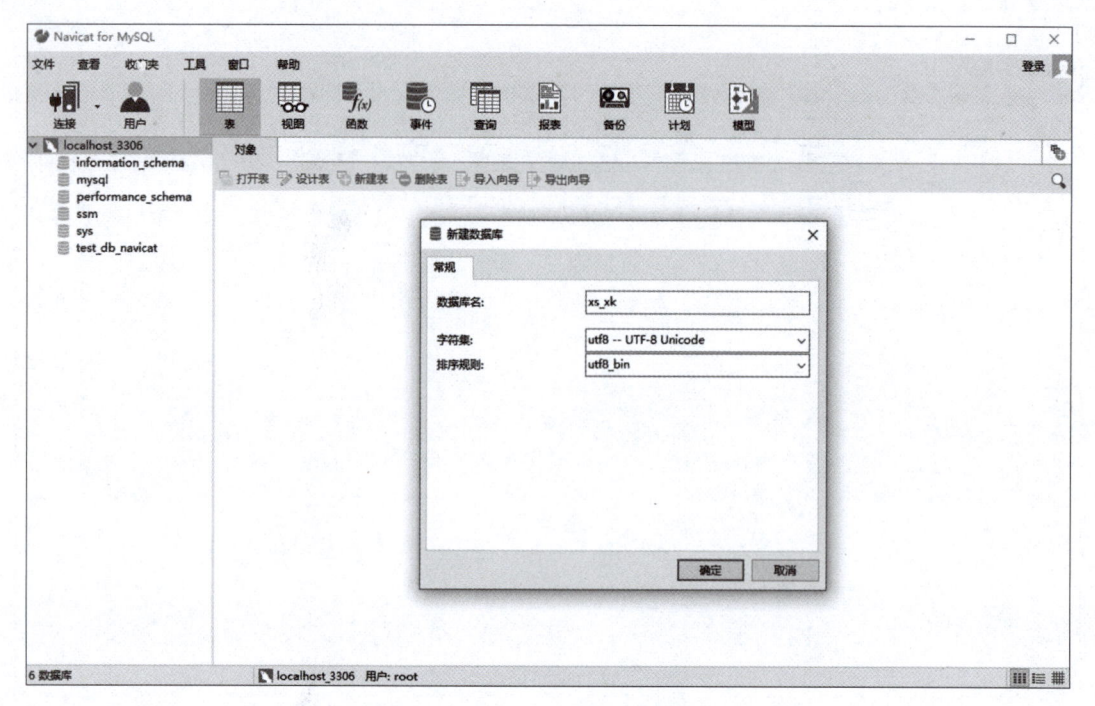

图 3-6 Navicat 新建数据库窗口

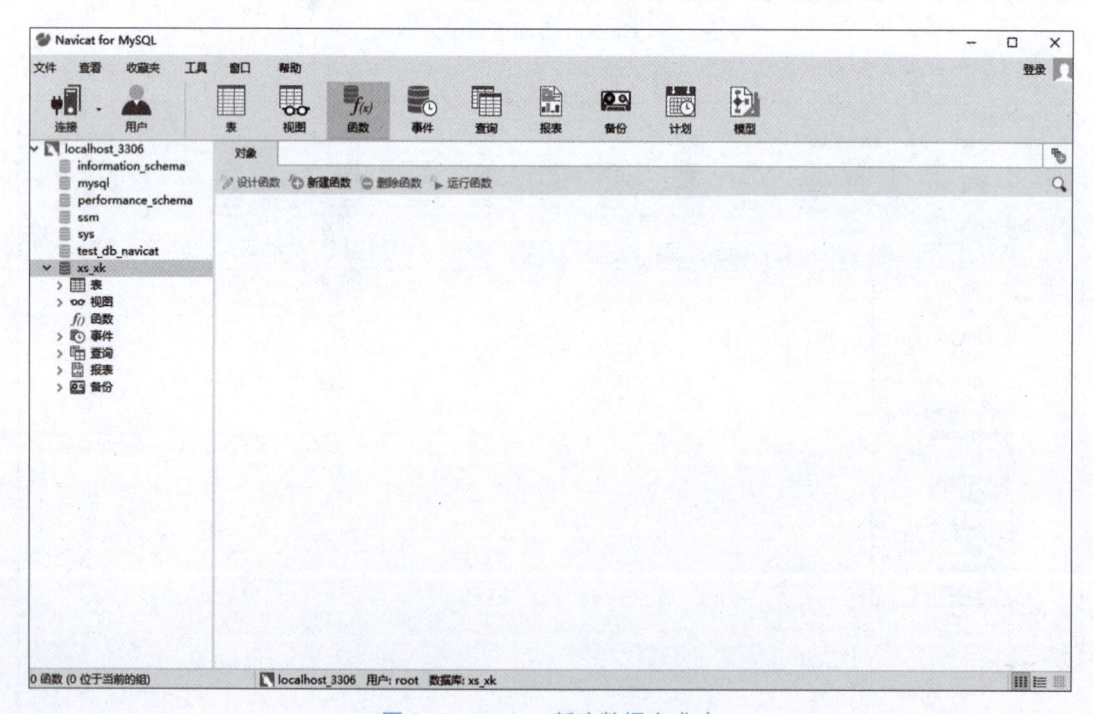

图 3-7 Navicat 新建数据库成功

2. 删除数据库

（1）在 Navicat 资源管理器中，右击新建的"xs_xk"数据库，在快捷菜单中选择"删除数据库"，如图 3-8 所示。

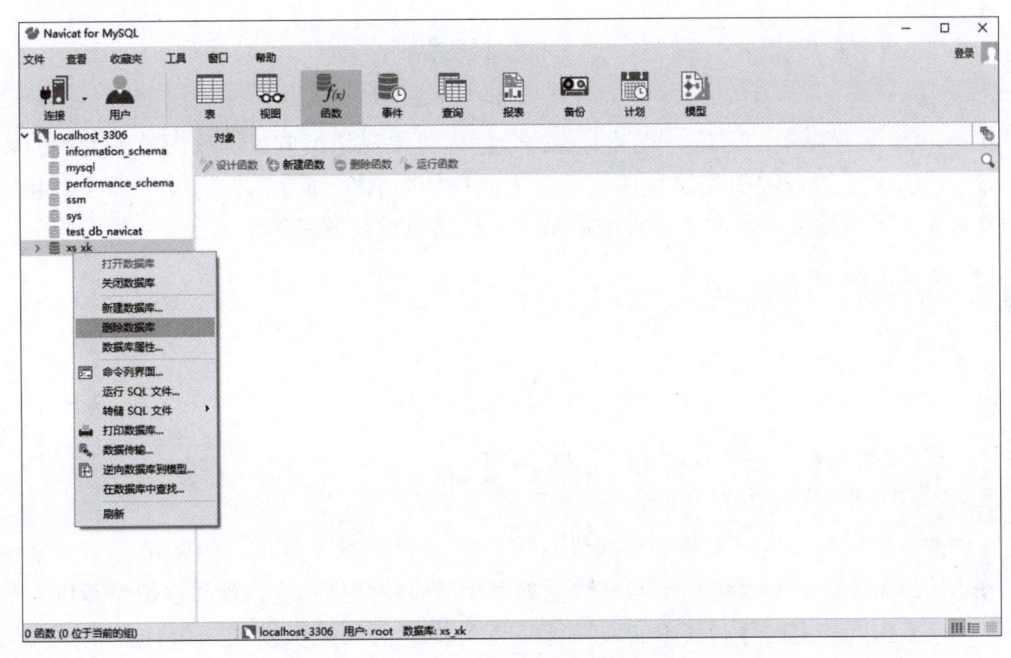

图 3-8　Navicat 删除数据库操作

（2）此时会弹出一个警告窗口，如图 3-9 所示，向用户确认是否要删除数据库，单击"删除"按钮。

（3）在图 3-10 中，Navicat 资源管理器中已经没有"xs_xk"数据库，说明删除数据库成功。

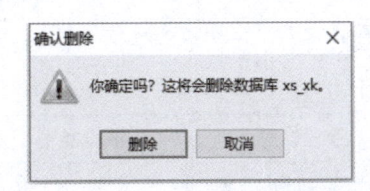

图 3-9　Navicat 警告是否删除数据库

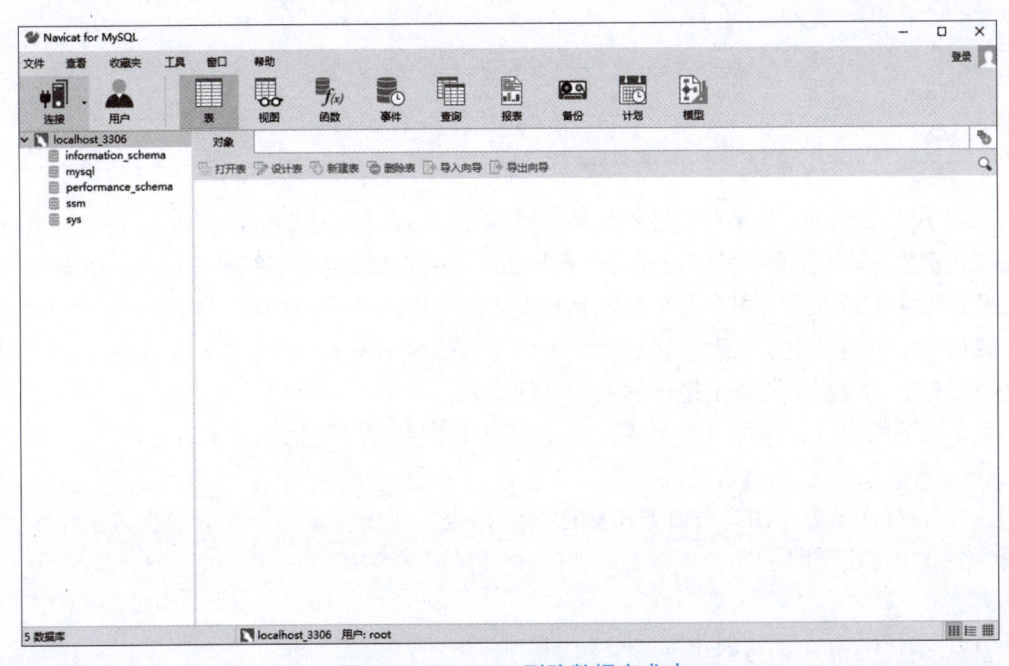

图 3-10　Navicat 删除数据库成功

3.4 创建数据表

在 MySQL 数据库中，表是一种很重要的数据库对象，是组成数据库的基本元素，由若干字段组成，主要用来实现存储数据记录。表的操作包含创建表、查询表、修改表和删除表，这些操作是数据库对象的表管理中最基本，也是最重要的操作。

3.4.1 使用表设计器创建表

1. 数据表的数据类型及约束

以"学生—选课"数据库中的学生基本信息表为例。

> 学生信息表：(学号,姓名,性别,出生日期,所学专业)
> student(sno,name,sex,birthday,dept)

在创建数据表时仅给出表名和各属性（字段）名是远远不够的。通常情况下，至少还要进一步给出各字段的数据类型和与该数据类型相适应的数据长度、该属性值是否可为空值（Null）、关系模式的主键等。其中的属性值是否可为空值和关系模式（表）的主键，属于对表中字段和表的约束，且主键属性隐含不能为空值。例如，学生信息模式的各属性特征可表示为表 3-1 的形式。

表 3-1 学生信息表

字段名称	字段类型	字段大小	允许为空	含义与说明
sno	char	9	否	学号，主键
name	char	20	否	姓名
sex	char	2	否	性别
birthday	date	—	否	出生日期
dept	char	20	是	所学专业

在表 3-1 中，char 为字符型数据类型，姓名字段 name 对应的 char（20）表示姓名的字符长度约定为 20 个字符的固定长度，当不足 20 个字符时用空白字符补充；date 为日期型数据类型，长度由系统约定用户无须指定其长度。某字段的"允许为空"的约束为"否"，表示在数据库中创建学生信息表后，当给学生信息数据表中输入每个学生的信息时，该字段的值都不能为空，否则系统将拒绝该学生信息的输入。

有了上述约定后，就可以利用 Navicat 的表设计器创建学生信息表了。

2. 使用表设计器创建表

通过 Navicat 工具，用户可以方便地创建数据表，使用表设计器建立数据表的结构。下面用一个例子进行说明。

例 3.1

（1）利用 Navicat 工具创建数据库 xs_xk。

（2）双击打开数据库 xs_xk，如图 3-11 所示。

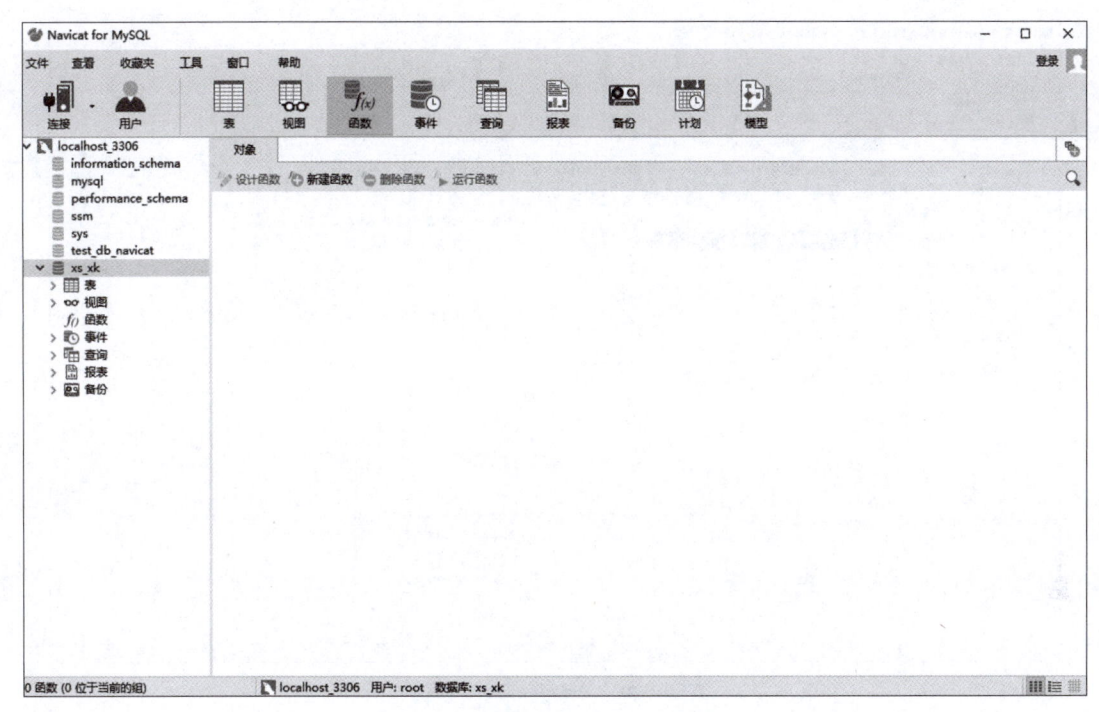

图 3-11　已经打开的 xs_xk 数据库

（3）如图 3-12 所示，在 xs_xk 数据库下右击"表"对象，在弹出的快捷菜单中选择"新建表"菜单命令，系统将弹出"表设计器"窗口，如图 3-13 所示。

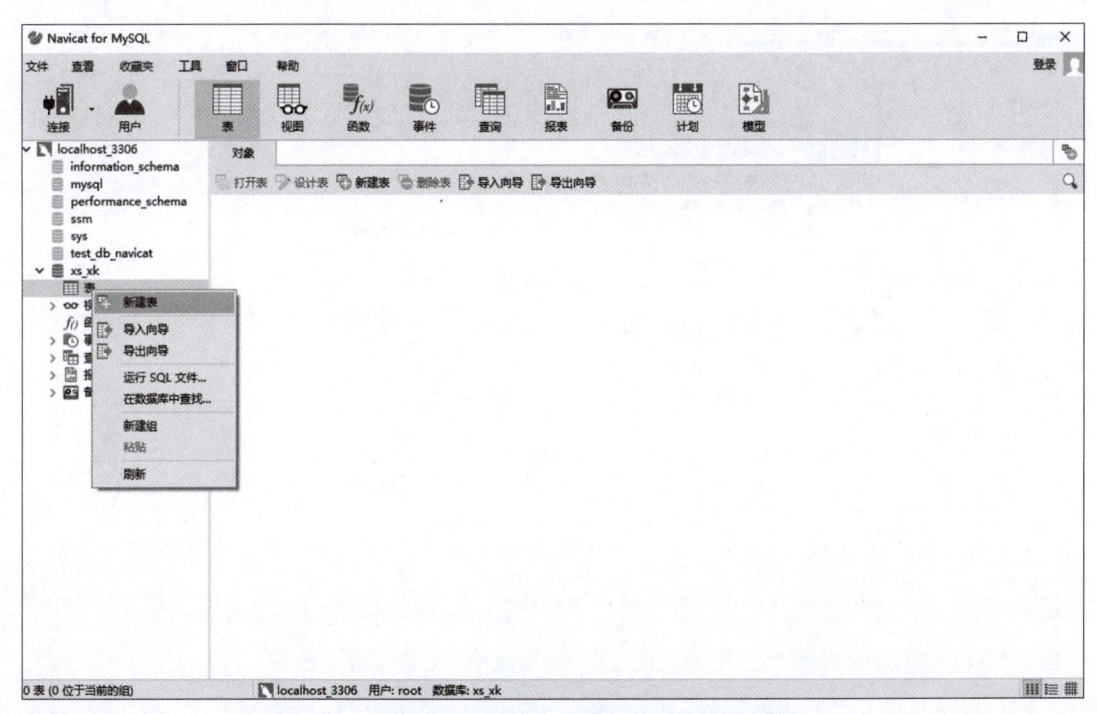

图 3-12　在弹出的快捷菜单中选择"新建表"菜单命令

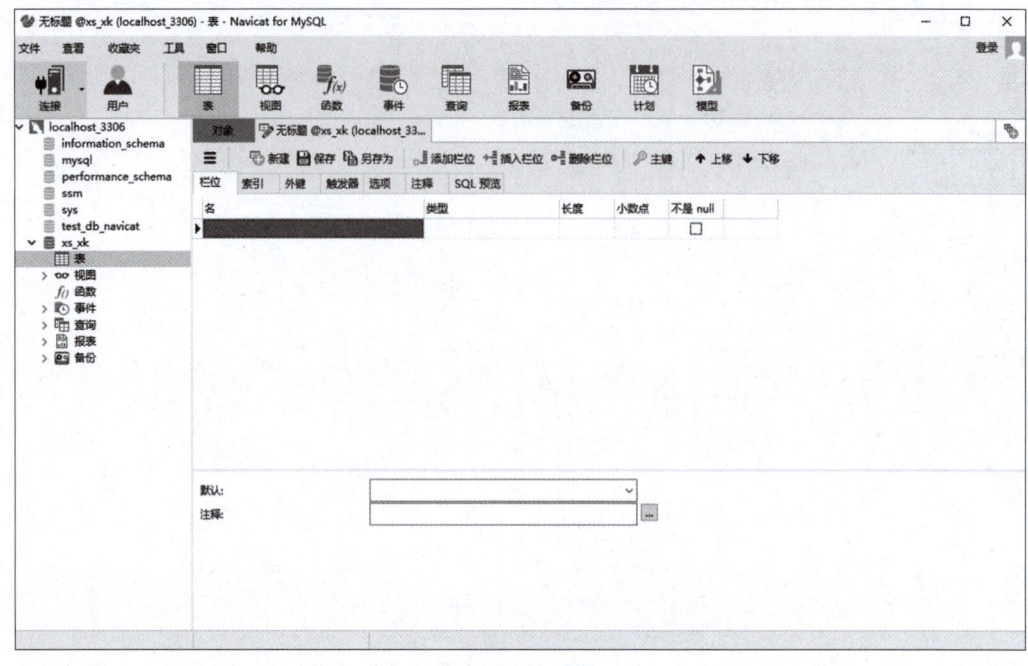

图 3-13 "表设计器"窗口

3. "学生信息"表结构的建立

在"表设计器"中依次输入已经设计好的"学生信息"表 student 的各个属性信息，包括列名、数据类型、是否允许为空值等，如图 3-14 所示。

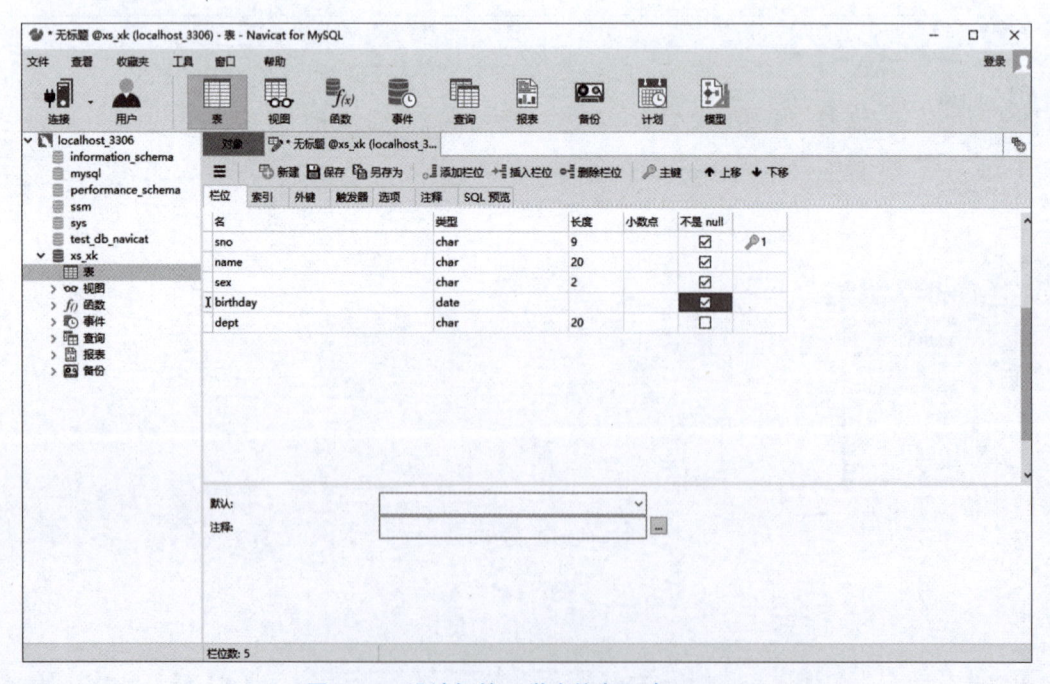

图 3-14 设计好的"学生信息"表 student

第 3 章　MySQL 8.0 数据库和数据表的创建

为"学生信息"表创建主键。在表设计器中右击 sno 字段,在弹出的下拉菜单中选择"主键"命令,将学号字段设置为主键,如图 3-15 所示;或者选中 sno 字段后,单击工具栏中的 主键 按钮,将学号字段设置为主键。

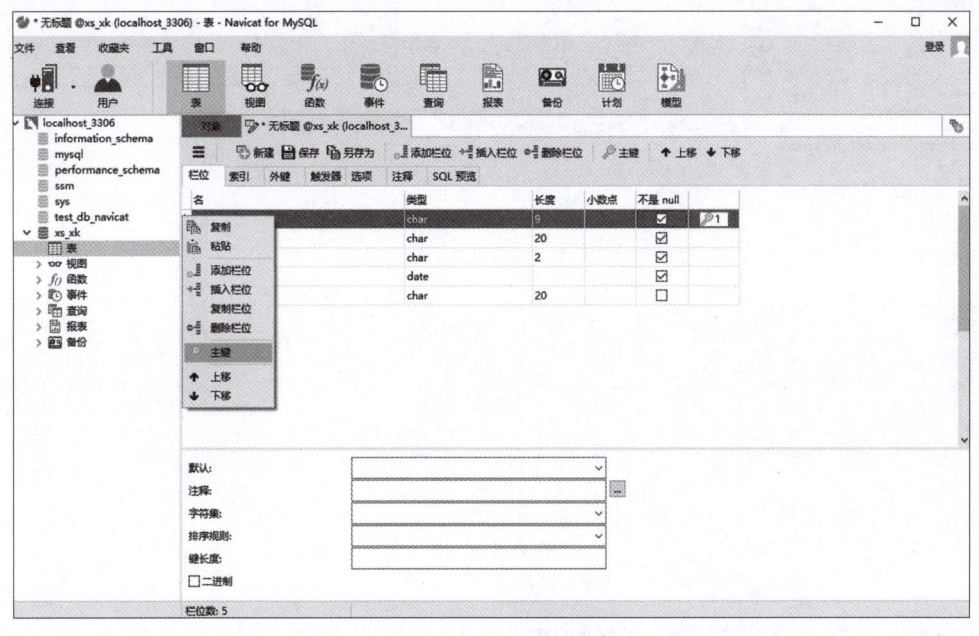

图 3-15　设置主键

4. 保存创建的表

(1) 在"文件"菜单中选择"保存"命令,弹出"输入表名"对话框,如图 3-16 所示,接着为该表输入名称"student",单击"确定"按钮,完成数据表的创建。

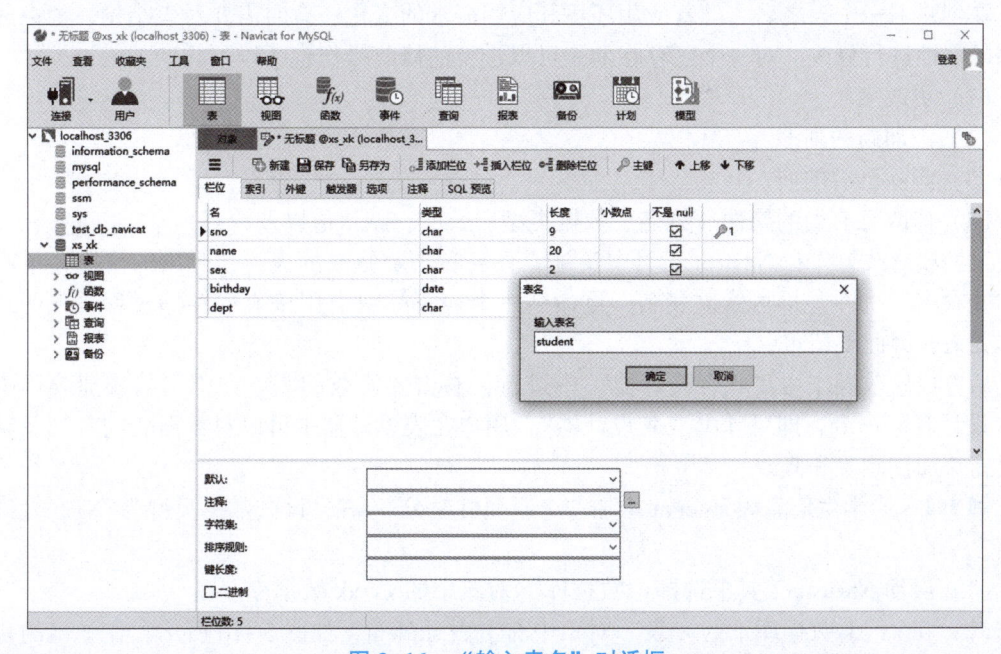

图 3-16　"输入表名"对话框

(2) 在"对象资源管理器"的 xs_xk 数据库下的"表"对象中，用户可以查看到刚刚建立的数据表 student，如图 3-17 所示。

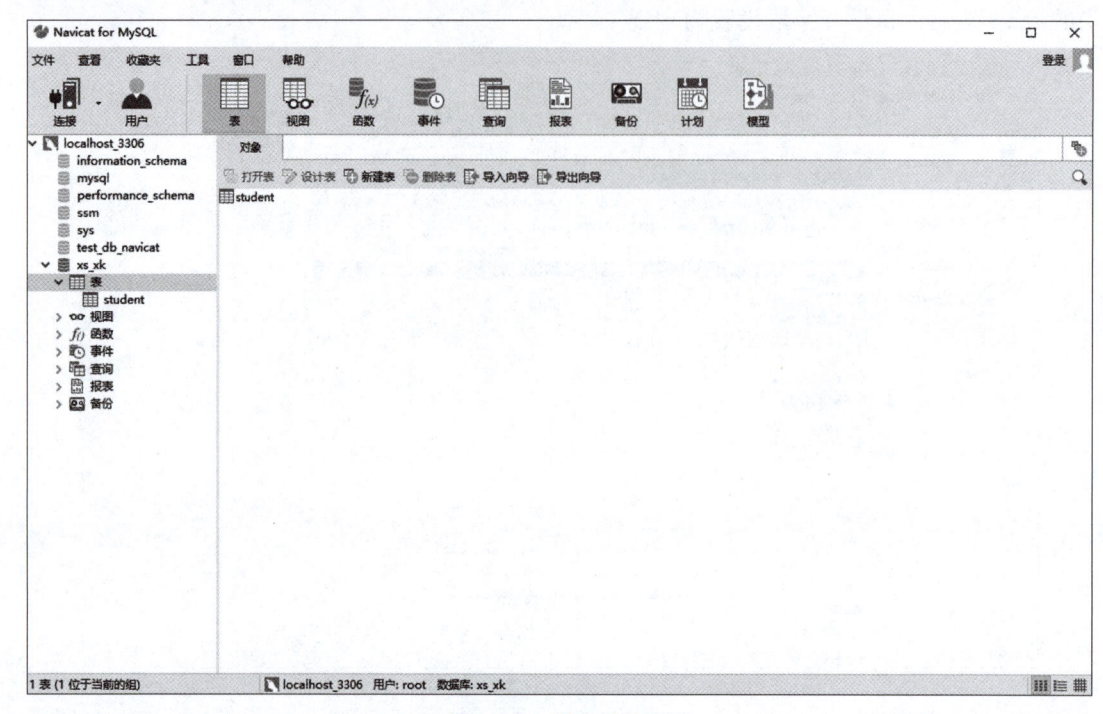

图 3-17 创建好的表

3.4.2 表结构的修改

在创建了一个表之后，随着应用环境和应用需求的变化，有时需要对表结构、约束或其他列的属性进行修改。对一个已存在的表可以进行的修改操作包括以下几个方面：

（1）更改表名。

（2）添加新的列。

（3）删除已有的列。

（4）修改已有列的属性（列名、数据类型、长度、默认值以及约束）。

第一项修改操作在 Navicat 工具中实施，只需右击要修改的表，在弹出的快捷菜单中选择"重命名"命令，即可修改表名。重命名一个表将导致引用该表的存储过程、视图、触发器无效，因此要慎重。

后三项修改操作均在"表设计器"中进行，右击要修改的表，在弹出的快捷菜单中选择"设计表"命令，即可弹出"表设计器"，用户在表设计器中可以对数据表的各列及其属性进行添加、删除和修改。

例 3.2 为学生信息表 student 增加一个新属性学分 score，设其数据类型为 INT，允许为空值。

（1）启动 Navicat 工具中选择"数据库"对象中的 xs_xk 数据库。

（2）在 xs_xk 数据库下的"表"对象中右击表 student，如图 3-18 所示，在弹出的快捷菜单中选择"设计表"命令。

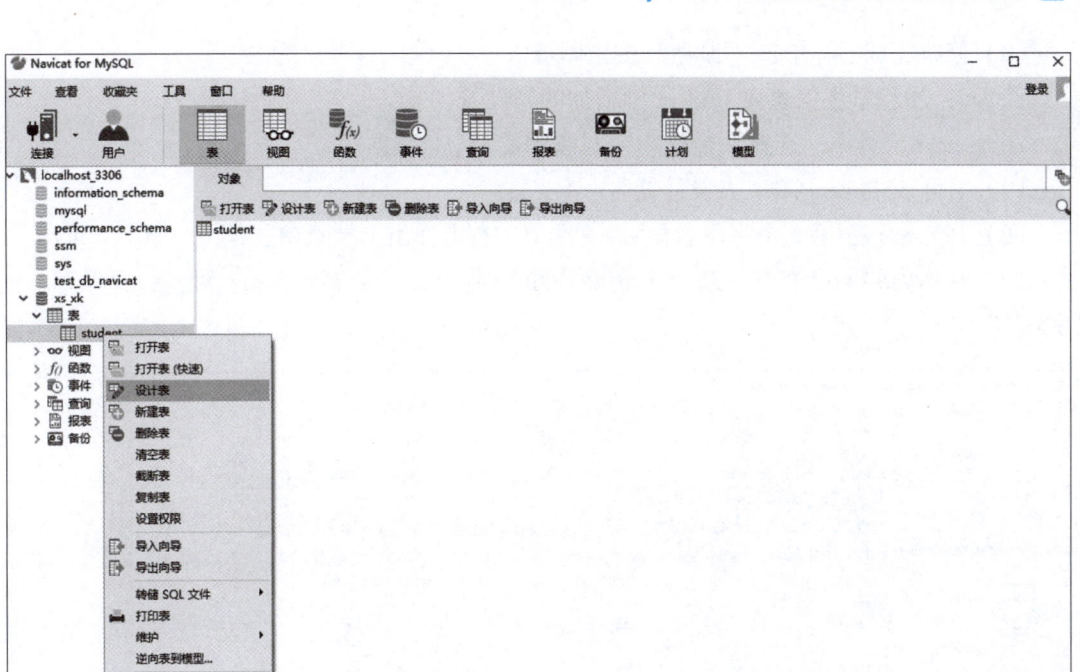

图 3-18　右击"表"对象弹出快捷菜单

（3）系统弹出表 student 的"表设计器"，如图 3-19 所示，在自动添加的空白行中，输入列名为"score"，数据类型为 int，允许为空值。

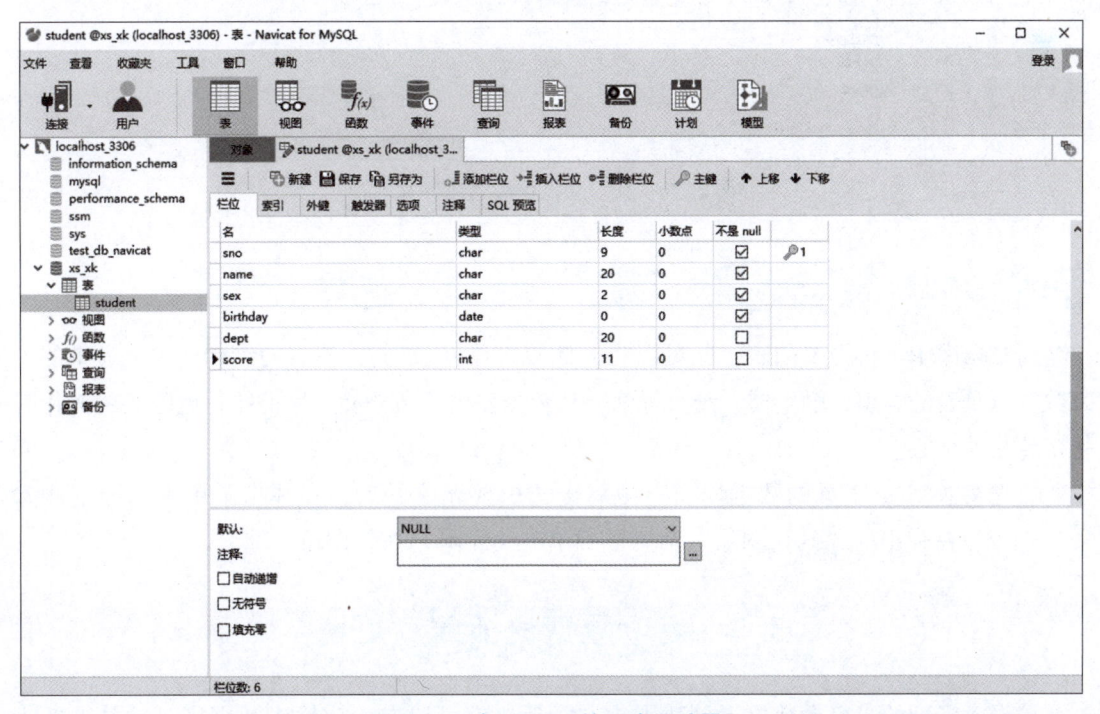

图 3-19　表 student 的"表设计器"

（4）修改完成后，单击"保存"按钮即可。

例3.3　删除学生信息表 student 中增加的属性 score。

在 Navicat 工具中，选择"数据库"对象中的 xs_xk 数据库。

（1）打开表 student 的"表设计器"。

（2）将光标移至第 6 个字段名称 score 框中，右击弹出下拉菜单。

（3）在弹出的下拉菜单中选择"删除栏位"命令，即可删除 score 列，然后保存，如图 3-20 所示。

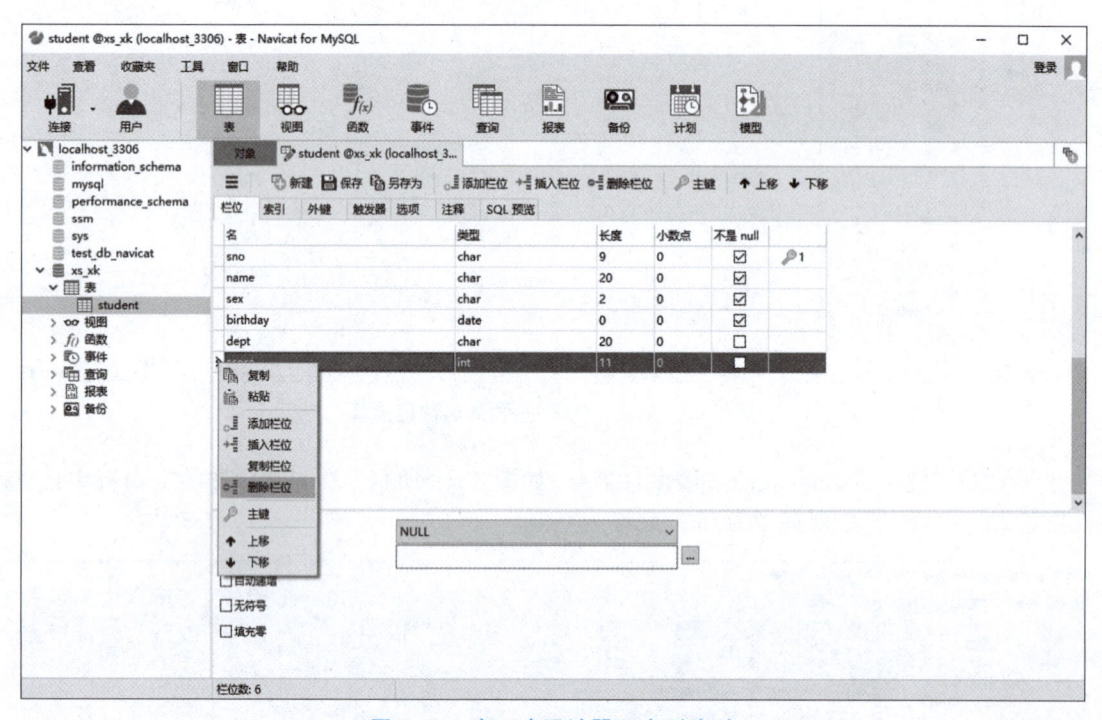

图 3-20　在"表设计器"中删除列

3.4.3　表的删除

对数据库中不再需要的表，就可以将其删除。删除表时，该表的结构定义、表中的所有数据以及表的索引、触发器、约束等都会从数据库中永久删除，因此执行删除表的操作时一定要格外小心。

首先在 Navicat 工具的数据库窗口中右击选中要删除的表，在弹出菜单中选择"删除表"命令，在弹出的"确认删除"消息框中单击"删除"按钮即可。

3.5　表中数据的插入和更新

数据库管理的内容是数据。创建了表结构后，就可以向表中输入数据了。除数据插入外，对表中数据的操作还包括删除表中的数据和修改表中的数据。

3.5.1 表中数据的插入

打开表 student，则显示如图 3-21 所示的数据视图。

图 3-21 没有数据记录的数据视图

在图 3-21 的数据视图最下部的一行符号和数字统称为记录定位器，用于定位记录。其中，数字是当前记录的行数和表中共有的记录数。相关的符号含义如下。

　　：单击该按钮，光标将跳到表中最前面的一条记录。

　　：单击该按钮，光标将跳到当前记录的上一条记录。

　　：单击该按钮，光标将跳到当前记录的下一条记录。

　　：单击该按钮，光标将跳到表中最后面的一条记录。

　　：单击该按钮，可设置每页显示的数据条数。

接下来添加数据记录的步骤如下：

（1）将光标定位到"行编辑器"中有"*"的一行，即可输入要添加的记录。

（2）记录输入完毕后，关闭数据表视图，系统提示是否保存数据，单击"保存"按钮即可。

例 3.4　向新创建的学生信息表输入学生信息的数据记录。

按添加记录的步骤添加了学生信息 student 表的记录的结果如图 3-22 所示。

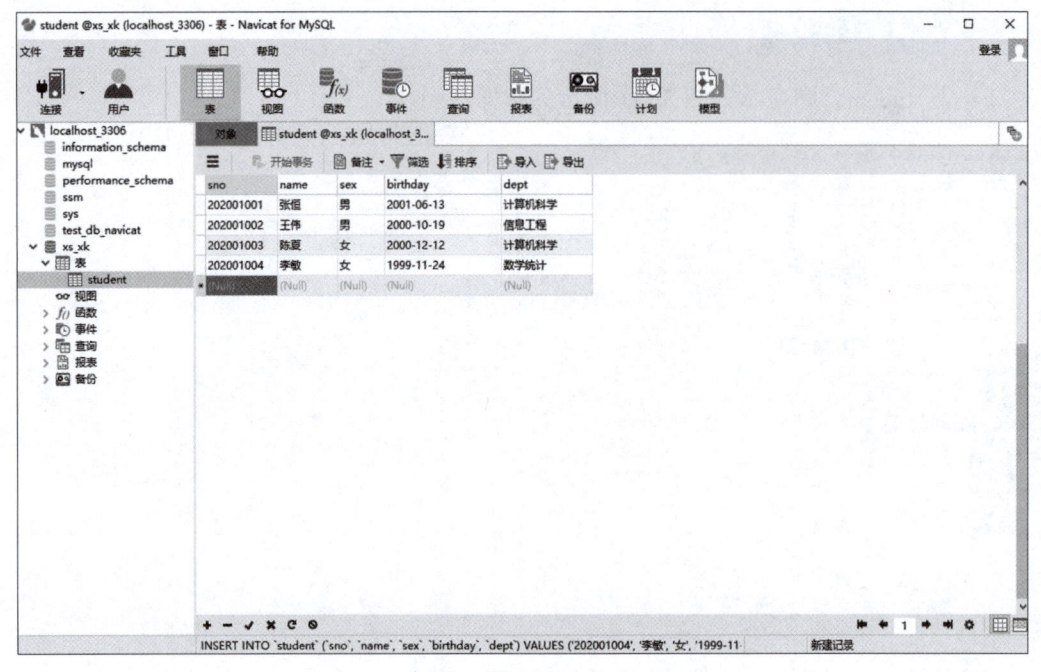

图 3-22　向新建的学生信息表输入学生信息

3.5.2　表中数据的修改

表中数据的修改的步骤如下：
（1）将光标定位到需要修改的数据记录。
（2）直接在需要修改的字段进行修改。
（3）关闭数据表视图，系统提示是否保存数据，单击"保存"按钮即可。

3.5.3　表中数据的删除

表中数据的删除的步骤如下：
（1）单击拟删除的数据记录的"行定位器"。
（2）右击弹出的快捷菜单，如图 3-23 所示，选择"删除记录"选项，系统显示提示信息对话框。
（3）如图 3-24 所示，在删除记录提示的对话框中，单击"删除一条记录"，即可删除该记录。

3.5.4　表中数据的浏览

用户通过 Navicat 工具可以方便地浏览数据表的所有记录。

例 3.5　浏览数据库 xs_xk 中学生信息表 student 的所有学生记录。
（1）启动 Navicat 工具中选择"数据库"对象中的 xs_xk 数据库。
（2）在 xs_xk 数据库下的"表"对象中右击表，在弹出的快捷菜单中选择"打开表"菜单命令。
（3）在"数据视图"中将显示表 student 所有记录的内容。

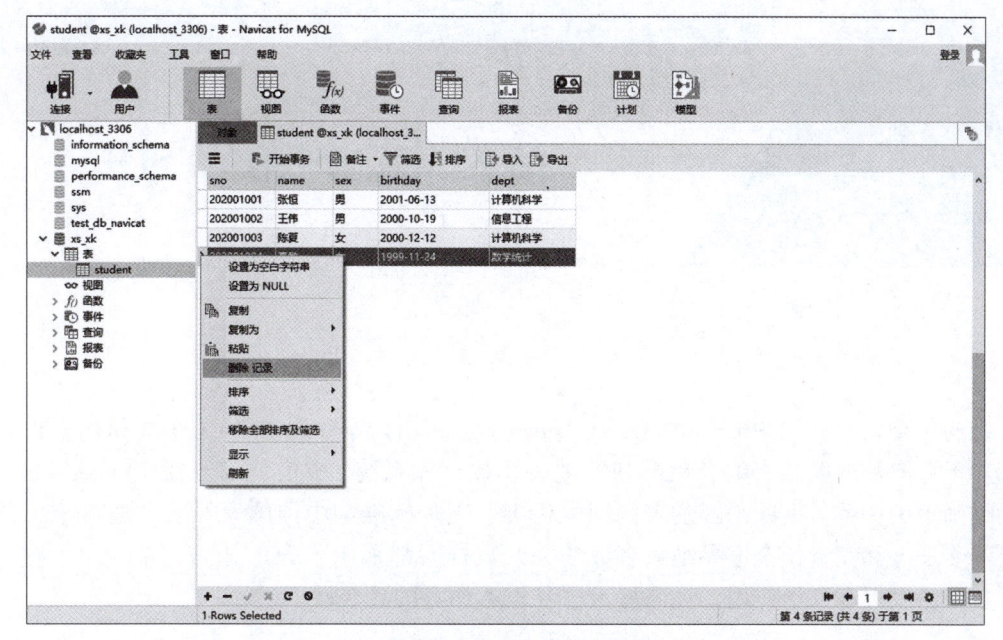

图 3-23 弹出快捷菜单选择"删除记录"选项

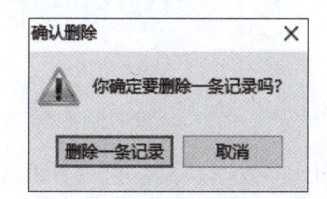

图 3-24 删除记录提示对话框

小 结

MySQL 是一个开放源代码的数据库管理系统，具有体积小、速度快、成本低的特点。服务启动有两种方式：一是使用图形服务工具来控制 MySQL 服务器；二是从命令行使用 NET 命令启动。通过 Navicat 软件我们不仅能够轻松创建数据库、删除数据库，还能实现对数据表的创建、删除和修改，以及对表中数据的增、删、改、查等操作。

习题 3

1. 下载最新版的 MySQL 数据库，在自己的计算机上安装和配置它。
2. 了解还有哪些常见的 MySQL 图形化管理工具。
3. 使用 Navicat 软件来操作管理 MySQL 数据库。
（1）创建数据库名为 student 并设置数据库的字符编码为 utf8。
（2）为 student 数据库创建 student 表，创建好后，修改添加一个 int 类型的字段属性。
（3）在 student 表中练习插入、修改、删除、查询等操作。

第 4 章

结构化查询语言 SQL

结构化查询语言（Structured Query Language，SQL）是一种数据库查询和程序设计语言，用于存取数据以及查询、更新和管理关系数据库系统。SQL 语言自 1974 年提出以来，先后被确定为关系数据库语言的美国国家标准、国际标准和中国国家标准。随着 SQL 语言的进一步发展和完善，全世界绝大多数的关系数据库都采用了 SQL 语言，极大地推进了数据库技术的发展和广泛应用，也凸显了学习 SQL 语言的重要性。

4.1 SQL 概述

4.1.1 SQL 的功能

SQL 包括数据定义语言（DDL）、数据操纵语言（DML）和数据控制语言（DCL）。

（1）DDL 主要用于执行数据库任务，对数据库以及数据库中各种对象进行创建、修改、删除操作，主要语句以及功能如表 4-1 所示。

表 4-1　DDL 主要语句以及功能

语　句	功　能
CREATE	创建数据库或数据库对象
ALTER	修改数据库或数据库对象
DROP	删除数据库或数据库对象

（2）DML 主要用于数据表或者视图的检索、插入、修改和删除数据记录的操作，主要语句以及功能如表 4-2 所示。

表 4-2　DML 主要语句以及功能

语　句	功　能
SELECT	从表或者视图中检索数据
INSERT	将数据插入表或者视图
UPDATE	修改表或者视图中的数据
DELETE	删除表或者视图中的数据

(3) DCL 主要用于安全管理，确定哪些用户可以查看或者修改数据库中的数据，主要语句以及功能如表 4-3 所示。

表 4-3　DCL 主要语句以及功能

语　　句	功　　能
GRANT	授予权限
REVOKE	撤销权限
DENY	拒绝权限，并禁止从其他角色继承许可权限

4.1.2　SQL 的特点

SQL 语言简单易学、灵活易用；非过程性强，开发应用过程简单。其主要特点包括以下几部分。

1. 工作方式灵活

SQL 既是独立的交互式命令语言，又是嵌入式语言。

在交互式命令工作方式下，用户可以联机在系统提供的查询编辑器窗口上，通过直接键入 SQL 命令（语句）对数据库进行操作，然后系统会把处理结果显示给用户。在嵌入式工作方式下，SQL 语句可以被嵌入某种高级语言（如 C、Java、C#）程序中实现对数据库的操作，并利用主语言的强大计算功能、逻辑判断功能、屏幕控制及输出功能等，实现对数据的处理和输入输出控制等。

在两种不同的使用方式下，SQL 的语法结构基本是一致的，这种以统一的语法结构提供不同使用方式的做法，为用户提供了极大的灵活性和便利性。

2. 面向集合操作的高度非过程化语言

SQL 进行数据操作时，用户只需要提出"做什么"，而无须指出"怎么做"，SQL 的操作完全由系统自动完成，因此无须了解其中的"过程化"操作：如存取路径、存取路径的选择以及 SQL 的具体操作过程。且 SQL 采用集合操作方式，所有命令的操作对象都可以是元祖的集合。

3. 语言简单、易学、易用

SQL 语言完成核心功能只用了 10 个动词，如表 4-1～表 4-3 所示。设计巧妙，语言十分简单，又接近英语理解，所以易学、易用。

本章将讲解 SQL 语言中的主要语句及其功能，假设使用"教学管理"数据库为例。为此，设计数据库中包含三个表，主码以下画线表示，具体定义见例 4.1：

例 4.1　设"教学管理"数据库有三个表，分别为：

s (sno, sname, sex, birthday, class, dno)
c (cno, cname, hours, credit)
sc (sno, cno, score)

其中，s 表为学生信息表，对应属性含义分别为学生的学号、姓名、性别、出生日期、班级和部门号；c 表为课程信息表，对应属性含义分别为课程的课程号、课程名、学时数和学分；sc 表为选课信息表，对应属性含义分别为学号、课程号和成绩。

各个表的数据示例如表 4-4~表 4-6 所示。

表 4-4　s 表

sno	sname	sex	birthday	class	dno
2001001	李思	女	2001/6/7	20 软件班	01
2001002	孙浩	男	2002/7/9	20 软件班	01
2001003	周强	男	2001/9/6	20 软件班	01
2001004	李斌	男	2001/12/2	20 计本班	01
2001005	黄琪	女	2002/6/9	20 计本班	01
2001006	张杰	男	2002/10/23	20 计本班	01
2002001	陈晓萍	女	2002/11/12	20 数本班	02
2002002	蒋咏婷	女	2001/7/9	20 数本班	02
2002003	张宇	男	2002/10/24	20 数本班	02
2003001	姜珊	女	2001/4/20	20 电子班	03
2003002	吴晓凤	女	2002/5/8	20 电子班	03
2003003	周国涛	男	2002/3/10	20 电子班	03
2003004	郑建文	男	2001/12/30	20 电子班	03

表 4-5　c 表

cno	cname	hours	credit
C50101	数据结构	64	4
C50102	计算机导论	48	3
C50103	数据库原理	64	4
C50201	数学分析	48	3
C50202	概率论与数理统计	64	4
C50301	电子学基础	48	3

表 4-6　sc 表

sno	cno	score
2001001	C50101	85
2001001	C50102	75
2001002	C50101	54
2001002	C50102	60
2001003	C50101	95

续表

sno	cno	score
2001004	C50102	93
2001005	C50102	43
2001006	C50102	78
2002001	C50201	84
2002002	C50201	90
2002003	C50201	95
2003001	C50301	67
2003002	C50301	87
2003003	C50301	92

4.2 表的创建、修改、删除

4.2.1 表的创建

SQL 语言使用 CREATE TABLE 语句创建基本表，其基本格式如下：

```
CREATE TABLE <表名>
([<列名 1><数据类型>[列 1 完整性约束条件]
[<列名 2><数据类型>[列 2 完整性约束条件]
,…,
[<列名 N><数据类型>[列 N 完整性约束条件]
[<表级完整性约束条件>]);
```

注意：

（1）"< >"表示该项是必选项，"[ ]"表示该项是可选项，以";"结束语句。

（2）创建表时必须为每个列设置正确的数据类型及可能的长度，SQL 中典型的数据类型如表 4-7 所示。

（3）列的完整性约束条件一般为下列选项中的一个。

[NULL | NOT NULL | PRIMARY KEY | DEFAULT | CHECK | UNIQUE | NOT NULL UNIQUE]

SQL 中典型的数据类型如表 4-7 所示。

表 4-7　SQL 中典型的数据类型

类型名称	说明
CHAR(M)	固定长度为 M 的非二进制字符串
VARCHAR(M)	最大长度为 M 的变长非二进制字符串

续表

类型名称	说明
INT(INTEGER)	普通大小的整数
DECIMAL(M,D),DEC(M,D)	定点数，由 M 位数字（不包括符号、小数点）组成，小数点后面有 D 位数字
DATE	日期型，包含年、月、日，格式为 YYYY-MM-DD
DATETIME	日期型，格式为 YYYY-MM-DD HH:MM:SS
BLOB	二进制大对象，最大长度为 65 535（$2^{16}-1$）字节

例 4.2 建立一个"学生信息表"s。

```
CREATE TABLE s
  (sno char(7) PRIMARY KEY,    /*列级完整性约束条件,sno 是主码*/
   sname varchar (8) NOT NULL,
   sex char(2) DEFAULT '男',
   birthday date DEFAULT NULL,
   class varchar (50),
   dno char (2)
);
```

系统执行该 CREATE TABLE 语句后，就在数据库中建立一个新的空"学生信息表"s，并将有关"学生"表的定义及有关约束条件存放在数据字典中。

例 4.3 建立一个"课程表"c。

```
CREATE TABLE c
( cno char(6) PRIMARY KEY,    /*列级完整性约束条件,cno 是主码*/
  cname varchar (16),
  hours smallint (255) DEFAULT NULL,
  credit smallint (255) DEFAULT NULL
);
```

例 4.4 建立"学生选课关系表"sc。

```
CREATE TABLE sc
(sno char (7) NOT NULL,
 cno char (6) NOT NULL,
score smallint (255) DEFAULT NULL,

PRIMARY KEY (sno,cno),    /*主码由两个属性构成,必须作为表级完整性进行定义*/
FOREIGN KEY (sno) REFERENCES s(sno),
/*表级完整性约束条件,sno 是外码,被参照表是 s*/
FOREIGN KEY (cno) REFERENCES c(cno)
/*表级完整性约束条件,cno 是外码,被参照表是 c*/
);
```

4.2.2 表的修改

常常因为事先考虑不周或者随着应用需求的变化，需要对已建立好的表进行修改。SQL 语言用 ALTER TABLE 语句修改表，其一般格式为：

```
ALTER TABLE <表名>
[ADD [COLUMN] <新列名><数据类型>[完整性约束]]
[ADD <表级完整性约束>]
[DROP [COLUMN] <列名> [CASCADE | RESTRICT]]
[DROP CONSTRAINT <完整性约束名> [RESTRICT | CASCADE]]
[ALTER COLUMN <列名><数据类型>];
```

其中，<表名>是要修改的表，ADD 子句用于增加新列、新的列级完整性约束条件和新的表级完整性约束条件。DROP COLUMN 子句用于删除表中的列，如果指定了 CASCADE 短语，则自动删除引用了该列的其他对象，比如视图；如果指定了 RESTRICT 短语，则如果该列被其他对象引用，DBMS 将拒绝删除该列。DROP CONSTRAINT 子句用于删除指定的完整性约束条件。ALTER COLUMN 子句用于修改原有的列定义，包括修改列名和数据类型。

例 4.5 向 s 表增加"籍贯（birth_place）"列，其数据类型为字符型。

```
ALTER TABLE s ADD birth_place char(40);
```

无论基本表中原来是否已有数据，新增加的列一律为空值。

例 4.6 增加课程名称必须取唯一值的约束条件。

```
ALTER TABLE c ADD unique(cname);
```

4.2.3 表的删除

当一个表被删除时，该表中的数据也一同被删除，其语句格式为：

```
DROP TABLE<表名> [RESTRICT | CASCADE];
```

其中，CASCADE 表示在撤销表"<表名>"时，所有引用这个表的视图或有关约束也一起被撤销；RESTRICT 表示在没有视图或有关约束引用该表的属性列时，表"<表名>"才能被撤销，否则拒绝该撤销操作。默认情况是 RESTRICT。

4.3 表中的数据查询

数据查询是数据库的核心操作。SQL 提供了 SELECT 语句进行数据查询，该语句具有灵活的使用方式和丰富的功能。其一般格式为：

```
SELECT [ALL | DISTINCT] <目标列表达式>[,<目标列表达式>]…
FROM <表名或视图名> [,<表名或视图名>…] | (<SELECT 语句>)[AS]<别名>
[WHERE <条件表达式>]
[GROUP BY <列名 N> [HAVING<条件表达式>]]
[ORDER BY <列名 M> [ASC | DESC]];
```

整个 SELECT 语句的含义是，根据 WHERE 子句的条件表达式从 FROM 子句指定的基本表、视图或派生表中找出满足条件的记录，再按 SELECT 子句中的目标列表达式选出记录中的属性值形成结果表。

如果有 GROUP BY 子句，则将结果按<列名 N>的值进行分组，该属性列值相等的记录为一个组。通常会在每组中作用聚集函数。如果 GROUP BY 子句带 HAVING 短语，则只有满足指定条件的组才予以输出。

如果有 ORDER BY 子句，则结果表还要按<列名 M>的值的升序或降序排序。

SELECT 语句既可以完成简单的单表查询，也可以完成复杂的连接查询和嵌套查询。接下来以"教学管理"数据库为例（表格式为表 4-4～表 4-6）说明 SELECT 语句的各种用法。

4.3.1 单表查询

单表查询是指仅涉及一个表的查询。

1. 选择表中的若干列

选择表中的全部或指定列。

例 4.7 查询指定列：查询全体学生的学号和姓名。

```
SELECT sno, sname
FROM s ;
```

查询结果如图 4-1 所示。

sno	sname
2001001	李思
2001002	孙浩
2001003	周强
2001004	李斌
2001005	黄琪
2001006	张杰
2002001	陈晓萍
2002002	蒋咏婷
2002003	张宇
2003001	姜珊
2003002	吴晓凤
2003003	周国涛
2003004	郑建文

图 4-1　显示学生的学号和姓名

在很多情况下，用户只对表中的一部分属性列感兴趣，这时可以通过在 SELECT 子句的<目标列表达式>中指定要查询的属性列。

例 4.8 查询全体学生的姓名、学号、所在系。

```
SELECT sname,sno, dno
FROM s;
```

查询结果如图 4-2 所示。

<目标列表达式>中各个列的先后顺序可以与表中的顺序不一致。用户可以根据应用的需要改变列的显示顺序。

例 4.9 查询全部列：查询全体学生的基本信息。

```
SELECT sno,sname,sex,birthday, class,dno
FROM s;
```

查询结果如图 4-3 所示。

sname	sno	dno
李思	2001001	01
孙浩	2001002	01
周强	2001003	01
李斌	2001004	01
黄琪	2001005	01
张杰	2001006	01
陈晓萍	2002001	02
蒋咏婷	2002002	02
张宇	2002003	02
姜珊	2003001	03
吴晓凤	2003002	03
周国涛	2003003	03
郑建文	2003004	03

图 4-2 显示学生的姓名、学号、所在系

sno	sname	sex	birthday	class	dno
2001001	李思	女	2001-06-07	20软件班	01
2001002	孙浩	男	2002-07-09	20软件班	01
2001003	周强	男	2001-09-06	20软件班	01
2001004	李斌	男	2001-12-02	20计本班	01
2001005	黄琪	女	2002-06-09	20计本班	01
2001006	张杰	女	2002-10-23	20计本班	01
2002001	陈晓萍	女	2002-11-12	20数本班	02
2002002	蒋咏婷	女	2001-07-09	20数本班	02
2002003	张宇	男	2002-10-24	20数本班	02
2003001	姜珊	女	2001-04-20	20电子班	03
2003002	吴晓凤	女	2002-05-08	20电子班	03
2003003	周国涛	男	2002-03-10	20电子班	03
2003004	郑建文	男	2001-12-30	20电子班	03

图 4-3 查询学生的全部信息

将表中的所有属性列都选出来有两种方法，一种方法就是在 SELECT 关键字后列出所有列名；另一种方法是，如果列的显示顺序与其在基表中的顺序相同，也可以简单地将<目标列表达式>指定为 *。以上语句等价于：

```
SELECT *
FROM s ;
```

例 4.10 表达式查询：查询学生的姓名及其年龄。

```
SELECT sname,year(curdate())- year(birthday) AS age FROM s;
/*查询结果的第 2 列是一个函数算术表达式 */
```

curdate( ) 为取系统当前时间函数，year( ) 为取当前时间的年份函数。SELECT 子句的<目标列表达式>不仅可以是表中的属性列，也可以是算术表达式、字符串常量、函数等。查询输出结果如图 4-4 所示。

2. 选择表中的若干记录

例 4.11 查询满足条件的记录：查询所在班级专业为"20 计本班"的全体学生的学号和姓名。

```
SELECT sno,sname
FROM s
WHERE class='20 计本班';
```

查询结果如图 4-5 所示。

图 4-4　利用表达式和函数查询　　　　图 4-5　例 4.11 条件查询的结果

查询满足指定条件的记录可以通过 WHERE 子句实现。WHERE 子句常用的查询条件如表 4-8 所示。

表 4-8　WHERE 子句常用的查询条件

查询条件	运算符
比较大小	用于进行比较的运算符一般包括 =，>，<，>=，<=，! =或<>（不等于），! >（不大于），! <（不小于）
空值	IS NULL, IS NOT NULL
模糊查询	LIKE, NOT LIKE
集合确定	IN，NOT IN
范围确定	BETWEEN AND, NOT BETWEEN AND
多重条件	AND, OR, NOT

例 4.12　查询年龄小于等于 20 岁的学生的基本信息。

```
SELECT *
FROM s
WHERE year(curdate())- year(birthday)<=20;
```

查询结果如图 4-6 所示。

图 4-6　年龄小于等于 20 岁的学生的基本信息

66

例 4.13 查询学生选修课程后没有参加考试的学生学号和课程号。意思是某些学生有选课记录,但没有考试成绩。

```
SELECT sno,cno
FROM sc
WHERE score IS NULL;/* 成绩 score 是空值*/
```

注意：这里的"IS"不能用等号（=）代替。

例 4.14 查找所有有成绩的学生学号和课程号。

```
SELECT sno, cno
FROM sc
WHERE score IS NOT NULL;
```

查询结果如图 4-7 所示。

sno	cno
2001001	C50101
2001001	C50102
2001002	C50101
2001002	C50102
2001003	C50101
2001004	C50102
2001005	C50102
2001006	C50102
2002001	C50201
2002002	C50201
2002003	C50201
2003001	C50301
2003002	C50301
2003003	C50301

图 4-7 有成绩的学生学号和课程号的查询结果

例 4.15 查询学生基本信息中所有姓李的学生的姓名、学号和性别。

```
SELECT sname,sno,sex
FROM s
WHERE sname like '李%';
```

查询结果如图 4-8 所示。

sname	sno	sex
李思	2001001	女
李斌	2001004	男

图 4-8 所有姓李的学生的姓名、学号和性别

WHERE 的表达式中,有时需要进行两个字符串的部分字符比较,而其余字符可以任意比较。由于这种比较不属于确定性条件比较,因此也称这种比较查询为模糊查询。其表达格

67

式为：<列名> like '[字符串1]通配符[字符串2]'。

通配符：

（1）下画线_：代表任意单个字符。例如 a_b 表示以 a 开头、以 b 结尾的长度为 3 的任意字符串。如 acb、abb 等都满足该匹配串。

（2）百分号%：代表任意长度（长度可以为 0）的字符串。例如 a%b 表示以 a 开头、以 b 结尾的任意长度的字符串。如 acb、addgb、ab 等都满足该匹配串。

例 4.16　查询学生基本信息中所有不姓李的学生的姓名、学号和性别。

```
SELECT sname,sno,sex
FROM s
WHERE sname NOT LIKE '李%';
```

与 like 含义相反的比较运算符是 NOT LIKE。查询结果如图 4-9 所示。

sname	sno	sex
孙浩	2001002	男
周强	2001003	男
黄琪	2001005	女
张杰	2001006	男
陈晓萍	2002001	女
蒋咏婷	2002002	女
张宇	2002003	男
姜珊	2003001	女
吴晓凤	2003002	女
周国涛	2003003	男
郑建文	2003004	男

图 4-9　所有不姓李的学生的姓名、学号和性别

例 4.17　查询"20 计本班"和"20 软件班"这两个班的学生姓名和性别。

```
SELECT sname, sex
FROM s
WHERE class IN ('20 计本班','20 软件班');
```

查询结果如图 4-10 所示。

sname	sex
李思	女
孙浩	男
周强	男
李斌	男
黄琪	女
张杰	男

图 4-10　"20 计本班"和"20 软件班"的学生姓名和性别

谓词 IN 可以用来查找属性值属于指定集合的元组，与 IN 相反是 NOT IN，用于查找属性值不属于指定集合的元组。

例 4.18 查询年龄在 18~20 岁学生的基本信息。

```
SELECT *
FROM s
WHERE year (curdate())- year(birthday) BETWEEN 18 AND 20;
```

查询结果如图 4-11 所示。

sno	sname	sex	birthday	class	dno
2001002	孙浩	男	2002-07-09	20软件班	01
2001005	黄琪	女	2002-06-09	20计本班	01
2001006	张杰	男	2002-10-23	20计本班	01
2002001	陈晓萍	女	2002-11-12	20数本班	02
2002003	张宇	男	2002-10-24	20数本班	02
2003002	吴晓凤	女	2002-05-08	20电子班	03
2003003	周国涛	男	2002-03-10	20电子班	03

图 4-11 年龄在 18~20 岁学生的基本信息

谓词 BETWEEN…AND…和 NOT BETWEEN…AND…可以用来查找属性值在（或不在）指定范围内的记录，其中 BETWEEN 后是范围的下限（即低值），AND 后是范围的上限（即高值）。

例 4.19 查询 "20 计本班" 的女学生的学号和姓名。

```
SELECT sno, sname
FROM s
WHERE sex='女'AND class='20 计本班';
```

查询结果如图 4-12 所示。

逻辑运算符 AND 和 OR 可用来连接多个查询条件。AND 的优先级高于 OR，但用户可以用括号改变优先级。

sno	sname
2001005	黄琪

图 4-12 "20 计本班" 的女学生的学号和姓名

在例 4.17 中的 IN 谓词实际上是多个 OR 运算符的缩写，因此该例中的查询也可以用 OR 运算符写成如下等价形式：

```
SELECT sname, sex
FROM s
WHERE class='20 计本班'OR class='20 软件班';
```

例 4.20 查询学生的所有班级。

```
SELECT DISTINCT class
FROM s;
```

查询结果如图 4-13 所示。

如果不加关键字 DISTINCT，则查询结果会包含重复的行。如想去掉结果表中的重复行，必须用关键字 DISTINCT 指定。

3. ORDER BY 的用法

用户可以用 ORDER BY 子句对查询结果按照一个或多个属性列的升序（ASC）或降序（DESC）排列，默认值为升序。

例 4.21 查询选修了数据结构课（即课程号为 C50101）的学生学号及其成绩，查询结果按分数的降序排列。

```
SELECT sno, score
FROM sc
WHERE cno='C50101'
ORDER BY score DESC;
```

查询结果如图 4-14 所示。

class
20软件班
20计本班
20数本班
20电子班

图 4-13 学生的所有班级

sno	score
2001003	95
2001001	85
2001002	54

图 4-14 例 4.21 的查询结果

4. 聚合函数

SQL 中常用的聚合函数如表 4-9 所示。

表 4-9 常用聚合函数

聚合函数	功能说明
COUNT(*)	计算元组的个数
COUNT(列名)	计算列名所在列的值的个数
COUNT DISTINCT(列名)	计算列名所在列中不同值的个数
SUM(列名)	计算该列名所在数据列的值的总和
AVG(列名)	计算该列名所在数据列的值的平均值
MIN(列名)	求该列名所在（字符、日期、属性）列的最小值
MAX(列名)	求该列名所在（字符、日期、属性）列的最大值

例 4.22 查询选修数据库原理课程（即课程号为 C50101）的学生所学课程的最高分数、最低分数和平均分数。

```
SELECT MAX(score) AS 最高分数,MIN(score) AS 最低分数,AVG(score) AS 平均分数
FROM sc
WHERE cno='C50101';
```

其中，如果 SELECT 子语句的<列名表>用到聚合函数时，通常会用 AS 关键字，给该列起个别名。注意，WHERE 子句中是不能用聚集函数作为条件表达式的。聚集函数只能用于 SELECT 子句和 GROUP BY 中的 HAVING 子句。查询结果如图 4-15 所示。

最高分数	最低分数	平均分数
95	54	78.0000

图 4-15 例 4.22 的查询结果

5. GROUP BY 的用法

GROUP BY 子句将查询结果按某一列或多列的值分组，值相等的为一组。

对查询结果分组的目的是细化聚集函数的作用对象。如果未对查询结果分组，聚集函数将作用于整个查询结果，如前面的例子所示。分组后聚集函数将作用于每一个组，即每一组都有一个函数值。

例 4.23 查询每个课程的课程号及相应的选课人数。

```
SELECT cno,COUNT(sno)
FROM sc
GROUP BY cno;
```

该语句对查询结果按 cno 的值分组，所有具有相同 cno 值的元组为一组，然后对每一组作用聚集函数 COUNT 进行计算，以求得该组的学生人数。查询结果如图 4-16 所示。

cno	count(sno)
C50101	3
C50102	5
C50201	3
C50301	3

图 4-16 例 4.23 的查询结果

如果分组后还要求按一定的条件对这些组进行筛选，最终只输出满足指定条件的组，则可以使用 HAVING 短语指定筛选条件。

例 4.24 查询选修了不少于两门课程的学生学号。

```
SELECT sno
FROM sc
GROUP BY sno
HAVING COUNT(*) >= 2;
```

这里先用 GROUP BY 子句按 sno 进行分组，再用聚集函数 COUNT 对每一组计数；HAVING 短语给出了选择组的条件，只有满足条件（即元组个数>=2），即学生选修的课大于等于 2 的分组才会被选出来。

> **注意**：WHERE 子句与 HAVING 短语的区别在于作用对象不同。WHERE 子句作用于基本表或视图，从中选择满足条件的元组。HAVING 短语作用于组，从中选择满足条件的组，如例 4.24。

例 4.25 查询平均成绩大于等于 90 分的学生学号和平均成绩。

```
SELECT sno,AVG(score)
FROM sc
GROUP BY sno
HAVING AVG(score)>=90;
```

71

查询结果如图 4-17 所示。

sno	avg(score)
200100	95.0000
200100	93.0000
200200	90.0000
200200	95.0000
200300	92.0000

图 4-17 例 4.25 的查询结果

4.3.2 连接查询

前面的查询都是针对一个表进行的。若一个查询同时涉及两个以上的表，则称为连接查询。

例 4.26 查询所有学习了课程号为 C50101 的学生的学号和姓名。

```
SELECT s.sno, sname
FROM s, sc
WHERE s.sno = sc.sno AND cno ='C50101';
```

注意：如果涉及查询的表中有相同的语义列（如学号 sno），则必须在表达此列的前面加上表名限定（如 s.sno = sc.sno）。

例 4.27 查询所有学习了计算机导论课的学生的学号和姓名。

```
SELECT s.sno, sname
FROM s,sc,c
WHERE s.sno=sc.sno
AND sc.cno=c.cno
AND cname='计算机导论';
```

查询结果如图 4-18 所示。

sno	sname
200100	李思
200100	孙浩
200100	李斌
200100	黄琪
200100	张杰

图 4-18 例 4.27 的查询结果

4.3.3 嵌套查询

SQL 语言中，在一个 SELECT 语句的 WHERE 子句或 HAVING 条件中嵌入了另一个 SE-

LECT 语句，则称为嵌套查询。WHERE 子句或 HAVING 条件中的 SELECT 语句称为子查询。SQL 语言允许多层嵌套查询，即一个子查询中还可以嵌套其他子查询。需要特别指出的是，子查询的 SELECT 语句中不能使用 ORDER BY 子句，ORDER BY 子句只能对最终查询结果排序。

嵌套查询使用户可以用多个简单查询构成复杂的查询，从而增强 SQL 的查询能力。

例 4.28 查询学号为 2001001 的同学所在班级的男同学的基本信息。

```
SELECT *
FROM s
WHERE class=(SELECT class
             FROM s
             WHERE sno ='2001001')
   AND sex='男';
```

上述语句的执行顺序是，先执行子查询，即先从学生基本信息表 s 中查找到学号为 '2001001' 的所在班级，然后以 class='查询出的所在班级' 和 sex='男' 为条件，再从学生信息表中找到满足条件的记录。查询结果如图 4-19 所示。

sno	sname	sex	birthday	class	dno
2001002	孙悟	男	2002-07-09	20软件班	01
2001003	周强	男	2001-09-06	20软件班	01

图 4-19 例 4.28 的查询结果

例 4.29 检索考试成绩比该课程平均成绩低的学生的成绩。

```
SELECT sno, cno, score
FROM sc
WHERE score < (SELECT avg(score)
               FROM sc as x
               WHERE x.cno=sc.cno);
```

查询结果如图 4-20 所示。

sno	cno	score
2001002	C50101	54
2001002	C50102	60
2001005	C50102	43
2002001	C50201	84
2003001	C50301	67

图 4-20 例 4.29 的查询结果

例 4.30 查询所有学习了计算机导论课的学生的学号和姓名。

```
SELECT s.sno, sname
FROM s
```

```
WHERE sno IN (SELECT sno
              FROM   sc
               WHERE cno IN ( SELECT cno
                              FROM c
                              WHERE cname = '计算机导论'));
```

sno	sname
2001001	李思
2001002	孙浩
2001004	李斌
2001005	黄琪
2001006	张杰

图 4-21　例 4.30 的查询结果

查询结果如图 4-21 所示。

本查询涉及学号、姓名和课程名三个属性。学号和姓名存放在 s 表中，课程名存放在 c 表中，但 s 表与 c 表之间没有直接联系，必须通过 sc 表建立它们二者之间的联系。所以本查询实际上涉及三个关系。首先在 c 关系中找出“计算机导论”的课程号，结果为'C50102'；然后在 sc 关系中找出选修了'C50102'课程的学生学号；最后在 s 关系中取出 sno 和 sname。

本查询同样可以用连接查询实现，如例 4.27。

有些嵌套查询可以用连接运算替代，有些是不能替代的。从例 4.28、例 4.29 和例 4.30 可以看出，查询涉及多个关系时，用嵌套查询逐步求解层次清楚，易于构造，具有结构化程序设计的优点。但是相比于连接运算，目前商用关系数据库管理系统对嵌套查询的优化做得还不够完善，所以在实际应用中，能够用连接运算表达的查询尽可能采用连接运算。

例 4.31　EXISTS 使用：实现例 4.30，查询所有学习了课程号为 C50102 的学生的学号和姓名。

```
SELECT s. sno, sname
FROM s
WHERE EXISTS ( SELECT *
               FROM sc
               WHERE sc. sno = s. sno
               AND cno ='C50102');
```

EXISTS 代表存在量词，通常用于测试子查询是否有返回结果。带有 EXISTS 谓词的子查询不返回任何数据，只产生逻辑真值“TRUE”或逻辑假值“FALSE”。由 EXISTS 引出的子查询，其目标列表达式通常都用 *，因为带 EXISTS 的子查询只返回真值或假值，给出列名无实际意义。与 EXISTS 谓词相对应的是 NOT EXISTS 谓词。使用存在量词 NOT EXISTS 后，若内层查询结果为空，则外层的 WHERE 子句返回真值，否则返回假值。由于带 EXISTS 量词的相关子查询只关心内层查询是否有返回值，并不需要查具体值，因此有时是高效的查询方法。

4.3.4　集合查询

SELECT 语句的查询结果是元组的集合，所以多个 SELECT 语句的结果可进行集合操作。集合操作主要包括并操作 UNION、交操作 INTERSECT 和差操作 EXCEPT。注意，参加集合操作的各查询结果的列数必须相同；对应项的数据类型也必须相同。

例 4.32　查询所在专业为"20 计本班"的学生及年龄不大于 20 岁的学生。

```
SELECT  *
FROM s
WHERE class='20 计本班'
UNION
SELECT  *
FROM s
WHERE year(curdate())- year(birthday)<=20;
```

本查询实际上是求 20 计本班的所有学生与年龄不大于 20 岁的学生的并集。使用 UNION 将多个查询结果合并起来时，系统会自动去掉重复元组。如果要保留重复元组则用 UNION ALL 操作符。

查询结果如图 4-22 所示。

sno	sname	sex	birthday	class	dno
2001004	李斌	男	2001-12-02	20计本班	01
2001005	黄琪	女	2002-06-09	20计本班	01
2001006	张杰	男	2002-10-23	20计本班	01
2001002	孙浩	男	2002-07-09	20软件班	01
2002001	陈晓萍	女	2002-11-12	20数本班	02
2002003	张宇	男	2002-10-24	20数本班	02
2003002	吴晓凤	女	2002-05-08	20电子班	03
2003003	周国涛	男	2002-03-10	20电子班	03

图 4-22　例 4.32 的查询结果

例 4.33　查询"20 计本班"的学生与年龄不大于 20 岁的学生的交集。

```
SELECT  *
FROM s
WHERE class='20 计本班';
INTERSECT
SELECT  *
FROM s
WHERE year(curdate())- year(birthday)<=20;
```

这实际上就是查询计算机科学专业中年龄不大于 20 岁的学生。虽然目前 MySQL 8.0 对于交集 intersect 并不支持，不过在 Oracle 或 SQL Server 2008 以上版本中可以使用它。

查询结果如图 4-23 所示。

sno	sname	sex	birthday	class	dno
2001004	李斌	男	2001-12-02	20计本班	01
2001005	黄琪	女	2002-06-09	20计本班	01
2001006	张杰	男	2002-10-23	20计本班	01

图 4-23　例 4.33 的查询结果

例 4.34 查询 "20 计本班" 的学生与年龄不大于 20 岁的学生的差集。

```
SELECT    *
FROM s
WHERE class='20 计本班';
EXCEPT
SELECT    *
FROM s
WHERE year(curdate())- year(birthday)<=20;
```

这实际上就是查询计算机科学专业中年龄大于 20 岁的学生。虽然目前 MySQL 8.0 对交集 EXCEPT 并不支持，不过在 Oracle 或 SQL Server 2008 以上版本中可以使用它。

查询结果如图 4-24 所示。

sno	sname	sex	birthday	class	dno
2001004	李斌	男	2001-12-02	20计本班	01
2001005	黄琪	女	2002-06-09	20计本班	01
2001006	张杰	男	2002-10-23	20计本班	01

图 4-24　例 4.34 的查询结果

4.4　数据的插入、修改和删除

表中内容的更新操作有三种：向表中插入若干行数据、修改表中的数据和删除表中的若干行数据。

4.4.1　数据插入

SQL 的数据插入语句通常有两种形式，一种是插入一行数据；另一种是插入子查询结果，可以同时插入多条数据。

1. 向表中插入一行数据

语句格式为：

```
INSERT
  INTO <表名>[(<属性列 1>[ ,<属性列 2>]…)]
  VALUES(<常量 1>[ ,<常量 2>]…);
```

其功能是将新元组插入指定的表中。其中新元组的属性列 1 的值为常量 1，属性列 2 的值为常量 2，…。INTO 子句中没有出现的属性列，新元组在这些列上将取空值。但必须注意的是，在表定义时说明了 NOT NULL 的属性列不能取空值，否则会出错。

如果 INTO 子句中没有指明任何属性列名，则新插入的元组必须在每个属性列上均有值。

例 4.35 把李思同学（学号为 2001001）学习数据库原理课（课程号为 C50103）的成绩（85 分）插入学生选课关系（sc）中。

```
INSERT
INTO sc(sno,cno,score)
VALUES('2001001', 'C50103', 85);
```

其中，由于插入元组中到属性列个数、顺序与学生选课关系表 sc 的结构完全相同，所以可以忽略可选项，即上面的语句可简写成：

```
INSERT
INTO sc
VALUES ('2001001', 'C50103', 85);
```

例 4.36　如果在创建 sc 表时把分数属性 score 的缺省值定义成 0，则可先输入学生的学号 sno 和课程号 cno 信息，等考试成绩出来后再通过修改表内容来输入成绩。

```
INSERT
INTO sc (sno,cno)
VALUES('2001001','C50103');
```

2. 向表中插入子查询结果

语句格式为：

```
INSERT
INTO <表名>[(<属性列 1>[,<属性列 2>]…)]
子查询;
```

例 4.37　对每一个班级，求学生的平均年龄，并把结果存入数据库。首先在数据库中建立一个新表，其中一列存放班级名，另一列存放相应的学生平均年龄。

```
CREATE TABLE class_age
            ( class CHAR ( 10 ) ,
              Avg_age SMALLINT ( 0 ) ) ;
```

然后对 s 表按班级分组求平均年龄，再把班级名和平均年龄存入新表中。

```
INSERT
INTO class_age ( class, Avg_age )
SELECT class, AVG ( year ( curdate ( ) ) - year ( birthday ) ) as age
FROM s
GROUP BY class;
SELECT *
FROM class_age;
```

运行结果分别如图 4-25、图 4-26 所示。

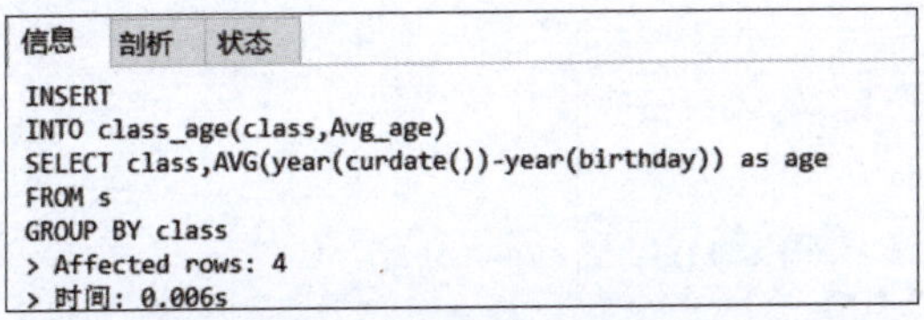

图 4-25　插入语句执行的结果

class	AVG_age
20软件班	21
20计本班	21
20数本班	20
20电子班	21

图 4-26　查询语句执行的结果

4.4.2 数据修改

修改表中的数据操作又称为更新操作，其语句格式为：

```
UPDATE <表名>
SET <列名 1>=<表达式 1>[,<列名 2>=<表达式 2>,
    …,<列名 N>=<表达式 N>]
[WHERE <条件>];
```

其功能是修改指定表中满足 WHERE 子句条件的记录。其中 SET 子句给出<表达式>的值用于取代相应的属性列值。如果省略 WHERE 子句，则表示要修改表中的所有记录。

例 4.38 更新某一行记录的值：将学生信息表 s 中的学生名字"李思"（学号为 2001001）改为"陈霞"。

```
UPDATE s
SET sname='陈霞'
WHERE  sno='2001001';
```

语句的执行结果如图 4-27 所示。

例 4.39 更新多行记录的值：将所有女同学的所在班级改为 20 软件班。

```
UPDATE  s
SET class='20 软件班'
WHERE sex='女';
```

语句的执行结果如图 4-28 所示。

```
update s
        set sname='陈霞'
            where  sno=2001001
> Affected rows: 1
> 时间: 0.005s
```

图 4-27 更新一行记录的执行结果

```
update  s
        set class='20软件班'
            where sex='女'
> Affected rows: 5
> 时间: 0.005s
```

图 4-28 更新多行记录的执行结果

例 4.40 带子查询的更新：将 20 计本班的全体学生的成绩设置成零（图 4-29）。

```
UPDATE sc
SET score = 0
WHERE sno IN
    (SELECT sno
     FROM s
     WHERE class = '20 计本班');
```

```
UPDATE sc
SET score = 0
WHERE sno IN
(SELECT sno
FROM s
WHERE class ='20计本班')
> Affected rows: 2
> 时间: 0.004s
```

图 4-29 更新多行记录的执行结果

4.4.3 数据删除

删除表中的数据操作称为数据删除,其语句格式为:

```
DELETE
FROM <表名>
[WHERE <条件>]
```

DELETE 语句的功能是从指定表中删除满足 WHERE 子句条件的所有记录。如果省略 WHERE 子句则表示删除表中全部记录,但表的定义仍在字典中。也就是说,DELETE 语句删除的是表中的数据,而不是关于表的定义、表的结构。

例 4.41　删除某一行记录:删除学号为 2001003 的学生基本信息。

```
DELETE
FROM s
WHERE sno = '2001003';
```

例 4.42　删除多行记录:删除所有学生的选课记录。

```
DELETE FROM sc;
```

这条 DELETE 语句将使 sc 成为空表,它删除了 sc 的所有记录。

例 4.43　删除带子查询的记录:删除 20 计本班的所有学生的选课记录。

```
DELETE
FROM sc
WHERE sno IN
    (SELECT sno
     FROM s
     WHERE class = '20 计本班');
```

小　结

关系数据库语言(SQL)是一种数据库查询和程序设计语言,用于存取数据、查询、更新和管理数据库系统。SQL 的特点有:工作方式灵活;非过程化;简单、易学、易用。SQL 包括数据定义(DDL)、数据操纵(DML)和数据控制(DCL)。DDL 主要用于执行数据库任务,对数据库以及数据库中各种对象进行创建、修改、删除操作;DML 主要用于数据表或者视图的检索、插入、修改和删除数据记录的操作;DCL 主要用于安全管理等。在 SQL 语言中,CREATE、ALTER、DROP、INSERT、UPDATE、DELETE、SELECT 都是常用的关键词。

习题 4

一、单项选择题

1. 下列选项中，用于存储整数数值的是（　　）。
   A. float　　　　B. double　　　　C. int　　　　D. varchar

2. 下面关于 DECIMAL(4,2) 的说法中，正确的是（　　）。
   A. 它不可以存储小数
   B. 4 表示数据的长度，2 表示小数点后的长度
   C. 4 表示最多的整数位数，2 表示小数点后的长度
   D. 总共允许最多存储 8 位数字

3. SQL 语言集数据查询、数据操纵、数据定义和数据控制功能于一体，语句 INSERT、DELETE、UPDATE 实现的是（　　）功能。
   A. 数据查询　　　B. 数据控制　　　C. 数据定义　　　D. 数据操纵

4. SQL 的数据更新功能主要包括（　　）。
   A. INSERT、UPDATE、DELETE
   B. CREATE、INSERT、UPDATE
   C. DELETE、CREATE、SELECT
   D. REPLACE、CHANGE、EDIT

5. 如果要实现添加表中的记录，使用以下（　　）命令。
   A. UPDATE　　　B. INSERT　　　C. DELETE　　　D. SELECT

6. 数据库中有三个关系：学生表 student（学号，姓名，性别，年龄），成绩表 grade（学号，课程号，成绩），课程表 course（课程号，课程名）。查找姓名为"刘英"的学生的"C 语言"课程的成绩，至少将使用关系（　　）。
   A. student 和 grade
   B. grade 和 course
   C. student 和 course
   D. student、grade 和 course

7. 设有学生表 student（学号，姓名，性别，年龄），则向 student 表插入一条新记录的正确的 SQL 语句是（　　）。
   A. APPEND INTO STUDENT VALUES ('d001', '王明', '女', 18)
   B. APPEND STUDENT VALUES ('d001', '王明', '女', 18)
   C. INSERT STUDENT VALUES ('d001', '王明', '女', 18)
   D. INSERT INTO STUDENT VALUES ('d001', '王明', '女', 18)

8. 现要查找缺少成绩（G）的学生学号（S#）和课程号（C#），下面 SQL 语句中 WHERE 子句的条件表达式应是：SELECT S#, C# FROM SC WHERE（　　）。
   A. G=0　　　B. G<=0　　　C. G=NULL　　　D. G IS NULL

9. 在 SELECT 语句中使用哪一个关键字可以去掉结果集中的重复行（　　）。
   A. ALL　　　B. MERGE　　　C. UPDATE　　　D. DISTINCT

10. 统计表中的记录数，使用聚合函数（　　）。
    A. SUM　　　B. COUNT　　　C. AVG　　　D. MAX

二、设计题

1. 已知：学生关系模式为 s（学号，姓名，性别，年龄，专业代码，班级），课程关系

模式为 c（课程号，课程名，学时），选修关系模式为 sc（学号，课程号，成绩）。用 SQL 语句完成如下操作要求：

（1）查询年龄小于 20 岁的男生的信息；

（2）查询选修了数据库的所有学生的学号、姓名和成绩；

（3）查询选修了课程号为 C10 的学生的学号、姓名、班级和成绩；

（4）往 c 表中插入一条元组（'c17', '数据结构', 64）。

2. 请设计一张商品表，选择合理的数据类型保存商品 id、分类、编号、名称、关键词、图片、提示、描述、价格、库存、是否上架、上架时间信息。

第 5 章

关系数据库设计

数据库的设计不是设计一个完整的数据库管理系统，而是根据一个用户业务领域，构造最优的数据模型，利用合适的 DBMS 部署该数据模型，建立数据库应用系统（如学生管理系统、教务管理系统等），使之能够有效地存储和操作数据，满足用户对信息的使用需求。如何建立一个高效可行的数据库应用系统，是数据库应用领域中一个重要的课题，也是本章要介绍的内容。

5.1 数据库设计概述

数据库设计，广义上讲，是数据库及其应用系统的设计，即设计整个数据库应用系统；狭义上讲，是设计数据库本身，即设计数据库的各级模式并建立数据库，这是数据应用系统设计的一部分。本教材重点从狭义的角度介绍数据库设计。设计一个好的数据库与设计一个好的数据库应用系统是密不可分的，一个好的数据库模型是应用系统的基础，特别是实际的系统开发项目中二者是密切相关、齐头并进的。

数据库设计是指对一个给定的应用环境，构造（设计）优化的数据库逻辑模式和物理结构，并据此建立数据库及其应用系统，使之能够有效地存储和管理数据，满足各种用户的应用需求，包括信息管理要求和数据操作要求。

信息管理要求是指数据库中应该存储和管理哪些数据对象；数据操纵要求是指对数据对象需要进行哪些操作，如查询、增、删、改、统计等操作。

数据库设计的目标是为用户和各种应用系统提供一个信息基础设施和高效的运行环境。高效的运行环境指数据库数据的存取效率、数据库存储空间的利用率、数据库系统运行管理的效率等都是高的。

5.1.1 数据库设计方法

早期的数据库设计采用手工与经验相结合的方法，设计的质量无法保证，究其原因是设计人员的经验和水平是直接影响设计质量的，加之缺乏科学理论和工程方法的支持，增加了系统维护的代价。

为了提高设计效率，保障设计质量，设计人员就需要遵循科学、合理及可操作的数据库设计的指导原则，这些原则统称为数据库设计方法。经过学者们多年来的探索，提出了以下几种数据库设计方法。

1. 新奥尔良方法

新奥尔良方法是一种著名的数据库设计方法。这种方法将数据库设计分为 4 个阶段：需求分析、概念模型设计、逻辑模型设计和物理结构设计。

2. 基于 E-R 模型的数据库设计方法

该方法采用 E-R 模型这一图形工具来完成数据的概念模型的设计，是概念设计阶段采用的最常规的方法。

3. 3NF（第三范式）的设计方法

该方法以关系代数理论为指导来设计和优化数据的逻辑模型，是逻辑设计阶段行之有效的优化方法。

4. ODL 设计方法

ODL（Object Definition Language）设计方法是面向对象的数据库设计方法。该方法特点在于用面向对象的概念和术语来描述数据库结构。

5.1.2 数据库设计的基本步骤

以上提到的这些方法都是在数据库设计的不同阶段发挥作用的具体技术和方法，都是运用工程思想和方法提出的，都属于常用的规范设计法。依照这些规范设计法，同时放眼数据库及其应用系统开发的全过程，可以将数据库设计过程分为四个时期六个阶段，各个阶段不是严格线性的，是采用过程迭代和逐步求精的思想来开展这些设计工作的，如图 5-1 所示。

1. 需求分析阶段

需求分析是对用户提出的各种需求加以分析和转化，对各种原始数据及表格加以整理和加工，是整个设计过程的基础，也是最

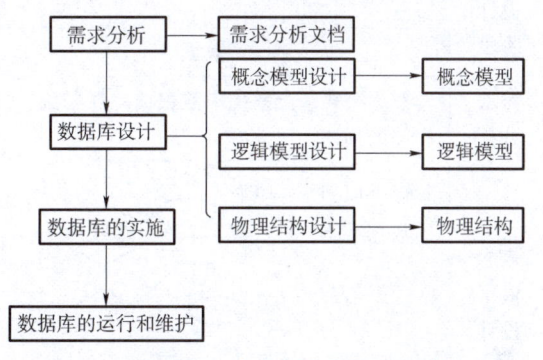

图 5-1 四个时期六个阶段的数据库设计全过程

重要和最困难的起步阶段，这个阶段的设计成果质量关乎数据库设计的成败。

2. 概念模型设计阶段

概念模型设计是整个数据库设计的关键，该阶段通过对用户需求进一步抽象、归纳，最终形成独立于 DBMS 的概念模型的设计过程。这是对现实世界的首次抽象，需要完成从现实世界到信息世界的转化过程。关系数据库的概念模型通常用 E-R 模型来描述。

3. 逻辑模型设计阶段

逻辑模型设计是将概念模型转换为某个具体 DBMS 所支持的数据模型，并对其利用关系规范化理论进行优化的设计过程。由于该过程是基于具体 DBMS 的实现过程，所以设计人员事先要确定所选的数据模型，其次是数据模型的优化。数据模型有层次模型、网状模型、关系模型、面向对象模型等。设计人员需选择上述模型之一，并结合具体的 DBMS 实现。

4. 物理结构设计阶段

该阶段是将逻辑模型设计阶段所产生的逻辑数据模型，转换为某种计算机系统所支持的数据库物理结构的实现过程。物理结构设计的目的是确定在相关存储设备上的存储结构和存取方法。设计结果只有通过了相关人员的性能评价，方可进一步实现该物理结构；否则，设计人员需对物理结构做相应的修改，直至符合原设计要求。

5. 数据库实施阶段

该阶段即数据库调试和试运行阶段。设计人员运用具体的 DBMS 提供的数据库语言及其

宿主语言来定义、描述相应的数据库结构,并将数据装入数据库,以生成完整的数据库,编制有关应用程序,进行联机调试并转入试运行,同时进行时间、空间等性能分析;若不符合要求,则设计人员需要调整物理结构,修改应用程序,直至高效、稳定、正确地运行该数据库应用系统为止。

6. 数据库运行和维护阶段

数据库实施阶段结束,标志着数据库应用系统投入正常运行的工作的开始。在数据库应用系统运行过程中必须不断地对其进行评价、调整与修改。

数据库设计是一个动态和不断完善的过程,进入运行和维护阶段,并不意味着设计过程的结束,若在运行和维护过程中出现问题,需要对程序或结构进行修改,甚至有时会对物理结构进行调整、修改。因此,数据库运行和维护阶段也是数据库设计的一个重要阶段。表 5-2 概括地给出了设计过程各个阶段涉及数据特性和处理的设计描述。

表 5-1 设计过程各阶段

设计阶段	设计描述	
	数据	处理
需求分析	数据字典、全系统中数据项、数据流、数据存储的描述	数据流图、数据字典中处理过程的描述
概念模型设计	概念模型(E-R 图) 数据字典	系统说明书包括: ①新系统要求、方案和示意图 ②反映新系统信息流的数据流图
逻辑模型设计	某种数据模型 关系　　非关系	系统结构图 (模块结构)
物理结构设计	存储安排 方法选择 存取路径建立	模块设计 IPO 表
数据库实施	编写模式 装入数据 数据库试运行	程序编码 编译链接 测试
数据库运行和维护	性能监测、转储/恢复 数据库重组和重构	新旧系统转换、运行、维护(修正性、适应性、改善性维护)

数据库是数据库应用系统的根基，起到决定性的质变作用。因此，必须高度重视数据库设计，培养设计良好数据库的习惯，锻炼设计合理数据库的技能。接下来介绍各阶段的具体工作。

5.2 需求分析

需求分析的任务就是详细准确地了解数据库应用系统的运行环境和用户要求。比如第一部分中的"教学管理系统"的开发目的是什么；用户需要从数据库中得到何种数据信息；输出这些信息采用何种方式或格式等。这些问题都要在需求分析中解决。需求分析是数据库设计的起点，也是整个设计过程的基础，这个基石将直接关系到整个系统的速度与质量。需求分析做得不好，开发出的系统的功能可能就会与用户要求之间存在差距，严重时有可能导致整个设计工作从头再来。

该阶段是通过详细调查现实世界要处理的对象（组织、部门、企业等），充分了解原系统（手工系统或计算机系统）的工作概况，明确用户的各种需求，然后在此基础上明确新系统的功能。

明确调查重点：设计人员通过调查、收集、分析，最终获取用户对数据库的如下要求：

（1）信息要求。明确用户需要从数据库中获得信息的内容和性质，从而获得用户的数据要求，即数据库中需要存储哪些数据。

（2）处理要求。指用户要完成的数据处理功能，对处理性能的要求。

（3）安全性与完整性要求。安全性要求描述系统中不同用户对数据库使用和操作情况，旨在保证数据库的任何部分都不受到恶意侵害和未经授权的存取和修改。完整性要求描述数据之间的关联关系及数据的取值范围。

厘清调查具体步骤：调查用户各部门的组成和业务活动内容。在熟悉业务活动的基础上，帮助用户进一步明确系统的各种最终要求。调查中可采用发调查表、请专业人员介绍、询问、跟班作业、查阅资料等方式。

在充分了解用户的需求后，要认真地分析用户的要求，与用户反复沟通交流，达成共识，并将用户非形式化的需求陈述转化为完整的需求定义，并将需求定义的结果形成标准文档——数据流图、数据字典等，最终形成一份切合实际又有远见的"需求说明书"。

例如，第一部分中用到的"教学管理系统"的数据流图和部分数据字典如图5-2、表5-2和表5-3所示。

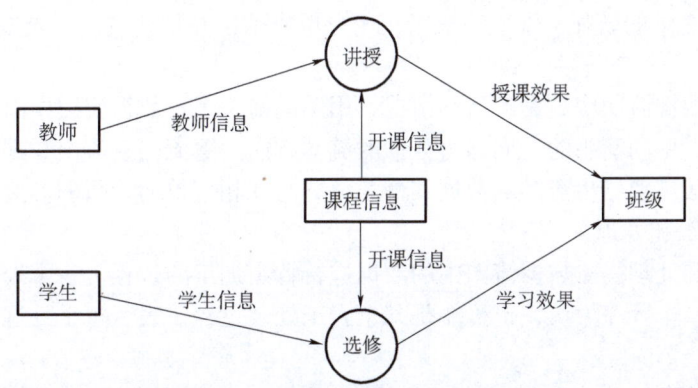

图5-2 教学管理系统的局部数据流图

表 5-2　教学管理系统数据字典——数据项

数据项编号	数据项名称	数据类型及长度	取值范围说明
X01	学号	字符，固定长度 9	前 4 位为入学时间
X02	学生姓名	字符，可变长度 10	
X03	学生性别	字符，固定长度 2	取值范围："女"或"男"
X04	成绩	整型	取值范围：[0, 100]
…	…		

表 5-3　教学管理系统的数据字典——数据流（学生信息）

数据流编号：D02		
数据流名称：学生信息		
来源：采集学生的相关基本信息。		
去向：处理——选修（P_i）		
包含的数据项		学号
		姓名
		性别
		出生日期
		班级
平均流量：75 人/日		
高峰期流量：200 人/日		

数据流图（Data Flow Diagram，DFD）要表述的是数据的来源、数据处理、数据存储以及数据输出，它主要反映数据传递和处理的关系，这一图形化表示方法较为直观且易于被用户理解。数据流图有 4 个基本成分。

（1）数据流的源点和终点。

数据流的源点和终点分别对应于外部对象，这些外部对象是存在于系统之外的人、事务或组织，如图 5-2 中的教师、学生、班级，用方框表示，并将其名称写入方框中。

（2）数据流。

数据流是指数据流图中数据的流动情况，用单向箭头表示数据流图中由它连接的两个符号间的数据流动，单向箭头的指向即为数据的流动方向。除流向或流出数据存储的数据流可以不命名外，一般都要给出流动的数据的命名，并写在相应单向箭头的旁边。

（3）数据加工和处理。

数据的加工和处理是对数据流图中的数据进行特定加工的过程。一个处理可以是一个程序、一组程序或一个程序模块，也可能是某个人工处理过程。表示每个处理功能或作用的名称一般写在圆圈内。

（4）文件或存储。

数据在传递过程中处于静态状态的数据需要存储，一个数据存储可以是一个文件、文件的一部分、一个数据库、数据库中的一个记录等。用右开口的方框表示，同样将名称写在该图形内。

图 5-3 表示了"教学管理系统"的部分数据流图，其中描述了教师、学生以及班级三个实体之间依据课程信息文件进行了两个数据的加工工作，一个是教师开展授课工作数据，另一个是学生参与课程的选修任务数据。

从数据流图中我们发现，数据流图仅仅关心系统需要完成的基本逻辑功能，不考虑这些功能的实现问题，而对数据更详尽的描述则要通过数据字典工具。数据字典通常包括数据流、数据存储、数据结构、数据项和处理过程 5 个部分。数据项是不可再分的数据单位，若干数据项可以组成一个数据结构。数据字典通过对数据项和数据结构的定义来描述数据流、数据存储的逻辑内容。

（1）数据项。

数据项是数据的最小单位，是不可再分的数据单位。数据项的描述通常包括以下内容。

数据项描述＝{编号，数据项名，别名，数据项含义说明，数据类型，长度，取值范围，与其他数据项的逻辑关系，数据项之间的联系}

（2）数据结构。

数据结构反映数据之间的组合关系。一个数据结构由若干数据项组成，也可以由若干数据结构组成，或若干数据项和数据结构混合组成。

数据结果描述＝{数据结构名,含义说明,组成:{数据项或数据结构}}

（3）数据流。

数据流可以是数据项，也可以是数据结构在系统内传输的路径。对数据流的描述通常包括以下内容。

数据流描述＝{编号,数据流名,说明,数据流来源,数据流去向,组成{数据结构},平均流量,高峰期流量}

（4）数据存储。

数据存储就是数据结构停留或保存的地方，也是数据流的来源和去向之一。它可以是手工文档或手工凭单，也可以是计算机文档。

数据存储描述＝{编号,数据存储名,说明,输入数据流,输出数据流,组成{数据结构},数据量,存取频度,存取方法}

（5）处理过程。

处理过程的具体处理逻辑一般用判定表或判定树来描述。数据字典中只需要描述处理过程的说明性信息即可。

处理过程描述＝{处理过程名,说明,输入:{数据流},输出:{数据流},处理:{简要说明}}

其中，"简要说明"主要说明该处理过程的功能与处理要求。功能是指该处理过程用来做什么，处理要求即处理频度要求，如单位时间里处理多少事务、多少数据量、响应时间要求等。这些处理要求是后面物理设计的输入及性能评价的标准。

需求分析活动后最终形成的文档资料就是需求说明书，是对用户需求进行分析与表述的具体表现，是用户和开发人员对开发系统的需求达成共识基础上的文字说明，也是以后各设计阶段的主要依据。需求分析报告必须提交给用户，得到用户的认可。

在这一阶段，需要强调以下两点。

(1) 本阶段的一个重要而困难的任务是收集将来应用所涉及的数据，当然也包括系统的更新或升级可能的扩充和改变，所以设计人员应充分考虑，使当前的设计易于更改，系统易于扩充。

(2) 必须强调用户的参与。数据库应用系统就是为了给用户使用，有时还会涉及不同部门的用户，用户的参与是数据库设计不可分割的一部分。在需求分析的数据收集部分，任何调查研究没有用户的积极参与都是寸步难行的。设计人员应该和用户取得共同的语言，帮助不熟悉计算机的用户建立数据库环境下的共同概念，并对设计工作的最后结果承担共同的责任。

5.3 概念模型设计

对用户要求描述的现实世界对象（可能是一个学校、一个图书馆或者一个公司等），通过对其中涉及方方面面的分类、聚集和概括，建立抽象的概念数据模型。这个概念模型反映现实世界各部门的信息结构、信息流动情况、信息间的互相制约关系以及各部门对信息存储、查询和加工的要求等。所建立的模型应避开数据库在计算机上的具体实现细节，用一种抽象的形式表示出来。以实体—联系模型（E-R 模型）方法为例，第一步明确现实世界各部门所含的各个实体及其属性、实体间的联系以及对信息的制约条件等，从而给出各个部门内所用信息的局部描述（在数据库中称为用户的局部视图）。第二步再将前面得到的多个用户的局部视图集成一个全局视图，即用户要描述的现实世界的概念数据模型。可以把采用 E-R 方法的概念结构设计为三步：设计局部 E-R 图；设计全局 E-R 图；优化全部 E-R 图。

1. 数据抽象与局部 E-R 图设计

(1) 数据抽象。

概念模型是对现实世界的一种抽象。所谓抽象是对实际的人、物、事和概念进行人为处理，抽取所关心的共同特性，忽略非本质细节，并把这些特性用各种概念准确地加以描述，这些概念组成某种模型。概念模型设计首先要根据需求分析得到的结果（数据流图和数据字典等）对现实世界进行抽象，然后设计各个局部 E-R 模型。

在系统需求分析阶段，得到了多层数据流图、数据字典和系统分析报告。建立局部 E-R 图，就是根据系统的具体情况，在多层数据流图中选择一个适当层次的数据流图，作为 E-R 图设计的出发点，让这组图中的每一个部分对应一个局部应用。在选好的某一层次的数据流图中，每个局部应用都对应了一组数据流图，具体应用所涉及的数据存储在数据字典中。将这些数据从数据字典中抽取出来，参照数据流图，确定每个局部应包含的实体、实体包含的属性、实体之间的联系以及联系的类型。

设计局部 E-R 图的关键就是正确地划分实体和属性。实体和属性在形式上并没有可以区分的界限，通常是按照现实世界中事物的自然划分来定义实体和属性的。对现实世界中的事物进行数据抽象，得到实体和属性，这里用到的数据抽象技术有两种：分类和聚集。

① 分类。分类定义每一类概念作为现实世界中一组对象的类型，将一组具有某些共同特征和行为的对象抽象为一个实体。对象和实体之间是"is a member of"的关系。

例如：如图 5-3 所示，"张三"是学生，表示"张三"是"学生"中的一员，学生即为实体，"张三"就是其中一员，即"张三是学生中的一个成员"，这些学生具有相同的特性和行为。

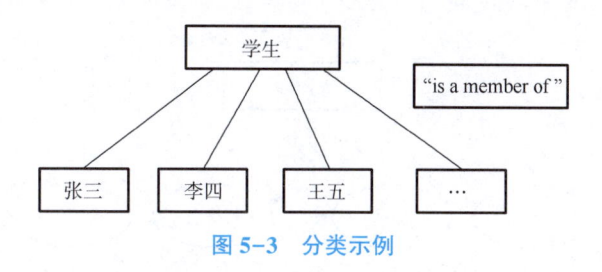

图 5-3　分类示例

② 聚集。聚集定义某类型的组成成分，将对象类型的组成成分抽象为实体的属性。组成成分与对象类型之间是"is part of"（是……的一部分）的关系。

在 E-R 模型中，若干属性的聚集就组成了一个实体的属性。例如，学号、姓名、性别等属性可聚集为学生实体的属性。聚集的示例如图 5-4 所示。

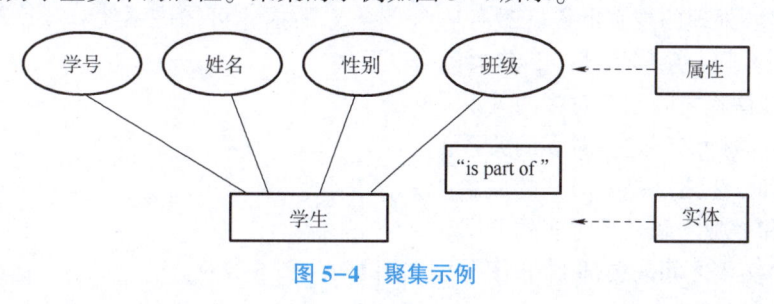

图 5-4　聚集示例

(2) 局部 E-R 图设计。

经过数据抽象后得到了实体和属性，实体和属性是相对而言的，需要根据实际情况进行调整。对关系数据库而言，其基本原则是：实体具有描述信息，而属性没有，即属性是不可再分的数据项，不能包含其他属性。例如，学生是一个实体，具有属性：学号、姓名、性别、班级等，如果不需要对班级再做更详细的分析，则"班级"作为一个属性存在就够了，但如果还需要对班级做更进一步的分析，比如，需要记录或分析班级的学生人数、班级宿舍等，则"班级"就需要作为一个实体存在。图 5-5 说明了"班级"升级为实体后，E-R 图的变化。

有以下需求和业务描述，举例说明局部 E-R 图的设计。

① 一名学生可同时选修多门课程，一门课程可以同时被多名学生学习。每名学生每门课程参加一次考试并取得成绩。每名学生需要记录学号、姓名、性别、出生日期、班级。课程需要记录课程号、课程名、学时、学分信息。

② 一门课程可由多名教师讲授，一名教师可讲授多门课程。对每名教师需要记录教师号、教师名、性别、出生日期、职称信息。

③ 一名学生只属于一个系部，一个系可有多名学生。对系需要记录系编号、系名和办公地点信息。

④ 一名教师只属于一个部门，一个部门可有多名教师。对部门需要记录部门编号、部门名称和办公电话信息。

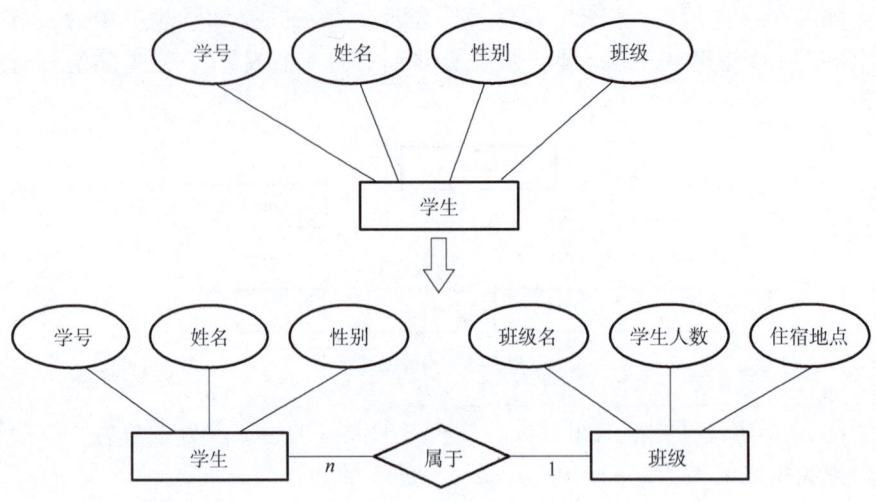

图 5-5 升级班级为实体

根据上述要处理的现实世界（教务管理业务）的描述可知该系统有 5 个实体，分别是学生、课程、教师、系部和部门。其中：
◆ 学生和课程之间是多对多的关系；
◆ 课程和教师之间是多对多的关系；
◆ 系部和学生之间是一对多的关系；
◆ 部门和教师之间是一对多的关系。
以上几个实体之间的局部 E-R 图分别如图 5-6~图 5-9 所示。

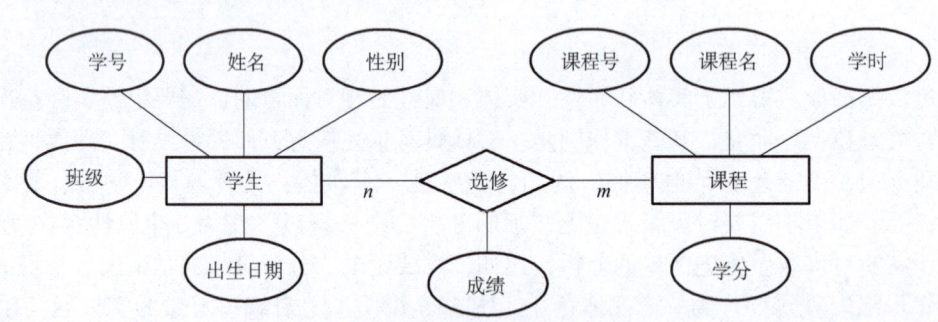

图 5-6 学生和课程的局部 E-R 图

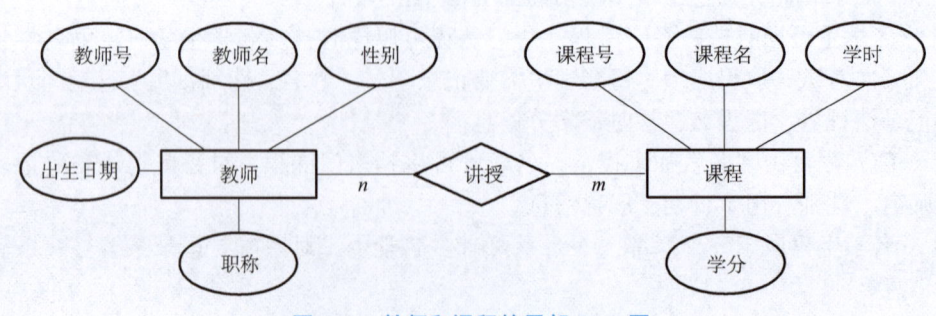

图 5-7 教师和课程的局部 E-R 图

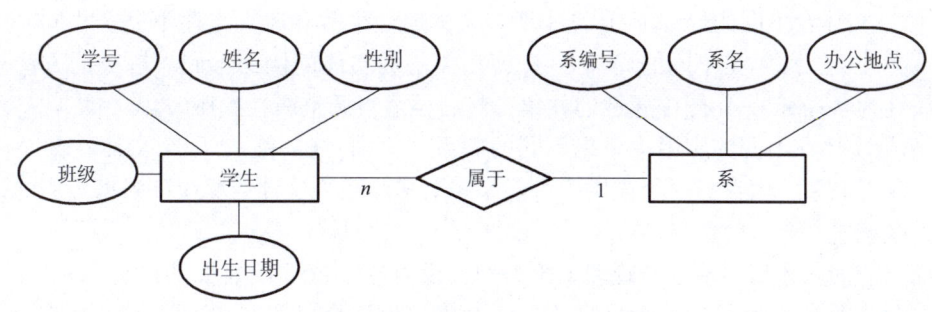

图 5-8　学生和系的局部 E-R 图

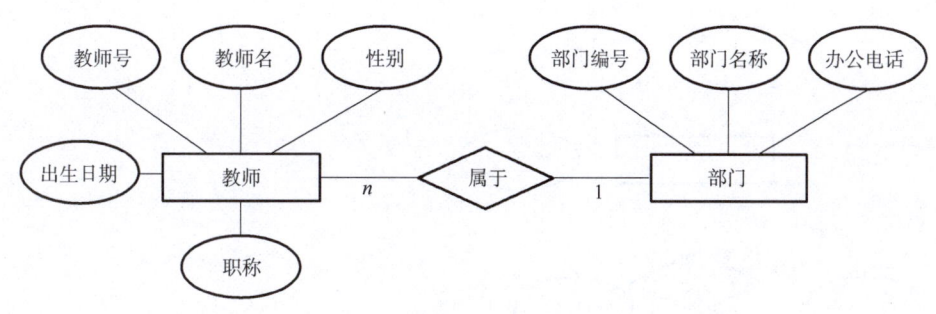

图 5-9　教师和部门的局部 E-R 图

2. 全局 E-R 图设计

把局部 E-R 图集成为全局 E-R 图时，需要消除各个 E-R 图合并时产生的冲突。各局部 E-R 图之间的冲突主要有 3 类：属性冲突、命名冲突和结构冲突。解决冲突是合并 E-R 图的主要工作和关键所在。

（1）属性冲突。

属性冲突包括如下几种情况。

① 属性域冲突。即属性的类型、取值范围和取值集合不同。例如，在有些局部应用中可能将学号定义为字符型，而在其他局部应用中可能将其定义为数值型。又如，对学生的年龄，有些局部应用可能定义为日期型，有些则定义为整型。

② 属性取值单位冲突。例如，身高，有的以"米"为单位，有的以"厘米"为单位。

（2）命名冲突。

命名冲突包括同名异义和异名同义，即不同意义的实体名、联系名或属性名在不同的局部应用中具有相同的名字，或者具有相同意义的实体名、联系名和属性名在不同的局部应用中具有不同的名字。如学生，在教务部门为学生，而在科研部门称为研究生。属性冲突和命名冲突通常可以通过讨论、协商等方法解决。

（3）结构冲突。

结构冲突有如下几种情况。

① 同一数据项在不同应用中有不同的抽象，有的地方作为属性，有的地方作为实体。例如，"职称"可能在某一局部应用中作为实体，而在另一局部应用中却作为属性。

解决这种冲突必须根据实际情况而定，是把属性转换为实体还是把实体转换为属性，基本原则是保持数据项一致。一般情况下，凡能作为属性对待的，应尽可能作为属性，以简化 E-R 图。

② 同一实体在不同的局部 E-R 图中所包含的属性个数和属性次序不完全相同。这是很常见的一类冲突，原因是不同的局部 E-R 模型关心的实体的侧面不同。解决的方法是让该实体的属性为各局部 E-R 图中属性的并集，然后再适当调整属性次序。

③ 两个实体在不同的应用中呈现不同的联系，比如，E1 和 E2 两个实体在某个应用中可能是一对多联系，而在另一个应用中可能是多对多联系。这种情况应该根据应用的语义对实体间的联系进行合适的调整。

下面以前面叙述的简单教务管理系统为例，说明合并局部 E-R 图的过程。

首先合并图 5-6 和图 5-8 所示的局部 E-R 图，这两个局部 E-R 图不存在冲突，合并后的结果如图 5-10 所示。

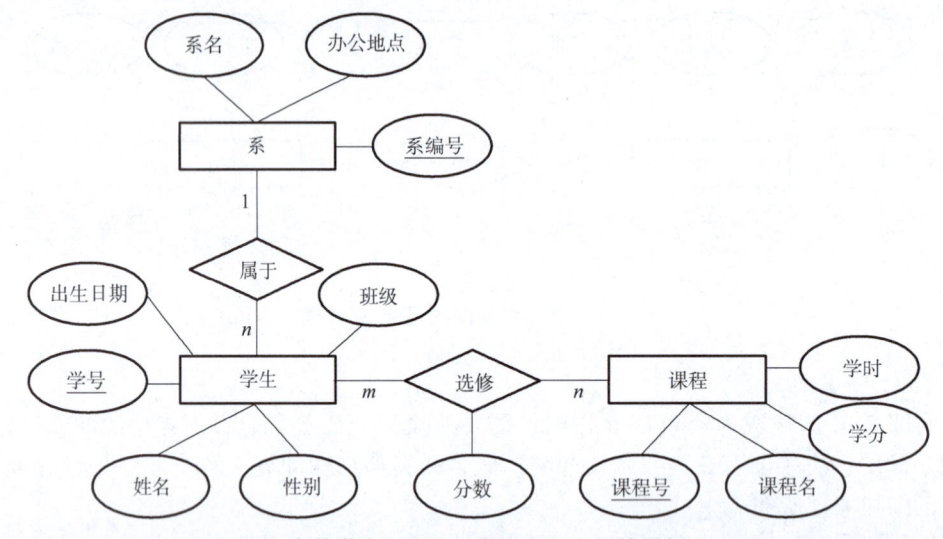

图 5-10　合并学生和课程、学生和系之间的局部 E-R 图

然后合并图 5-7 和图 5-9 所示的局部 E-R 图，这两个局部 E-R 图不存在冲突，合并后的结果如图 5-11 所示。

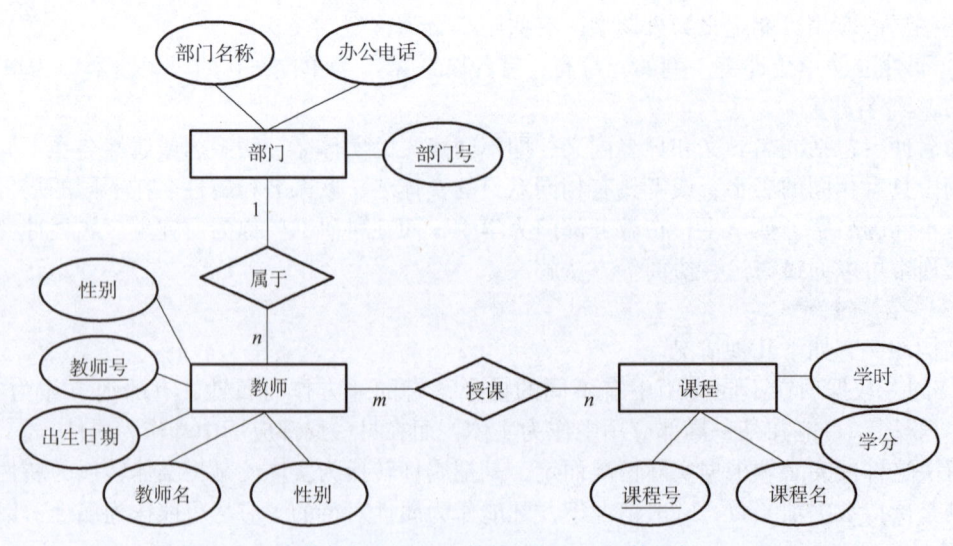

图 5-11　合并教师和课程、教师和部门之间的局部 E-R 图

最后再将合并后的两个局部 E-R 图合并为一个全局 E-R 图，在进行这个合并操作时，发现这两个局部 E-R 图中都有"课程"实体，但该实体在两个局部 E-R 图所包含的属性不完全相同，即存在结构冲突。

消除该冲突的方法是：合并后"课程"实体的属性是两个局部 E-R 图中"课程"实体属性的并集。合并后的全局 E-R 图如图 5-12 所示。

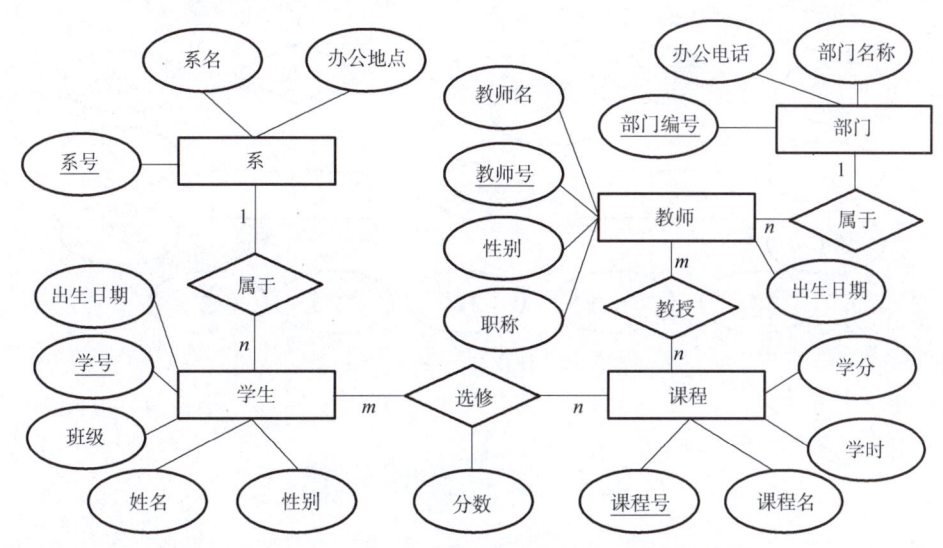

图 5-12 合并后的全局 E-R 图

3. 优化全局 E-R 图

一个好的全局 E-R 图除能反映用户功能需求外，还应满足如下条件：
（1）实体个数尽可能少。
（2）实体所包含的属性尽可能少。
（3）实体间联系无冗余。

优化的目的就是使 E-R 图满足上述 3 个条件。要使实体个数尽可能少，可以进行实体的合并，一般是把具有相同主键的实体进行合并。另外，还可以考虑将 1∶1 联系的两个实体合并为一个实体，同时消除冗余属性和冗余联系。但也应该根据具体情况确定是否消除，有时适当的冗余可以提高数据查询效率。

分析图 5-12 所示的全局 E-R 图，发现"系"实体和"部门"实体代表的含义基本相同，因此可将这两个实体合并为一个实体。在合并时发现这两个实体存在如下两个问题：

（1）命名冲突。
"系"实体中有一个属性是"系编号"，而在"部门"实体中将这个含义相同的属性命名为"部门编号"，即存在异名同义属性。合并后统一为"系编号"。

（2）结构冲突。
"系"实体包含的属性是系编号、系名和办公地点，而"部门"实体包含的属性是部门编号、部门名称和办公电话。因此在合并后的实体"系"中应包含这两个实体的全部属性。

将合并后的实体命名为"系"。优化后的全局 E-R 图如图 5-13 所示。

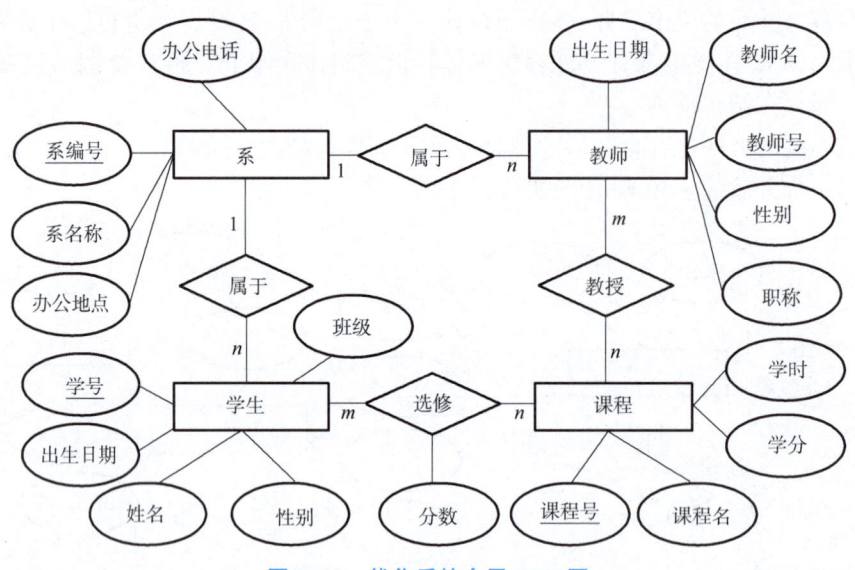

图 5-13　优化后的全局 E-R 图

5.4　逻辑模型设计

主要工作是将现实世界的概念数据模型设计成数据库的一种逻辑模式，即适应于某种特定数据库管理系统所支持的逻辑数据模式。与此同时，可能还需要为各种数据处理应用领域产生相应的逻辑子模式。这一步设计的结果就是所谓的"逻辑数据库"。

逻辑模型设计的任务是把在概念模型设计中设计的基本 E-R 模型转换为具体的数据库管理系统支持的组织层数据模型，也就是导出特定的 DBMS 可以处理的数据库逻辑结构（数据库的模式和外模式），这些模式在功能、性能、完整性和一致性约束方面满足应用要求。

特定 DBMS 支持的组织层数据模型包括层次模型、网状模型、关系模型和面向对象模型等。下面仅讨论从概念模型向关系模型的转换。

关系模型的逻辑设计一般包含以下 3 个步骤：

(1) 将概念结构转换为关系数据模型。
(2) 对关系数据模型进行优化。
(3) 设计面向用户的外模式。

1. E-R 模型向关系模型的转换

E-R 模型向关系模型的转换要解决的问题是如何将实体以及实体间的联系转换为关系模式，如何确定这些关系模式的属性和主键。由于关系模型的逻辑结构是一组关系模式的集合，而 E-R 模型由实体、实体的属性以及实体之间的联系 3 部分组成，因此将 E-R 模型转换为关系模型实际上就是将实体、实体的属性和实体间的联系转换为关系模式，转换的一般规则如下：

(1) 一个实体转化为一个关系模式。实体的属性就是关系的属性，实体的标识属性就是关系的主键。

对两个实体间的联系有以下几种不同的情况。

1∶1 联系。一般情况下是与任意一端所对应的关系模式合并，并且在该关系模式中加入另一个实体的表示属性和联系本身的属性，同时该实体的表示属性作为该关系模式的外键。

1∶n 联系。一般是与 N 端所对应的关系模式合并，并且在该关系模式中加入 1 端实体的标识属性以及联系本身的属性，并将 1 端实体的标识属性作为该关系模式的外键。①

m∶n 联系。必须转换为一个独立的关系模式，且与该联系相连的各实体的标识属性以及联系本身的属性均转换为此关系模式的属性，且该关系模式的主键包含各实体的标识属性，外键为各实体的标识属性。

3 个或 3 个以上实体间的一个多元联系也转换为一个关系模式，与该多元联系相连的各实体的标识属性以及联系本身的属性均转换为关系模式的属性，而此关系模式的主键包含各实体的标识属性，外键为各相关实体的标识属性。

（2）具有相同主键的关系模式可以合并，目的在于减少系统的关系的数量。合并的方法是将其中一个关系模式的全部属性加入另一个关系模式中，然后去除同义属性。

在转换后的关系模式中，为表达实体与实体之间的关联关系，通常是通过关系模式中的外键来表达。

接下来利用实例说明转化规则的使用：例如，有 1∶1 联系的 E-R 模型如图 5-14 所示，设每一个部门只有一个经理，一个经理只负责一个部门。请将该 E-R 模型转换为合适的关系模式。

按照上述的转换规则，一个实体转换为一个关系模式，该 E-R 模型包含两个实体：经理和部门，因此，可转换为两个关系模式，分别为经理和部门。对管理联系，可将它与"经理"实体合并，或者与"部门"实体合并。

如果将联系与"部门"实体合并，则转换后的两个关系模式为：

部门（部门号，部门名，经理号），其中"部门号"为主键，"经理号"为外键。

经理（经理号，经理名，电话），其中"经理号"为主键。

如果将联系与"经理"实体合并，则转换后的两个关系模式为：

部门（部门号，部门名），其中"部门号"为主键。

经理（经理号，部门号，经理名，电话），其中"经理号"为主键，"部门号"为外键。

接下来我们将图 5-14 所示的 E-R 模型转化为合适的关系模式。

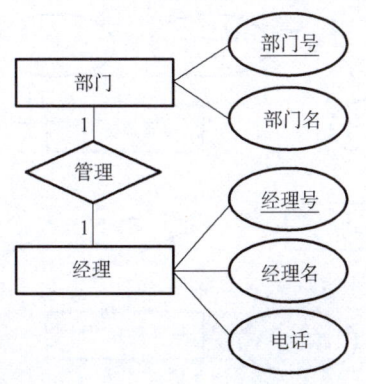

图 5-14　1∶1 联系示例

---

① 该类型的联系还有不同的转换规则，参见文献 [6]。

◆ 首先，教师与系实体、学生与系实体间都是 1∶n 的联系，根据 1∶n 的转化规则，我们可以将该部分 E-R 模型转换为：

教师（教师号，教师名，性别，出生日期，职称，系编号），其中教师号为主键，系名为外键。

学生（学号，姓名，性别，出生日期，班级，系编号），其中学号为主键，系编号为外键。

系（系编号，系名，办公地点，办公电话），其中系编号为主键。

◆ 其次，教师与课程实体、学生与课程实体的关系都为 m∶n 的联系，根据转化规则，我们可以将这部分 E-R 模型转换为：

课程（课程号，课程名，学时，学分），其中课程号为主键。

授课（教师号，课程号），其中{教师号,课程号}为主键，教师号为外键，课程号为外键。

选修（课程号，学号，分数），其中{课程号,学号}为主键，课程号为外键，学号为外键。

教师（教师号，教师名，性别，出生日期，职称，系编号），其中教师号为主键，系编号为外键。

学生（学号，姓名，性别，出生日期，班级，系编号），其中学号为主键，系编号为外键。

所以综合以上分析，得到教学管理系统的关系模型为：

课程（课程号，课程名，学时，学分），其中课程号为主键。

授课（教师号，课程号），其中{教师号,课程号}为主键，教师号为外键，课程号为外键。

选修（课程号，学号，分数），其中{课程号,学号}为主键，课程号为外键，学号为外键。

教师（教师号，教师名，性别，出生日期，职称，系编号），其中教师号为主键，系编号为外键。

学生（学号，姓名，性别，出生日期，班级，系编号），其中学号为主键，系编号为外键。

系（系编号，系名，办公地点，办公电话），其中系编号为主键。

在实际应用中也会存在一些特殊的联系关系，比如多个实体间的联系。

例如，含多个实体间联系的 E-R 模型示例如图 5-15 所示，请将该 E-R 模型转换为合适的关系模式。

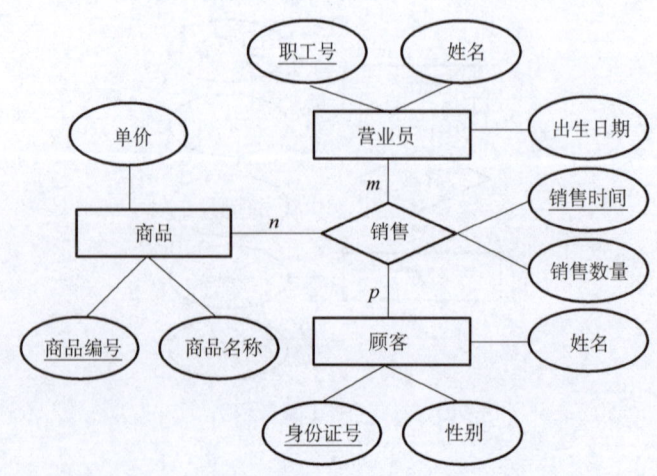

图 5-15 含多个实体间联系的 E-R 模型示例

关联多个实体的联系也是转换为一个独立的关系模式，因此转换后的关系模式为：
- ◆ 营业员（职工号，姓名，出生日期），其中"职工号"为主键。
- ◆ 商品（商品编号，商品名称，单价），其中"商品编号"为主键。
- ◆ 顾客（身份证号，姓名，性别），其中"身份证号"为主键。
- ◆ 销售（职工号，商品编号，身份证号，销售数量，销售时间），{职工号,商品编号,身份证号,销售时间}为主键，职工号为引用营业员关系模式的外键，商品编号为引用商品关系模式的外键，身份证号为引用顾客关系模式的外键。

例如，设有如图 5-16 所示，这是一个一对一递归联系，该递归联系表明一个职工可以是管理者，也可以不是管理者。一个职工最多只能被一个人管理。请将该 E-R 模型转换为合适的关系模式。

递归联系的转换规则同非递归联系是一样的，在这个例子里，只需将"管理"联系与"职工"实体合并即可，因此转换后为一个关系模式：

职工（职工号，职工名，工资，管理者职工号），其中职工号为主键，管理者职工号为外键，引用自身关系模式中的职工号。

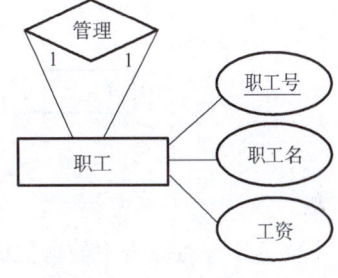

图 5-16 一对一递归联系示例

2. 数据模型的优化

逻辑模型的设计的结果并不是唯一的，为了进一步提高数据库应用系统的性能，还应该根据应用的需要对逻辑数据模型进行适当的修改和调整，这就是数据模型的优化。关系数据模型的优化通常以关系规范化理论为指导，同时考虑系统的性能。具体方法为：

（1）确定各属性间的函数依赖关系。根据需求分析阶段得到的语义，分别写出每个关系模式各属性之间的数据依赖以及不同关系模式中各属性之间的数据依赖关系。

（2）对各个关系模式之间的数据依赖进行最小化处理，消除冗余的联系。

（3）判断每个关系模式的范式，根据实际需要确定最合适的范式。

（4）根据需求分析阶段得到的处理要求，分析这些模式对这样的应用环境是否合适，确定是否要对某些模式进行分解或合并。

对一个具体的应用来说，规范到一个什么程度，需要权衡响应时间和潜在问题两者的利弊，做出最佳的决定。

（5）对关系模式进行必要的分解，以提高数据的操作效率和存储空间的利用率。常用的分解方法是水平分解和垂直分解。

水平分解是以时间、空间、类型等范畴属性取值为条件，满足相同条件的数据行为一个子表，分解的依据一般以范畴属性取值范围划分数据行。这样在操作同表数据时，时空范围相对集中，便于管理。水平分解过程如图 5-17 所示，其中 K 代表主键。

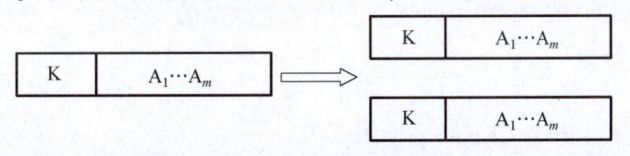

图 5-17 水平分解示意图

原表中的数据内容相当于分解后各表数据内容的并集。例如，对保存学校学生信息的"学生表"，可以将其分解为"历届学生表"和"在册学生表"。"历届学生表"中存放已毕业学生的数据，"在册学生表"存放目前在校学生的数据。因为经常需要了解当前在校学生的信息，而对已毕业学生的信息关系较少。因此，可将历年学生的信息存放在两张表中，以提高对在校学生的处理速度。当学生毕业时，可将这些学生从"在册学生表"中删除，同时插入"历届学生表"中，这就是水平分解。

垂直分解是以分组属性所描述的数据特征为条件，描述一类相同特征的属性划分在一个子表中。这样在操作同表数据时属性范围相对集中，便于管理。垂直分解过程如图 5-18 所示，其中 K 代表主键。

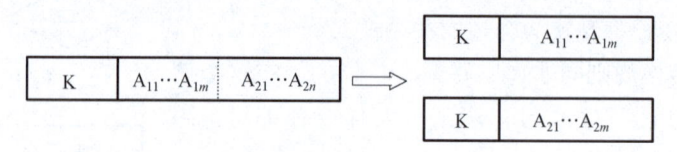

图 5-18　垂直分解示意图

垂直分解后原表中的数据内容相当于分解后各子表数据内容的连接。例如，假设"学生"关系模式的结构为：学生（学号，姓名，性别，年龄，所在系，专业，联系电话，家庭联系电话，家庭联系地址，邮政编码，父亲姓名，父亲工作单位，母亲姓名，母亲工作单位），可以将此关系模式垂直分解为如下两个关系模式：

◆ 学生基本信息表（学号，姓名，性别，年龄，所在系，专业）。
◆ 学生家庭信息（学号，家庭联系电话，家庭联系地址，邮政编码，父亲姓名，父亲工作单位，母亲姓名，母亲工作单位）。

3. 设计外模式

将概念模型转换为逻辑数据模型之后，还应该根据局部应用需求，并结合具体的数据库管理系统的特点，设计用户的外模式。

外模式概念对应关系数据库的视图，设计外模式是为了更好地满足各个用户的需求。定义数据的外模式主要是从系统的时间效率、空间效率、易维护等角度出发。由于外模式与模式是相对独立的，因此在定义用户外模式时可以从满足每类用户的需求出发，同时考虑数据的安全和用户的操作方便。在定义外模式时应考虑以下问题：

(1) 使用更符合用户习惯的别名。

在概念模型设计阶段，当合并各 E-R 图时，曾进行了消除命名冲突的工作，以使数据库中的同一个关系和属性具有唯一的名字。这在设计数据库的全局模式时是非常必要的。但在修改了某些属性或关系的名字之后，可能会不符合某些用户的习惯，因此在设计外模式时，可以利用视图的功能，对某些属性重新命名。视图的名字也可以命名成符合用户习惯的名字，使用户的操作更方便。

(2) 对不同级别的用户定义不同视图，以保证数据的安全。

假设有关系模式：

教师（教师号，姓名，工作部门，学历，专业，职称，联系电话，基本工资，浮动工资），在这个关系模式上建立如下两个视图：

教师 1（教师号，姓名，工作部门，专业，联系电话）

教师2（教师号，姓名，学历，职称，联系电话，基本工资，浮动工资）

教师1视图中包含一般教职工可以查看的基本信息，教师2视图中包含允许特定人群查看的信息。这样就可以防止用户非法访问不允许他们访问的数据，从而在一定程度上保证了数据的安全。

（3）简化用户对系统的使用。

如果某些局部应用经常要使用某些复杂的查询，为了方便用户，可以将这些复杂查询定义为一个外模式，这样用户就可以每次只对定义好的外模式进行查询，而不必再编写复杂的查询语句，从而简化用户的使用。

5.5 物理结构设计

根据特定数据库管理系统所提供的多种存储结构和存取方法等依赖具体计算机结构的个性物理设计措施，对具体的应用任务选定最合适的物理存储结构（包括文件类型、索引结构和数据的存放次序与位逻辑）、存取方法和存取路径等。这一步设计的结果就是所谓"物理数据库"。

数据库的物理结构设计是对已经确定的数据库逻辑模型，利用数据库管理系统提供的方法、技术，以较优的存储结构、数据存取路径、合理的数据存储位置以及存储分配，设计出一个高效的、可实现的物理数据库结构。

由于不同的数据库管理系统提供的硬件环境和存储结构、存取方法不同。提供给数据库设计者的系统参数以及变化范围也不同，因此，物理结构设计一般没有一个通用的准则，它只能提供一个技术和方法供参考。

数据库的物理结构设计通常分为以下两步：

（1）确定数据库的物理结构，在关系数据库中主要指存取方法和存储结构；

（2）对物理结构进行评价，评价的重点是时间和空间效率。

如果评价结果满足原设计要求，则可以进入数据库实施阶段；否则，需要重新设计修改物理结构，有时甚至要返回逻辑设计阶段修改关系模式。

对关系数据库的物理结构设计主要内容包括以下两个方面：

（1）为关系模式选择存取方法。

（2）设计关系、索引等数据库文件的物理存储结构。

1. 关系模式的存取方法选择

数据库系统是多用户共享的系统，为了满足用户快速存取的要求，必须选择有效的存取方法。对同一个关系要建立多条存取路径才能满足多用户的多种应用需要。一般数据库系统中为关系、索引等数据库对象提供了多种存取方法，主要有索引方法、聚簇方法、散列方法。

（1）索引。

索引是数据库表的一个附加表，其中存储了设置为索引列的值和其对应的记录地址。查询过程中，先在索引中根据查询的条件值找到相关记录的地址，然后在表中存取对应的记录，所以能加快查询速度。索引是系统自动维护的，但它本身占用存储空间。出现以下几种情况可以考虑建立索引：

① 如果某个属性或属性组经常出现在查询条件中；
② 如果某个属性或属性组经常作为连接操作的连接条件；
③ 如果某个属性或属性组经常作为最大值和最小值等聚集函数的参数。

同时注意，关系中定义的索引数量也不是越多越好，原因就是前面提到的索引本身占用磁盘空间，系统的自动维护也有开销，特别是要进行频繁更新的表，索引不能定义太多。

（2）聚簇。

聚簇的主要思想：将经常进行连接操作的 2 个或多个数据表，按连接属性（聚簇码）相同的值集中存放在连续的物理块上，从而极大地提高连接操作的效率，因为这样操作后省去了数据比较的时间开销。

在关系数据模型的逻辑模型设计过程中，为了减少数据冗余，我们会进行分解操作。这样设计后实现了减少数据冗余，但随之而来的一个问题就是，在查询中可能会增加连接操作带来的系统开销，为了改善连接查询的性能，不少 DBMS 提供了聚簇存取方法。

出现以下几种情况可以考虑采用聚簇：
① 经常在一起连接操作的表，考虑存放在一个聚簇中；
② 在聚簇中的表，主要用来查询的静态表，而不是频繁更新的表。

例如：信息系有学生 200 名，极端情况下，200 名学生所对应的元组分布在 200 个不同的物理块上，这样即使建立索引以避免全盘扫描，查询所有信息系的学生时也需要 200 次 IO 操作。但是，如果将所有信息系的学生信息集中存放，则每读一个物理块就可以获取多个学生的信息，可以大大降低 IO 操作次数，从而提高查询效率。

（3）散列。

散列的主要原理是，根据查询条件的值，按 HASH 函数计算查询记录的地址，减少数据存取的 IO 次数，加快了存取速度。有些 DBMS 提供了散列存取方法。选择散列方法的原则如下：
① 数据表主要是用来查询，而不是经常更新的表；
② 作为查询条件列的值域（散列键值），具有比较均匀的数值分布；
③ 查询条件是相等比较，而不是范围（大于或小于）。

从上面的几种存取方法的使用原则中，不难发现，在为关系表选择存取方式时，首先关注的这个表的查询操作是否远多于更新操作。如果答案是否定的，那么以上的存取方法就不适合这个表。以上三种方法中，最常用的是索引和聚簇，我们可以对创建好的表建立对应的索引和聚簇。

2. 数据库存储结构的确定

这一步骤主要完成的任务包括确定数据库中数据的存放位置以及对系统参数进行合理的配置。数据库中的数据主要指的是表、索引、聚簇、日志、备份等数据信息。我们要从数据高效存取、存储空间高效利用和保障存储数据的安全性这几个方面来确定存储结构。

（1）数据的存放位置。

可先将数据中易变部分和稳定部分进行适当的分离，并分开存放，然后再确定数据存放位置；要将 DBMS 文件和数据库文件分开。如果系统采用多个磁盘和磁盘阵列，将表和索引存放在不同的磁盘上，可以提高 IO 读写速度。为了数据的安全性考虑，一般将日志文件和重要的系统文件存放在多个磁盘上，互为备份。另外，数据库文件和日志文件的备份，由于数据量大，并且只在数据库恢复时使用，可以存储在离线存储设备上。

(2) 确定系统的配置参数。

DBMS 产品一般都提供了大量的系统配置参数，供数据库设计人员和 DBA 进行数据库的物理结构设计和优化，如缓冲区、内存分配、物理块的大小、时间片的大小等。在进行可视化窗口建立数据库时，系统都提供了默认参数，但是默认参数不一定适合每一个应用环境，要做适当的调整，而这一调整操作在系统运行阶段也可以根据实际情况进一步调整和优化。

3. 物理结构设计的评价

从前面介绍的内容中可以发现物理结构的设计过程要对时间效率、空间效率、维护代价和各种用户要求进行权衡，其结果可以产生多种方案，数据库设计人员必须对这些方案进行细致的评价，从中选择一个较优的方案进行实施。评价物理结构优劣的方法完全依赖所选用的 DBMS，主要从定量估算各种方案的存储空间、存取时间和维护代价入手，选择一个最优方案。

5.6 数据库的运行与维护

在数据库应用系统正式投入运行的过程中，必须不断地对其进行调整和修改。也可以说，数据库投入运行标志着开发工作的基本完成和维护工作的开始，数据库只要存在一天，就需要不断地对它进行评价、调整和维护。

在数据库运行阶段，对数据库的经常性维护工作主要由 DBA 完成，主要工作包括如下几个方面。

(1) 数据的转储和恢复。要对数据库进行定期的备份，一旦出现故障，要能及时地将数据库恢复到尽可能正确的状态，以减少数据库损失和破坏。

(2) 数据库的安全性和完整性控制。在数据库的运行过程中，由于应用环境的变化，对数据库安全性的要求也会发生变化。比如有的数据原来是机密的，现在可以公开查询了，而新增加的数据又可能是机密的了。系统中用户的级别也会发生变化。这些都要 DBA 根据实际情况修改原来的安全性控制。同样，数据库的完整性约束条件也会发生变化，也需要 DBA 不断修正，以满足用户需求。

(3) 监视、分析、调整数据库性能。在数据库运行过程中，监控系统运行，对检测数据进行分析，找出改进系统性能的方法，是 DBA 的又一重要任务。目前有些 DBMS 产品提供了检测系统性能的工具，DBA 可以利用这些工具方便地得到系统运行过程中一系列参数的值。DBA 应仔细分析这些数据，判断当前系统运行状况是否最优，应当做哪些改进，找出改进的方法。例如，调整系统物理参数，或对数据库进行重组或重构等。

(4) 数据库的重组。

数据库运行一段时间后，由于记录不断增加、删除、修改，会使数据库的物理存储结构变坏，降低了数据的存取效率，数据库性能下降，这时 DBA 就要对数据库进行重组，或部分重组（只对频繁增加、删除的表进行重组）。DBMS 一般都提供了对数据库重组的实用程序。在重组的过程中，按原设计要求重新安排存储位置、回收垃圾、减少指针链等，提高系统性能。

数据库的重组并不修改原来的逻辑和物理结构，而数据库的重构则会部分修改数据库模式和内模式。

随着数据库应用环境发生变化，增加了新的应用或新的实体，取消了某些应用，某些实体和实体间的联系也发生了变化等，导致原有的数据库模式不能满足新的需求，需要调整数据库的模式和内模式。例如，在表中增加或删除了某些数据项，改变数据项的类型，增加和删除了某个表，改变了数据库的容量，增加或删除了某些索引等。当然数据库的重构是有限的，只能做部分修改。如果应用变化太大，重构也无济于事，说明此数据库应用系统的生命周期已经结束，应该设计新的数据库。

习题 5

一、单项选择题

1. 数据库设计过程的流程为（　　）。
   A. 需求分析、概念模型设计、逻辑模型设计、物理结构设计、数据库实施、数据库运行和维护
   B. 需求分析、逻辑模型设计、概念模型设计、物理结构设计、数据库实施、数据库运行和维护
   C. 需求分析、概念模型设计、物理结构设计、逻辑模型设计、数据库实施、数据库运行和维护
   D. 需求分析、概念模型设计、逻辑模型设计、物理结构设计、数据库运行和维护数据库实施

2. 若采用关系数据库来实现应用，在数据库设计的（　　）阶段将关系模式进行规范化处理。
   A. 需求分析　　　B. 概念模型设计　　　C. 逻辑模型设计　　　D. 物理设计

3. 在数据库设计中，E-R 模型是进行（　　）的一个主要工具。
   A. 需求分析　　　B. 概念模型设计　　　C. 逻辑模型设计　　　D. 物理设计

4. 关系模型是由一个或多个（　　）组成的集合。
   A. 关系模式　　　B. 元组　　　C. 属性　　　D. 关系名

5. 下列不属于需求分析阶段工作任务的是（　　）。
   A. 收集和分析用户活动　　　B. 建立数据流图
   C. 绘制 E-R 图　　　D. 构建数据字典

6. 将 E-R 模型向关系模型转换时，一个 $m:n$ 的联系转换成的一个关系模式，它的主键是（　　）。
   A. M 端主键和 N 端主键组合　　　B. M 端主键
   C. N 端主键　　　D. 不确定

7. 下列属于数据库物理设计任务的是（　　）。
   A. 将 E-R 图转换为关系模式　　　B. 选取存取路径
   C. 建立数据流图　　　D. 选取合适的数据模型

8. 企业有多个部门和多名职员，每个职员只能属于一个部门，一个部门可以有多名职员，则部门和职员之间的联系类型是（　　）。
   A. 一对一　　　B. 多对一　　　C. 一对多　　　D. 多对多

9. 数据库设计中，确定数据库存储结构，即确定关系、索引、聚簇、日志、备份等数据的存储安排和存储结构，这是数据库设计的（　　）。

A. 需求分析阶段　　B. 逻辑设计阶段　　C. 概念设计阶段　　D. 物理设计阶段

10. 当一个实体集内部实体之间存在一个 $m:n$ 的联系时，根据 E-R 模型转换成关系模型的规则，转换成关系的数目为（　　）。

A. 1　　　　　　B. 2　　　　　　C. 3　　　　　　D. 4

11. 从 E-R 图导出关系模型时，如果实体间的联系是 $m:n$ 的，下列说法中正确的是（　　）。

A. 将 n 方主键和联系的属性纳入 M 方的属性中

B. 将 m 方主键和联系的属性纳入 N 方的属性中

C. 在 m 方属性和 n 方属性中均增加一个表示级别的属性

D. 增加一个关系表示联系，其中纳入 M 方和 N 方的主键

12. 下列有关 E-R 模型向关系模型转换的叙述中，不正确的是（　　）。

A. 一个实体转换为一个关系模式

B. 一个 1:1 联系可以转换为一个独立的关系模式，也可以与联系的任意一端实体所对应的关系模式合并

C. 一个 1:n 联系可以转换为一个独立的关系模式，也可以与联系的任意一端实体所对应的关系模式合并

D. 一个 $m:n$ 联系转换为一个关系模式

二、填空题

1. 概念结构设计阶段最常采用的设计工具是_____。

2. 在 E-R 图中，实体用_____表示，属性用_____表示，实体之间的联系用_____表示。

3. 将概念模型转化为关系模型的过程属于数据库设计中_____阶段要完成的任务。

4. 在局部 E-R 图集成全局 E-R 图时，需要解决_____冲突、_____冲突和_____冲突。

5. E-R 图中，联系的类型有_____、_____和_____三种。

三、简答题

1. 试述数据库设计的过程以及各阶段设计任务。

2. 需求分析阶段的设计目标是什么？调查的内容是什么？

3. 试述概念模型设计的重要性和设计步骤。

4. 把 E-R 模型转化为关系模型的转化规则有哪些？

5. 一个图书借阅管理数据库要求提供下述服务：

◆ 可随时查询书库现有书籍的品种、数量与存放位置。

◆ 可随时查询书籍借还情况。包括借书人单位、姓名、借书证号、借书日期和还书日期并约定任何人可借多种书，任何一种书可为多个人所借。

◆ 当需要时，可通过数据库中保存的出版社的出版社名、电话、邮编及地址等信息向有关书籍的出版社增购有关书籍。并约定，一个出版社可出版多种书籍，同一本书仅由一个

出版社出版。

据以上情况，完成以下各题：

试为该图书借阅管理系统设计一个 E-R 模型；并在图上注明属性、联系类型、实体标识符。

6. 已知某教务管理系统的设计人员在需求分析阶段收集到下列原始数据表格：

教师

教师号	教师名	职称	工资	上级领导教师号
9868	王文华	教授	8 600	NULL
9983	李一斌	副教授	6 600	9868
9985	丁一	讲师	4 200	9868

课程

课程号	课程名	学分	教材号	教材名	出版社名	任课教师号
C2006	计算机原理	3	11	计算机原理	清华大学出版社	9868
C2006	计算机原理	3	12	计算机原理与应用	高等教育出版社	9868
C2004	数据结构	3	13	数据结构	清华大学出版社	9868
C2010	数据库原理	3	14	数据库原理	清华大学出版社	9868
C2010	数据库原理	3	15	数据库原理与技术	高等教育出版社	9868
S3001	音乐欣赏	2	16	音乐欣赏	清华大学出版社	9983

已知该业务系统存在如下规则：

◆ 每个教师有唯一的教师号，每个教师号对应唯一的一名教师；

◆ 每门课程有唯一的课程号，每个课程号对应唯一的一门课程；

◆ 每本教材有唯一的教材号，每个教材号对应唯一的一本教材；

◆ 每个教师最多只有一个上级领导，也可以没有上级领导；

◆ 一门课程仅由一名教师讲授；

◆ 一本教材仅用于一门课程。

（1）画出该系统的 E-R 图。E-R 图中需给出每个实体集的属性，主键属性用下画线标识。

（2）请根据 E-R 图，给出该系统的关系模式，并说明每个关系模式的主键和外键。

第 6 章

关系数据库模式的规范化设计

关系数据库模式设计就是按照不同的范式（标准）对关系数据库模式中的每个关系模式进行分解，用一组等价的关系子模式来代替原有的某个关系模式，也即通过将一个关系模式不断地分解成多个关系子模式和建立模式之间的关联，来消除数据依赖中不合理的部分，最终实现使一个关系仅描述一个实体或者实体间的一种联系的目的。本章讨论关系数据库模式的规范化设计。6.1 节首先介绍关系数据库模式的表示，然后从如何设计关系数据库模式这一问题出发，阐明了关系规范化理论研究的实际背景。6.2 节主要介绍关系模式的规范化方法。6.3 节介绍函数依赖的公理体系，进一步讨论关系数据理论。

6.1 问题的提出

在一个关系数据库应用系统中，构成该系统的关系数据库的全局逻辑结构（逻辑模式）的基本表的全体，称为该数据库应用系统的关系数据库模式。关系数据库模式设计是数据库应用系统设计中的核心问题之一，主要研究针对一个具体问题，应该如何设计一个适合它的数据库模式，即应该构造几个关系模式，每个关系由哪些属性组成等，这也是关系数据库逻辑设计内容。

下面首先给出关系数据库模式的形式化定义。

一个关系模式可以由一个五元组 $R(U, D, DOM, F)$ 表示，其中，R 是关系名；U 是关系 R 的全部属性组成的属性集合；D 为属性组 U 中的属性所来自的域；DOM 是属性集 U 到值域集合 D 的映射；F 为属性组 U 上的一组数据依赖。

数据依赖是一个关系内部属性与属性之间的一种约束关系。这种约束关系是通过属性间值的相等与否体现出来的数据间相关联系。它是现实世界属性间相互联系的抽象，是数据内在的性质，是语义的体现。

数据依赖有许多类型，其中最重要的是函数依赖（Functional Dependency，FD）和多值依赖（Multi-Valued Dependency，MVD）。

在现实生活中有很多函数依赖的例子。例如，关系模式：教师信息关系（教工号、姓名、性别、职称、教研室），由于一个教工号对应一名教师，一名教师只属于一间教研室，因而根据"教工号"可以唯一确定该职工的姓名及所在的教研室。属性间的这种依赖关系类似于数学中的函数 $y=f(x)$，自变量 x 确定之后，相应的函数值 y 也就唯一地确定了，即"教工号"函数决定"姓名"，"教工号"函数决定"教研室"，或者说"姓名"和"教研室"函数依赖于"教工号",记作教工号→姓名,教工号→教研室。

下面举例说明一个不好的关系模式会带来什么问题,分析它们产生的原因及解决的办法。

对授课信息关系模式:授课关系(教工号,姓名,职称,课程号,课程名,学时),如表 6-1 所示。

表 6-1 授课关系

教工号	姓名	职称	课程号	课程名	学时
T1	李四	教授	C1	计算机导论	32
T1	李四	教授	C2	数据库	64
T1	李四	教授	C3	计算机网络	32
T2	张三	讲师	C3	计算机网络	32
⋮	⋮	⋮	⋮		

但是,这个关系模式在使用过程中会存在以下问题。

1. 数据冗余

对教师所讲的每一门课,有关教师的姓名、职称信息都要重复存放,这将浪费存储空间,造成大量的数据冗余。

2. 更新异常

由于有数据冗余,如果教师的职称有变化,就必须对该教师所有元组进行职称修改。这不仅要付出更大的更新代价,而且可能出现一部分数据元组修改了,而另一些元组没有被修改的情况,容易面临数据不一致的危险。

3. 插入异常

这个关系模式的主键由教工号和课程号组成,由于主键属性值不能为空(NULL),如果某位新教师刚入校,还没有授课,则无法将该教师的姓名、职称等基本信息存入数据库中。学校的数据库中没有该教师的信息,就相当于该学校没有这位教师,显然不符合实际情况。

4. 删除异常

如果某教师不再上课,则删除该教师所担任的课程就连同该教师的姓名、职称信息都被删除。

以上表明,授课信息关系模式的设计是不合理的,一个好的模式不应该发生插入异常、删除异常和更新异常,数据冗余应尽可能少。之所以存在这种操作异常,是因为在数据之间存在一种数据依赖关系。例如,某位教师的姓名、职称只由其教工号就可确定,而与所上课程的编号无关。

假如将上述的关系模式分成如下的两个关系模式:

教师信息(教工号,姓名,职称)
课程信息(课程号,课程名,学时)

这两个模式都不会发生插入异常、删除异常的问题,数据的冗余也得到了控制。一个教师的基本信息不会因为他没上课而不存在;某门课程也不会因为某学期没有上而被认为是没有开设的课程。

然而，上述关系模式也不一定在任何情况下都是最优的，例如，当要查询某教师所上的有关课程信息时，就要进行两个或两个以上关系的连接运算，而连接运算的代价一般是比较大的。相反，在原来的关系模式中却能直接找到这一查询结果。也就是说，原来的关系模式也有它好的一面。以什么样的标准判断一个关系模式是最优的？如何改造一个不好的关系模式？这是下节规范化要解决的问题。

6.2 规范化

本节首先讨论一个关系属性间不同的依赖情况，讨论如何根据属性间的依赖情况来判定关系是否具有某些不合适的性质，通常按属性间的依赖情况来区分关系规范化程度为第一范式、第二范式、第三范式和第四范式等；然后直观地描述如何将具有不合适性质的关系转换为更合适的形式。

6.2.1 函数依赖

定义 6.1 设 $R(U)$ 是属性集 U 上的关系模式，X，Y 是 U 的子集。若对 $R(U)$ 的任意一个可能的关系 r，r 中不可能存在两个元组在 X 上的属性值相等，而在 Y 上的属性值不等，则称 X 函数确定 Y 或 Y 函数依赖于 X，记作 $X \rightarrow Y$。

函数依赖和别的数据依赖一样是语义范畴的概念，只能根据语义来确定一个函数依赖。例如，姓名→年龄这个函数依赖只有在该部门没有同名人的条件下成立。如果允许有同名人，则年龄就不再函数依赖于姓名了。

设计者也可以对现实世界作强制性规定。例如，规定不允许同名人出现，因而使姓名→年龄函数依赖成立。这样当插入某个元组时，这个元组上的属性值必须满足规定的函数依赖，若发现有同名人存在，则拒绝插入该元组。

注意：函数依赖不是指关系模式 R 的某个或某些关系满足的约束条件，而是指 R 的一切关系均要满足的约束条件。

下面介绍一些术语和记号。

- $X \rightarrow Y$，但 $Y \not\subseteq X$，则称 $X \rightarrow Y$ 是非平凡的函数依赖。
- $X \rightarrow Y$，但 $Y \subseteq X$，则称 $X \rightarrow Y$ 是平凡的函数依赖。对任一关系模式，平凡函数依赖都是必然成立的，它不反映新的语义。若不特别声明，总是讨论非平凡的函数依赖。
- 若 $X \rightarrow Y$，则 X 称为这个函数依赖的决定属性组，也称为决定因素（Determinant）。
- 若 $X \rightarrow Y$，$Y \rightarrow X$，则记作 $X \longleftrightarrow Y$。
- 若 Y 不函数依赖于 X，则记作 $X \nrightarrow Y$。

定义 6.2 在 $R(U)$ 中，如果 $X \rightarrow Y$，并且对 X 的任何一个真子集 X'，都有 $X' \nrightarrow Y$，则称 Y 对 X 完全函数依赖，记作

$$X \xrightarrow{F} Y$$

若 $X \rightarrow Y$，但 Y 不完全函数依赖于 X，则称 Y 对 X 部分函数依赖（Partial Functional Dependency），记作

$$X \xrightarrow{P} Y$$

例 6.1   设有关系模式 S<U,F>，其中：
U＝{Sno，Sdept，Mname，Cno，Grade}，
F＝{Sno→Sdept，Sdept→Mname，(Sno，Cno)→Grade}

则(Sno,Cno)$\xrightarrow{F}$Grade 是完全函数依赖，(Sno,Cno)$\xrightarrow{P}$Sdept 是部分函数依赖，因为 Sno→Sdept 成立，而 Sno 是(Sno,Cno)的真子集。

定义 6.3   在 R(U) 中，如果 X→Y (Y⊈X)，Y↛X，Y→Z，Z⊈Y 则称 Z 对 X 传递函数依赖（Transitive Functional Dependency），记为 $X \xrightarrow{传递} Z$。

例 6.1 中有 Sno→Sdept，Sdept→Mname 成立，所以 Sno $\xrightarrow{传递}$ Mname。

这里加上条件 Y↛X，是因为如果 Y→X，则 X↔Y，实际上是 X $\xrightarrow{直接}$ Z，是直接函数依赖而不是传递函数依赖。

6.2.2 码[①]

码是关系模式中的一个重要概念。在第 2 章中已给出了有关码的若干定义，这里用函数依赖的概念来定义码。

定义 6.4   设 K 为 R<U，F>中的属性或属性组合，若 K $\xrightarrow{F}$ U，则 K 为 R 的候选码（Candidate Key）。

> **注意**：U 是完全函数依赖于 K，而不是部分函数依赖于 K。如果 U 部分函数依赖于 K，即 K $\xrightarrow{P}$ U，则 K 称为超码（Super Key）。候选码是最小的超码，即 K 的任意一个真子集都不是候选码。

若候选码多于一个，则选定其中的一个为主码（Primary Key）。

包含在任何一个候选码中的属性称为主属性（Prime Attribute）；不包含在任何候选码中的属性称为非主属性（Nonprime Attribute）或非码属性（Non-key Attribute）。最简单的情况，单个属性是码；最极端的情况，整个属性组是码，称为全码（All-key）。

在后面的章节中主码或候选码都简称为码。读者可以根据上下文加以识别。

例 6.2   关系模式 S(<u>Sno</u>，Sdept，Sage) 中单个属性 Sno 是码，用下画线显示出来。SC(<u>Sno,Cno</u>,Grade)中属性组合(Sno,Cno)是码。

例 6.3   关系模式 R(<u>P,W,A</u>) 中，属性 P 表示演奏者，W 表示作品，A 表示听众。假设一个演奏者可以演奏多个作品，某一作品可被多个演奏者演奏，听众也可以欣赏不同演奏者的不同作品，这个关系模式的码为(<u>P,W,A</u>)，即 All-key。

定义 6.5   关系模式 R 中属性或属性组 X 并非 R 的码，但 X 是另一个关系模式的码，则称 X 是 R 的外部码（Foreign Key），也称外码。

如在 SC(<u>Sno,Cno</u>,Grade)中，Sno 不是码，但 Sno 是关系模式 S(<u>Sno</u>,Sdept,Sage)的码，则 Sno 是关系模式 SC 的外码。

主码与外码提供了一个表示关系间联系的手段，如例 6.2 中关系模式 S 与 SC 的联系就

[①] 在一些教材和文章里，码也称为"键"或"键码"。

是通过 Sno 来体现的。

6.2.3 范式

关系数据库中的关系是要满足一定要求的，满足不同程度要求的为不同范式。满足最低要求的叫第一范式，简称 1NF；在第一范式中满足进一步要求的为第二范式，其余以此类推。

有关范式理论的研究主要是 E. F. Codd 做的工作。1971—1972 年，Codd 系统地提出了 1NF、2NF、3NF 的概念，讨论了规范化的问题。1974 年，Codd 和 Boyce 共同提出了一个新范式，即 BCNF。1976 年，Fagin 提出了 4NF。后来又有研究人员提出了 5NF。

所谓"第几范式"原本是表示关系的某一种级别，所以常称某一关系模式 R 为第几范式。现在则把范式这个概念理解成符合某一种级别的关系模式的集合，即 R 为第几范式就可以写成 R∈xNF。

对各种范式之间的关系有：

$$5NF \subset 4NF \subset BCNF \subset 3NF \subset 2NF \subset 1NF$$

成立，如图 6-1 所示。

一个低一级范式的关系模式通过模式分解（Schema Decomposition）可以转换为若干高一级范式的关系模式的集合，这种过程就叫规范化（Normalization）。

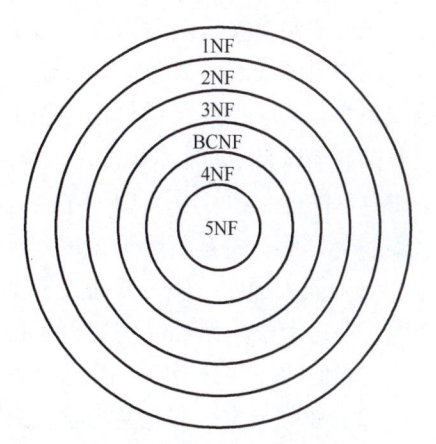

图 6-1 各种范式之间的关系

6.2.4 1NF

定义 6.6 如果关系模式 R 中的每一个属性的值域的值都是不可再分的最小数据单位，则称 R 为满足第一范式（1NF）的关系模式，也称 R∈1NF。

作为一个二维表，关系要符合一个最基本的条件：每一个分量必须是不可分的数据项，即二维表格形式的关系中不再有子表，满足了这个条件的关系模式就属于第一范式（1NF）。表 6-2 所示的关系模式符合第一范式，而表 6-3 所示的关系模式不符合第一范式。

表 6-2 符合 1NF 的关系模式

字段 1	字段 2	字段 3	字段 4
…	…	…	…

表 6-3 不符合 1NF 的关系模式

字段 1	字段 2	字段 3		字段 4
		字段 3.1	字段 3.2	
…	…	…	…	…

6.2.5 2NF

定义 6.7 若 R∈1NF，且每一个非主属性完全函数依赖于任何一个候选码，则 R∈2NF。

下面举一个不是 2NF 的例子。

例 6.4 有关系模式 S-L-C(Sno,Sdept,Sloc,Cno,Grade)，其中 Sloc 为学生的住处，并且每个系的学生住在同一个地方。S-L-C 的码为(Sno,Cno)。则函数依赖有

$(Sno,Cno) \xrightarrow{F} Grade$

$Sno \rightarrow Sdept, (Sno,Cno) \xrightarrow{P} Sdept$

$Sno \rightarrow Sloc, (Sno,Cno) \xrightarrow{P} Sloc$

$Sdept \rightarrow Sloc$（每个系的学生只住一个地方）

函数依赖关系示例图如图 6-2 所示。

图中用虚线表示部分函数依赖。另外，Sdept 还函数确定 Sloc，这一点在讨论第二范式时暂不考虑。可以看到非主属性 Sdept、Sloc 并不完全函数依赖于码。因此 S-L-C(Sno,Sdept,Sloc,Cno,Grade)不符合 2NF 定义，即 S-L-C∉2NF。

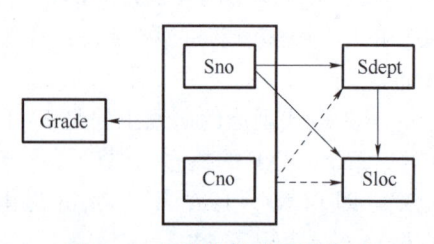

图 6-2 函数依赖关系示例图

一个关系模式 R 不属于 2NF，就会产生以下几个问题：

（1）插入异常。假若要插入一个学生 Sno = S7，Sdept = PHY，Sloc = BLD2，但该生还未选课，即这个学生无 Cno，这样的元组就插不进 S-L-C 中。因为插入元组时必须给定码值，而这时码值的一部分为空，因而学生的固有信息无法插入。

（2）删除异常。假定某个学生只选一门课，如 S4 就选了一门课 C3，现在 C3 这门课他也不选了，那么 C3 这个数据项就要删除。而 C3 是主属性，删除了 C3，整个元组就必须一起删除，使 S4 的其他信息也被删除了，从而造成删除异常，即不应删除的信息也删除了。

（3）修改复杂。某个学生从数学系（MA）转到计算机科学系（CS），这本来只需修改此学生元组中的 Sdept 分量即可，但因为关系模式 S-L-C 中还含有系的住处 Sloc 属性，学生转系将同时改变住处，因而还必须修改元组中的 Sloc 分量。另外，如果这个学生选修了 k 门课，Sdept、Sloc 重复存储了 k 次，不仅存储冗余度大，而且必须无遗漏地修改 k 个元组中全部 Sdept、Sloc 信息，造成修改的复杂化。

分析上面的例子可以发现，问题在于有两类非主属性，一类如 Grade，它对码是完全函数依赖；另一类如 Sdept、Sloc，它们对码不是完全函数依赖。解决的办法是用投影分解。把关系模式 S-L-C 分解为两个关系模式：SC(Sno,Cno,Grade)和 S-L(Sno,Sdept,Sloc)。

关系模式 SC 与 S-L 中属性间的函数依赖可以用图 6-3、图 6-4 表示。

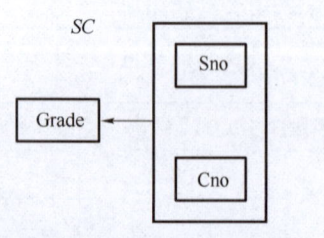

图 6-3 SC 中的函数依赖　　　　图 6-4 S-L 中的函数依赖

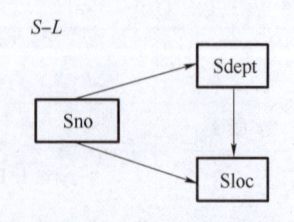

关系模式 SC 的码为(Sno,Cno)，关系模式 S-L 的码为 Sno，这样就使非主属性对码都是完全函数依赖了。

6.2.6 3NF

定义 6.8 设关系模式 $R<U,F>\in 1NF$，若 R 中不存在这样的码 X，属性组 Y 及非主属性 $Z(Z \not\supseteq Y)$ 使 $X \to Y$，$Y \to Z$ 成立，$Y \not\to X$，则称 $R<U,F> \in 3NF$。

由定义 6.8 可以证明，若 $R \in 3NF$，则每一个非主属性既不传递依赖于码，也不部分依赖于码。也就是说，可以证明如果 R 属于 3NF，则必有 R 属于 2NF。

在图 6-3 中关系模式 SC 没有传递依赖，而图 6-4 中关系模式 S-L 存在非主属性对码的传递依赖。在 S-L 中，由 Sno→Sdept(Sdept↛Sno)，Sdept→Sloc，可得 Sno $\xrightarrow{传递}$ Sloc。因此 $SC \in 3NF$，而 $S-L \notin 3NF$。

一个关系模式 R 若不是 3NF，就会产生与 6.2.5 节中 2NF 类似的问题。读者可以类比 2NF 的反例加以说明。

解决的办法同样是将 S-L 分解为：S-D(Sno, Sdept) 和 D-L(Sdept, Sloc)。分解后的关系模式 S-D 与 D-L 中不再存在传递依赖。

例 6.5 假定学生关系表为 Student（学号，姓名，年龄，所在学院，学院地点，学院电话），码为"学号"，因此存在如下决定关系：

（学号）→（姓名，年龄，所在学院，学院地点，学院电话）

这个关系是符合 2NF 的，但是不符合 3NF，因为存在如下决定关系：

（学号）→（所在学院）→（学院地点，学院电话）

即存在非主属性"学院地点""学院电话"对码"学号"的传递函数依赖。

它也会存在数据冗余、更新异常、插入异常和删除异常的情况，读者可自行分析得知。把学生关系表分为如下两个表：

学生：（学号，姓名，年龄，所在学院）
学院：（学院，地点，电话）

这样的数据库表是符合第三范式的，消除了数据冗余、更新异常、插入异常和删除异常。

6.2.7 BCNF

BCNF（Boyce Codd Normal Form）是由 Boyce 与 Codd 提出的，比上述的 3NF 又进了一步，通常认为 BCNF 是修正的第三范式，有时也称为扩充的第三范式。

定义 6.9 关系模式 $R<U,F> \in 1NF$，若 $X \to Y$ 且 $Y \not\subseteq X$ 时 X 必含有码，则 $R<U,F> \in BCNF$。

也就是说，关系模式 $R<U,F>$ 中，若每一个决定因素都包含码，则 $R<U,F> \in BCNF$。

由 BCNF 的定义可以得到结论，一个满足 BCNF 的关系模式有：

- 所有非主属性对每一个码都是完全函数依赖。
- 所有主属性对每一个不包含它的码也是完全函数依赖。
- 没有任何属性完全函数依赖于非码的任何一组属性。

由于 $R \in BCNF$，按定义排除了任何属性对码的传递依赖与部分依赖，所以 $R \in 3NF$。严格的证明留给读者完成。但是若 $R \in 3NF$，R 未必属于 BCNF。

下面用几个例子说明属于 3NF 的关系模式有的属于 BCNF，但有的不属于 BCNF。

例 6.6 考查关系模式 $C(Cno,Cname,Pcno)$，它只有一个码 Cno，这里没有任何属性对 Cno 部分依赖或传递依赖，所以 $C\in 3NF$。同时 C 中 Cno 是唯一的决定因素，所以 $C\in BCNF$。对关系模式 $SC(Sno,Cno,Grade)$ 可作同样分析。

例 6.7 关系模式 $S(Sno,Sname,Sdept,Sage)$，假定 Sname 也具有唯一性，那么 S 就有两个码，这两个码都由单个属性组成，彼此不相交。其他属性不存在对码的传递依赖与部分依赖，所以 $S\in 3NF$。同时 S 中除 Sno、Sname 外没有其他决定因素，所以 S 也属于 BCNF。

以下再举几个例子。

例 6.8 关系模式 $SJP(S,J,P)$ 中，S 是学生，J 表示课程，P 表示名次。每一个学生选修每门课程的成绩有一定的名次，每门课程中每一名次只有一个学生（即没有并列名次）。由语义可得到下面的函数依赖：

$$(S,J)\to P,(J,P)\to S$$

所以 (S,J) 与 (J,P) 都可以作为候选码。这两个码各由两个属性组成，而且它们是相交的。这个关系模式中显然没有属性对码传递依赖或部分依赖。所以 $SJP\in 3NF$，而且除 (S,J) 与 (J,P) 以外没有其他决定因素，所以 $SJP\in BCNF$。

例 6.9 关系模式 $STJ(S,T,J)$ 中，S 表示学生，T 表示教师，J 表示课程。每一名教师只教一门课，每门课有若干教师，某一学生选定某门课，就对应一名固定的教师。由语义可得到如下的函数依赖：

$$(S,J)\to T,(S,T)\to J,T\to J$$

函数依赖关系可以用图 6-5 表示，这里 (S,J)、(S,T) 都是候选码。

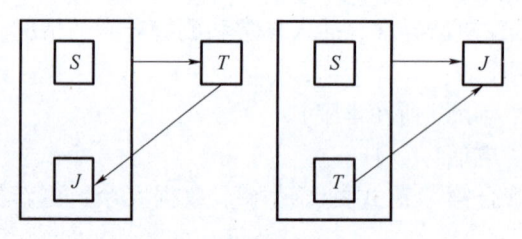

图 6-5 STJ 中的函数依赖

STJ 是 3NF，因为没有任何非主属性对码传递依赖或部分依赖，但 STJ 不是 BCNF 关系，因为 T 是决定因素，而 T 不包含码。

对不是 BCNF 的关系模式，仍然存在不合适的地方。读者可自己举例指出 STJ 的不合适之处。非 BCNF 的关系模式也可以通过分解成为 BCNF。例如，STJ 可分解为 $ST(S,T)$ 与 $TJ(T,J)$，它们都是 BCNF。

3NF 和 BCNF 是在函数依赖的条件下对模式分解所能达到的分离程度的测度。一个模式中的关系模式如果都属于 BCNF，那么在函数依赖范畴内它已实现了彻底的分离，已消除了插入和删除的异常。3NF 的"不彻底"性表现在可能存在主属性对码的部分依赖和传递依赖。

6.2.8 多值依赖

以上完全是在函数依赖的范畴内讨论问题。属于 BCNF 的关系模式是否就很完美了呢？下面来看一个例子。

例 6.10 学校中某一门课程由多名教师讲授,他们使用相同的一套参考书。每名教师可以讲授多门课程,每种参考书可以供多门课程使用。可以用一个非规范化的关系来表示教师 T、课程 C 和参考书 B 之间的关系(表 6-4)。

把这张表变成一张规范化的二维表,如表 6-5 所示。

表 6-4 非规范化关系示例

课程 C	教师 T	参考书 B
物理	{李勇 王军}	{普通物理学 光学原理 物理习题集}
数学	{李勇 张平}	{数学分析 微分方程 高等代数}
计算数学	{李勇 周峰}	{数学分析 ⋯ ⋯}
⋮	⋮	⋮

表 6-5 规范化的二维表 Teaching

课程 C	教师 T	参考书 B
物理	李勇	普通物理学
物理	李勇	光学原理
物理	李勇	物理习题集
物理	王军	普通物理学
物理	王军	光学原理
物理	王军	物理习题集
数学	李勇	数学分析
数学	李勇	微分方程
数学	李勇	高等代数
数学	张平	数学分析
数学	张平	微分方程
数学	张平	高等代数
⋮	⋮	⋮

关系模型 Teaching(C,T,B) 的码是 (C,T,B),即 All-key,因而 Teaching∈BCNF。但是当某一课程(如物理)增加一名讲课教师(如周英)时,必须插入多个(这里是三个)元组:(物理,周英,普通物理学),(物理,周英,光学原理),(物理,周英,物理习题集)。

同样,某一门课(如数学)要去掉一本参考书(如微分方程),则必须删除多个(这里是两个)元组:(数学,李勇,微分方程),(数学,张平,微分方程)。

因而对数据的增删改很不方便,数据的冗余也十分明显。仔细考查这类关系模式,发现它具有一种称为多值依赖(Multi-Valued Dependency,MVD)的数据依赖。

定义 6.10 设 $R(U)$ 是属性集 U 上的一个关系模式。X,Y,Z 是 U 的子集,并且 $Z=U-X-Y$。关系模式 $R(U)$ 中多值依赖 $X \rightarrow\rightarrow Y$ 成立,当且仅当对 $R(U)$ 的任一关系 r,给定的一对 (x,z) 值,有一组 Y 的值,这组值仅仅决定 x 值而与 z 值无关。

例如,在关系模式 Teaching 中,对一个(物理,光学原理)有一组 T 值{李勇,王军},这组值仅仅决定课程 C 上的值(物理)。也就是说对另一个(物理,普通物理学),它对应的一组 T 值仍是{李勇,王军},尽管这时参考书 B 的值已经改变了。因此 T 多值依赖于 C,即 $C \rightarrow\rightarrow T$。

对多值依赖的另一个等价的形式化定义是:在 $R(U)$ 的任一关系 r 中,如果存在元组 t、s 使 $t[X]=s[X]$,那么就必然存在元组 w、$v \in r$(w、v 可以与 s、t 相同),使 $w[X]=v[X]=t[X]$,而 $w[Y]=t[Y]$,$w[Z]=s[Z]$,$v[Y]=s[Y]$,$v[Z]=t[Z]$(即交换 s、t 元组的 Y

值所得的两个新元组必在 r 中),则 Y 多值依赖于 X,记为 $X \rightarrow \rightarrow Y$。这里,$X$、$Y$ 是 U 的子集,$Z = U - X - Y$。

若 $X \rightarrow \rightarrow Y$,而 $Z = \emptyset$,即 Z 为空,则称 $X \rightarrow \rightarrow Y$ 为平凡的多值依赖。即对 $R(X,Y)$,如果有 $X \rightarrow \rightarrow Y$ 成立,则 $X \rightarrow \rightarrow Y$ 为平凡的多值依赖。

下面再举一个具有多值依赖的关系模式的例子。

例 6.11 关系模式 $WSC(W,S,C)$ 中,W 表示仓库,S 表示保管员,C 表示商品。假设每个仓库有若干位保管员,有若干种商品。每位保管员保管所在仓库的所有商品,每种商品被所有保管员保管。列出关系如表 6-6 所示。

按照语义对 W 的每一个值 W_i,S 有一个完整的集合与之对应而不问 C 取何值。所以 $W \rightarrow \rightarrow S$。

如果用图 6-6 来表示这种对应,则对应 W 的某一个值 W_i 的全部 S 值记作 $\{S\}_{Wi}$ (表示此仓库工作的全部保管员),全部 C 值记作 $\{C\}_{Wi}$ (表示在此仓库中存放的所有商品)。应当有 $\{S\}_{Wi}$ 中的每一个值和 $\{C\}_{Wi}$ 中的每一个 C 值对应。于是 $\{S\}_{Wi}$ 与 $\{C\}_{Wi}$ 之间正好形成一个完全二分图,因此 $W \rightarrow \rightarrow S$。

表 6-6　WSC 表

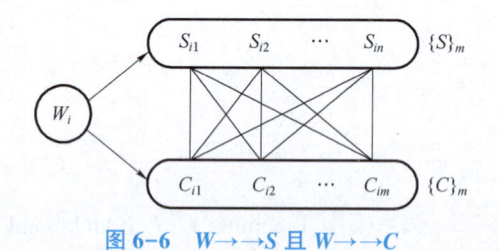

W	S	C
W_1	S_1	C_1
W_1	S_1	C_2
W_1	S_1	C_3
W_1	S_2	C_1
W_1	S_2	C_2
W_1	S_2	C_3
W_2	S_3	C_4
W_2	S_3	C_5
W_2	S_4	C_4
W_2	S_4	C_5

图 6-6　$W \rightarrow \rightarrow S$ 且 $W \rightarrow \rightarrow C$

由于 C 与 S 的完全对称性,必然有 $W \rightarrow \rightarrow C$ 成立。

多值依赖具有以下性质:

(1) 多值依赖具有对称性。即若 $X \rightarrow \rightarrow Y$,则 $X \rightarrow \rightarrow Z$,其中 $Z = U - X - Y$。

从例 6.10 容易看出,因为每位保管员保管所有商品,同时每种商品被所有保管员保管,显然若 $W \rightarrow \rightarrow S$,必然有 $W \rightarrow \rightarrow C$。

(2) 多值依赖具有传递性。即若 $X \rightarrow \rightarrow Y$,$Y \rightarrow \rightarrow Z$,则 $X \rightarrow \rightarrow Z - Y$。

(3) 函数依赖可以看作是多值依赖的特殊情况,即若 $X \rightarrow Y$,则 $X \rightarrow \rightarrow Y$。这是因为当 $X \rightarrow Y$ 时,对 X 的每一个值 x,Y 有一个确定的值 y 与之对应,所以 $X \rightarrow \rightarrow Y$。

(4) 若 $X \rightarrow \rightarrow Y$,$X \rightarrow \rightarrow Z$,则 $X \rightarrow \rightarrow YZ$。

（5）若 $X\to\to Y$，$X\to\to Z$，则 $X\to\to Y\cap Z$。

（6）若 $X\to\to Y$，$X\to\to Z$，则 $X\to\to Y-Z$，$X\to\to Z-Y$。

多值依赖与函数依赖相比，具有下面两个基本的区别：

（1）多值依赖的有效性与属性集的范围有关。若 $X\to\to Y$ 在 U 上成立，则在 $W(XY\subseteq U)$ 上一定成立；反之则不然，即 $X\to\to Y$ 在 $W(W\subset U)$ 上成立，在 U 上并不一定成立。这是因为多值依赖的定义中不仅涉及属性组 X 和 Y，而且涉及 U 中其余属性 Z。

一般地，在 $R(U)$ 上若有 $X\to\to Y$ 在 $W(W\subset U)$ 上成立，则称 $X\to\to Y$ 为 $R(U)$ 的嵌入型多值依赖。

但是在关系模式 $R(U)$ 中，函数依赖 $X\to Y$ 的有效性仅决定于 X、Y 这两个属性集的值。只要在 $R(U)$ 的任何一个关系 r 中，元组在 X 和 Y 上的值满足定义 6.1，则函数依赖 $X\to Y$ 在任何属性集 $W(XY\subseteq W\subseteq U)$ 上成立。

（2）若函数依赖 $X\to Y$ 在 $R(U)$ 上成立，则对任何 $Y'\subset Y$ 均有 $X\to Y'$ 成立。而多值依赖 $X\to\to Y$ 若在 $R(U)$ 上成立，却不能断言对任何 $Y'\subset Y$ 有 $X\to Y'$ 成立。

例如，有关系 $R(A,B,C,D)$ 如下，$A\to\to BC$，当然也有 $A\to\to D$ 成立。有 R 的一个关系实例，在此实例上 $A\to\to B$ 是不成立的，如表 6-7 所示。

表 6-7　关系 R 的一个实例

A	B	C	D
a_1	b_1	c_1	d_1
a_1	b_1	c_1	d_2
a_1	b_2	c_2	d_1
a_1	b_2	c_2	d_2

6.2.9　4NF

定义 6.11　关系模式 $R<U,F>\in 1NF$，如果对 R 的每个非平凡多值依赖 $X\to\to Y(Y\not\subseteq X)$，$X$ 都含有码，则称 $R<U,F>\in 4NF$。

4NF 就是限制关系模式的属性之间不允许有非平凡且非函数依赖的多值依赖。因为根据定义，对每一个非平凡的多值依赖 $X\to\to Y$，X 都含有候选码，于是就有 $X\to Y$，所以 4NF 所允许的非平凡的多值依赖实际上是函数依赖。

显然，如果一个关系模式是 4NF，则必为 BCNF。

在前面讨论的关系模式 WSC 中，$W\to\to S$，$W\to\to C$，它们都是非平凡的多值依赖。而 W 不是码，关系模式 WSC 的码是 (W,S,C)，即 All-key。因此 $WSC\notin 4NF$。

一个关系模式如果已达到了 BCNF 但不是 4NF，这样的关系模式仍然具有不好的性质。以 WSC 为例，$WSC\notin 4NF$，但是 $WSC\in BCNF$。对 WSC 的某个关系，若某一仓库 W_i 有 n 位保管员，存放 m 件物品，则关系中分量为 W_i 的元组数目一定有 $m\times n$ 个。每位保管员重复存储 m 次，每种物品重复存储 n 次，数据的冗余度太大，因此还应该继续规范化使关系模式 WSC 达到 4NF。

可以用投影分解的方法消去非平凡且非函数依赖的多值依赖。例如，可以把 WSC 分解为 $WS(W,S)$，$WC(W,C)$。在 WS 中虽然有 $W\to\to S$，但这是平凡的多值依赖。WS 中已不存在非平凡的非函数依赖的多值依赖，所以 $WS\in 4NF$，同理 $WC\in 4NF$。

函数依赖和多值依赖是两种最重要的数据依赖。如果只考虑函数依赖，则属于 BCNF 的关系模式规范化程度已经是最高的了；如果考虑多值依赖，则属于 4NF 的关系模式规范化程度是最高的。事实上，数据依赖中除函数依赖和多值依赖之外，还有其他数据依赖。例如，有一种连接依赖。函数依赖是多值依赖的一种特殊情况，而多值依赖实际上又是连接依赖的一种特殊情况。但连接依赖不像函数依赖和多值依赖可由语义直接导出，而是在关系的连接运算时才反映出来。存在连接依赖的关系模式仍可能遇到数据冗余及插入、修改、删除异常等问题。如果消除了属于 4NF 的关系模式中存在的连接依赖，则可以进一步达到 5NF 的关系模式。

6.2.10 规范化小结

在关系数据库中，对关系模式的基本要求是满足第一范式，这样的关系模式就是合法的、允许的。但是，人们发现有些关系模式存在插入、删除异常，以及修改复杂、数据冗余等问题，需要寻求解决这些问题的方法，这就是规范化的目的。

规范化的基本思想是逐步消除数据依赖中不合适的部分，使模式中的各关系模式达到某种程度的"分离"，即"一事一地"的模式设计原则。让一个关系描述一个概念、一个实体或者实体间的一种联系。若多于一个概念就把它"分离"出去。因此所谓规范化实质上是概念的单一化。

人们认识这个原则是经历了一个过程的。从认识非主属性的部分函数依赖的危害开始，2NF、3NF、BCNF、4NF 的相继提出是这个认识过程逐步深化的标志，图 6-7 可以概括这个过程。

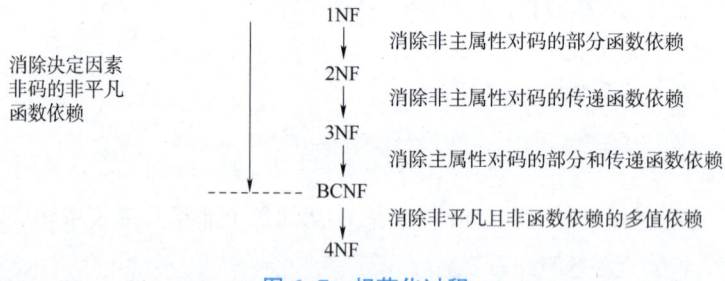

```
                    1NF
                     ↓     消除非主属性对码的部分函数依赖
                    2NF
                     ↓     消除非主属性对码的传递函数依赖
   消除决定因素      3NF
   非码的非平凡       ↓     消除主属性对码的部分和传递函数依赖
   函数依赖          BCNF
         └─ ─ ─ ─ ─ ─ ↓    消除非平凡且非函数依赖的多值依赖
                    4NF
```

图 6-7 规范化过程

关系模式的规范化过程是通过对关系模式的分解来实现的，即把低一级的关系模式分解为若干高一级的关系模式。这种分解不是唯一的。下面将进一步讨论分解后的关系模式与原关系模式"等价"的问题以及分解的算法。

6.3 数据依赖的公理系统

数据依赖的公理系统是模式分解算法的理论基础。下面首先讨论函数依赖的一个有效而完备的公理系统——Armstrong 公理系统。

定义 6.12 对满足一组函数依赖 F 的关系模式 $R<U,F>$，其任何一个关系 r，若函数依赖 $X \to Y$ 都成立，即 $\{r$ 中任意两元组 t、s，若 $t[X]=s[X]$，则 $t[Y]=s[Y]\}$，则称 F 逻辑蕴涵 $X \to Y$。

为了求得给定关系模式的码，为了从一组函数依赖求得蕴涵的函数依赖，例如已知函数依赖集 F，要问 $X \to Y$ 是否为 F 所蕴涵，就需要一套推理规则，这组推理规则是 1974 年由 Armstrong 提出来的。

Armstrong 公理系统（Armstrong's Axiom） 设 U 为属性集总体，F 是 U 上的一组函数依赖，于是有关系模式 $R<U,F>$，对 $R<U,F>$ 来说有以下的推理规则：

A1　自反律（Reflexivity Rule）：若 $Y \subseteq X \subseteq U$，则 $X \rightarrow Y$ 为 F 所蕴涵。

A2　增广律（Augmentation Rule）：若 $X \rightarrow Y$ 为 F 所蕴涵，且 $Z \subseteq U$，则 $XZ \rightarrow YZ$[①] 为 F 所蕴涵。

A3　传递律（Transitivity Rule）：若 $X \rightarrow Y$ 及 $Y \rightarrow Z$ 为 F 所蕴涵，则 $X \rightarrow Z$ 为 F 所蕴涵。

注意：由自反律所得到的函数依赖均是平凡的函数依赖，自反律的使用并不依赖于 F。

定理 6.1　Armstrong 推理规则是正确的。

下面从定义出发证明推理规则的正确性。

证

（1）设 $Y \subseteq X \subseteq U$。

对 $R<U,F>$ 的任一关系 r 中的任意两个元组 t、s：

若 $t[X]=s[X]$，由于 $Y \subseteq X$，有 $t[Y]=s[Y]$，

所以 $X \rightarrow Y$ 成立，自反律得证[②]。

（2）设 $X \rightarrow Y$ 为 F 所蕴涵，且 $Z \subseteq U$。

设 $R<U,F>$ 的任一关系 r 中任意的两个元组 t、s：

若 $t[XZ]=s[XZ]$，则有 $t[X]=s[X]$ 和 $t[Z]=s[Z]$；

由 $X \rightarrow Y$，于是有 $t[Y]=s[Y]$，所以 $t[YZ]=s[YZ]$，$XZ \rightarrow YZ$ 为 F 所蕴涵，增广律得证。

（3）设 $X \rightarrow Y$ 及 $Y \rightarrow Z$ 为 F 所蕴涵。

对 $R<U,F>$ 的任一关系 r 中的任意两个元组 t、s：

若 $t[X]=s[X]$，由于 $X \rightarrow Y$，有 $t[Y]=s[Y]$；

再由 $Y \rightarrow Z$，有 $t[Z]=s[Z]$，所以 $Y \rightarrow Z$ 为 F 所蕴涵，传递律得证。

根据 A_1、A_2、A_3 这三条推理规则可以得到下面三条很有用的推理规则。

- 合并规则（Union Rule）：由 $X \rightarrow Y$，$X \rightarrow Z$，有 $X \rightarrow YZ$；
- 伪传递规则（Pseudo Transitivity Rule）：由 $X \rightarrow Y$，$WY \rightarrow Z$，有 $XW \rightarrow Z$；
- 分解规则（Decomposition Rule）：由 $X \rightarrow Y$ 及 $Z \subseteq Y$，有 $X \rightarrow Z$。

根据合并规则和分解规则，很容易得到以下这样一个重要事实：

引理 6.1　$X \rightarrow A_1 A_2 \cdots A_k$ 成立的充分必要条件是 $X \rightarrow A_i$ 成立（$i=1,2,\cdots,k$）。

定义 6.13　在关系模式 $R<U,F>$ 中为 F 所逻辑蕴涵的函数依赖的全体叫作 F 的闭包（Closure），记为 F^+。

人们把自反律、传递律和增广律称为 Armstrong 公理系统。Armstrong 公理系统是有效的、完备的。Armstrong 公理的有效性指的是由 F 出发根据 Armstrong 公理推导出来的每一个函数依赖一定在 F^+ 中；完备性指的是 F^+ 中的每一个函数依赖，必定可以由 F 出发根据 Armstrong 公理推导出来。

要证明完备性，首先要解决如何判定一个函数依赖是否属于由 F 根据 Armstrong 公理推导出来的函数依赖的集合。当然，如果能求出这个集合，问题就解决了。但不幸的是，这是

---

① 为了简单起见，用 XZ 代表 $X \cup Z$，YZ 代表 $Y \cup Z$。

② $t[X]$ 表示元组 t 在属性（组）X 上的分量，等价于 $t.X$。

一个 NP 完全问题。例如，从 $F=\{X \to A_1, X \to A_2, \cdots, X \to A_n\}$ 出发，至少可以推导出 2^n 个不同的函数依赖。为此引入了下面的概念：

定义 6.14 设 F 为属性集 U 上的一组函数依赖，X、$Y \subseteq U$，$X_F^+ = \{A \mid X \to A$ 能由 F 根据 Armstrong 公理导出$\}$，X_F^+ 称为属性集 X 关于函数依赖集 F 的闭包。

由引理 6.1 容易得出引理 6.2。

引理 6.2 设 F 为属性集 U 上的一组函数依赖，X、$Y \subseteq U$，$X \to Y$ 能由 F 根据 Armstrong 公理导出的充分必要条件是 $Y \subseteq X_F^+$。

于是，判定 $X \to Y$ 是否能由 F 根据 Armstrong 公理导出的问题就转化为求出 X_F^+；判定 Y 是否为 X_F^+ 的子集的问题。这个问题由算法 6.1 解决了。

算法 6.1 求属性集 $X(X \subseteq U)$ 关于 U 上的函数依赖集 F 的闭包 X_F^+。

输入：X、F

输出：X_F^+

① 令 $X^{(0)} = X$，$i = 0$。

② 求 B，这里 $B = \{A \mid (\exists V)(\exists W)(V \to W \in F \land V \subseteq X^{(i)} \land A \in W)\}$。

③ $X^{(i+1)} = B \cup X^{(i)}$。

④ 判断 $X^{(i+1)} = X^{(i)}$。

⑤ 若 $X^{(i+1)}$ 与 $X^{(i)}$ 相等或 $X^{(i)} = U$，则 $X^{(i)}$ 就是 X_F^+，算法终止。

⑥ 若否，则 $i = i+1$，返回第②步。

例 6.12 已知关系模式 $R<U,F>$，其中

$U = \{A,B,C,D,E\}$，$F = \{AB \to C, B \to D, C \to E, EC \to B, AC \to B\}$。

求 $(AB)_F^+$。

解 由算法 6.1，设 $X^{(0)} = AB$。

计算 $X^{(1)}$：逐一扫描 F 集合中各个函数依赖，找左部为 A、B 或 AB 的函数依赖。得到两个：$AB \to C$，$B \to D$。于是 $X^{(1)} = AB \cup CD = ABCD$。

因为 $X^{(0)} \neq X^{(1)}$，所以再找出左部为 $ABCD$ 子集的那些函数依赖，又得到 $C \to E$，$AC \to B$，于是 $X^{(2)} = X^{(1)} \cup BE = ABCDE$。

因为 $X^{(2)}$ 已等于全部属性集合，所以 $(AB)_F^+ = ABCDE$。

对于算法 6.1，令 $a_i = |X^{(i)}|$，$\{a_i\}$ 形成一个步长大于 1 的严格递增的序列，序列的上界是 $|U|$，因此该算法最多 $|U|-|X|$ 次循环就会终止。

定理 6.2 Armstrong 公理系统是有效的、完备的。

Armstrong 公理系统的有效性可由定理 6.1 得到证明。这里给出完备性的证明。

证明完备性的逆否命题，即若函数依赖 $X \to Y$ 不能由 F 从 Armstrong 公理导出，那么它必然不为 F 所蕴涵，它的证明分三步。

(1) 若 $V \to W$ 成立，且 $V \subseteq (X)_F^+$，则 $W \subseteq (X)_F^+$。

证 因为 $V \subseteq (X)_F^+$，所以有 $X \to V$ 成立；于是 $X \to W$ 成立（因为 $X \to V$，$V \to W$），所以 $W \subseteq (X)_F^+$。

(2) 构造一张二维表 r，它由下列两个元组构成，可以证明 r 必是 $R<U, F>$ 的一个关

系，即 F 中的全部函数依赖在 r 上成立。

$$\overbrace{\begin{matrix}11\cdots\cdots\cdots 1\\ 11\cdots\cdots\cdots 1\end{matrix}}^{(X)_F^+} \quad \overbrace{\begin{matrix}00\cdots\cdots\cdots 1\\ 11\cdots\cdots\cdots 1\end{matrix}}^{U-(X)_F^+}$$

若 r 不是 $R<U,F>$ 的关系，则必由于 F 中有某一个函数依赖 $V\to W$ 在 r 上不成立所致。由 r 的构成可知，V 必定是 $(X)_F^+$ 的子集，而 W 不是 $(X)_F^+$ 的子集，可是由第（1）步，$W\subseteq (X)_F^+$，矛盾。所以 r 必是 $R<U,F>$ 的一个关系。

（3）若 $X\to Y$ 不能由 F 从 Armstrong 公理导出，则 Y 不是 $(X)_F^+$ 的子集，因此必有 Y 的子集 Y' 满足 $Y'\subseteq U-(X)_F^+$，则 $X\to Y$ 在 r 中不成立，即 $X\to Y$ 必不为 $R<U,F>$ 蕴涵。

Armstrong 公理的完备性及有效性说明了"导出"与"蕴涵"是两个完全等价的概念。于是 F^+ 也可以说成是由 F 出发借助 Armstrong 公理导出的函数依赖的集合。

从蕴涵（或导出）的概念出发，又引出了两个函数依赖集等价和最小依赖集的概念。

定义 6.15 如果 $F^+=G^+$，就说函数依赖集 F 覆盖 G（F 是 G 的覆盖，或 G 是 F 的覆盖），或 F 与 G 等价。

引理 6.3 $F^+=G^+$ 的充分必要条件是 $F^+\subseteq G^+$ 和 $G\subseteq F^+$。

证 必要性显然，只证充分性。

（1）若 $F\subseteq G^+$，则 $(X)_F^+\subseteq (X)_G^+$。

（2）任取 $X\to Y\in F^+$，则有 $Y\subseteq (X)_F^+\subseteq (X)_G^+$。

所以 $X\to Y\in (G^+)^+=G^+$。即 $F^+\subseteq G^+$。

（3）同理可证 $G^+\subseteq F^+$，所以 $F^+=G^+$。

而要判定 $F\subseteq G^+$，只需逐一对 F 中的函数依赖 $X\to Y$ 考查 Y 是否属于 $(X)_G^+$ 即可。因此引理 6.3 给出了判断两个函数依赖集等价的可行算法。

定义 6.16 如果函数依赖集 F 满足下列条件，则称 F 为一个极小函数依赖集，亦称为最小依赖集或最小覆盖（Minimal Cover）。

（1）F 中任一函数依赖的右部仅含有一个属性。

（2）F 中不存在这样的函数依赖 $X\to Z$，使 F 与 $F-\{X\to A\}$ 等价。

（3）F 中不存在这样的函数依赖 $X\to Z$，X 有真子集 Z 使 $F-\{X\to A\}\cup\{Z\to A\}$ 与 F 等价。

定义 6.16（3）的含义是对 F 中的每个函数依赖，它的左部要尽可能简化。

例 6.13 考查 6.1 节中的关系模式 $S<U,F>$，其中：

$$U=\{\text{Sno},\text{Sdept},\text{Mname},\text{Cno},\text{Grade}\},$$
$$F=\{\text{Sno}\to\text{Sdept},\text{Sdept}\to\text{Mname},(\text{Sno},\text{Cno})\to\text{Grade}\}$$

设 $F'=\{\text{Sno}\to\text{Sdept},\text{Sno}\to\text{Mname},\text{Sdept}\to\text{Mname},$
$(\text{Sno},\text{Cno})\to\text{Grade},(\text{Sno},\text{Sdept})\to\text{Sdept}\}$

根据定义 6.16 可以验证 F 是最小依赖集，而 F' 不是。因为 $F'-\{\text{Sno}\to\text{Mname}\}$ 与 F' 等价，$F'-\{(\text{Sno},\text{Sdept})\to\text{Sdept}\}$ 与 F' 等价。

定理 6.3 每一个函数依赖集 F 均等价于一个极小函数依赖集 F_m。此 F_m 称为 F 的最小依赖集。

证 这是一个构造性的证明,分三步对 F 进行"极小化处理",找出 F 的一个最小依赖集。

(1) 逐一检查 F 中各函数依赖 $FD_i:X\to Y$,若 $Y=A_1A_2\cdots A_k$,$k\geq 2$,则用 $\{X\to A_j|j=1,2,\cdots,k\}$ 来取代 $X\to Y$。

(2) 逐一检查 F 中各函数依赖 $FD_i:X\to A$,令 $G=F-\{X\to A\}$,若 $A\in X_G^+$,则从 F 中去掉此函数依赖(因为 F 与 G 等价的充要条件是 $A\in X_G^+$)。

(3) 逐一取出 F 中各函数依赖 $FD_i:X\to A$,设 $X=B_1B_2\cdots B_m$,$m\geq 2$,逐一考查 $B_i(i=1,2,\cdots,m)$,若 $A\in(X-B_i)_F^+$,则以 $X-B_i$ 取代 X(因为 F 与 $F-\{X\to A\}\cup\{Z\to A\}$ 等价的充要条件是 $A\in Z_F^+$,其中 $Z=X-B_i$)。

最后剩下的 F 就一定是极小依赖集,并且与原来的 F 等价。因为对 F 的每一次"改造"都保证了改造前后的两个函数依赖集等价。这些证明很显然,请读者自行补上。

应当指出,F 的最小依赖集 F_m 不一定是唯一的,它与对各函数依赖的 FD_i 及 $X\to A$ 中 X 各属性的处置顺序有关。

例 6.14 $F=\{A\to B,B\to A,B\to C,A\to C,C\to A\}$
$F_{m1}=\{A\to B,B\to C,C\to A\}$
$F_{m2}=\{A\to B,B\to A,A\to C,C\to A\}$

这里给出了 F 的两个最小依赖集 F_{m1}、F_{m2}。

若改造后的 F 与原来的 F 相同,说明 F 本身就是一个最小依赖集,因此定理 6.3 的证明给出的极小化过程也可以看成是检验 F 是否为极小依赖集的一个算法。

两个关系模式 $R_1<U,F>$、$R_2<U,G>$,如果 F 与 G 等价,那么 R_1 的关系一定是 R_2 的关系;反过来,R_2 的关系也一定是 R_1 的关系。所以在 $R<U,F>$ 中用与 F 等价的依赖集 G 来取代 F 是允许的。

6.4 小 结

本章在函数依赖、多值依赖的范畴内讨论了关系模式的规范化,其基本思想如图 6-8 所示。

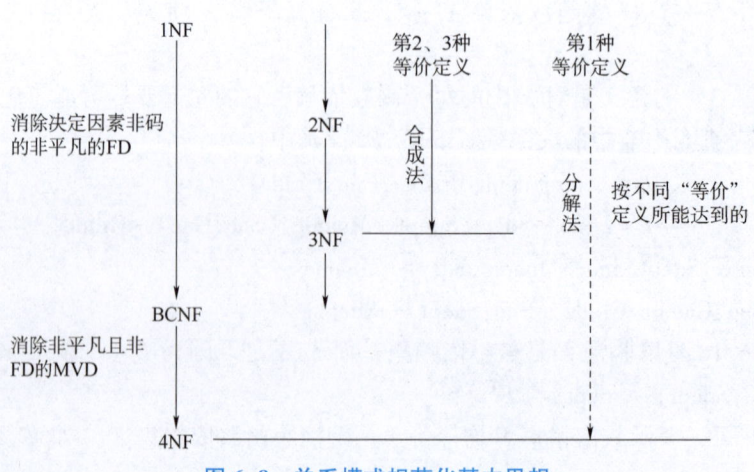

图 6-8 关系模式规范化基本思想

在整个讨论过程中，只采用了两种关系运算——投影和自然连接，并且总是从一个关系模式出发，而不是从一组关系模式出发实行分解。"等价"的定义也是一组关系模式与一个关系模式的"等价"。这就是说，在开始讨论问题时事实上已经假设了存在一个单一的关系模式，这就是泛关系（Universal Relation）假设。

本章一开始就指出这是研究模式设计的一种特殊情况："假设已知一个模式 S_0，它仅由单个关系模式组成，问题是要设计一个模式 SD，它与 S_0 等价，但在某些方面更好一些。"

泛关系假设是运用规范化理论时的障碍，因为承认了泛关系假设就等于承认了现实世界各实体间只能有一种联系，而这常常是办不到的。比如工人与机器之间就可以存在"使用""维护"等多种联系。对此人们提出了一些办法，希望解决这个矛盾。例如，建立一个不受泛关系假设限制的理论，或者采用某些手段使现实世界向信息世界转换时适合于泛关系的要求。

最后应当强调的是，规范化理论为数据库设计提供了理论的指南和工具，但仅仅是指南和工具。并不是规范化程度越高模式就越好，必须结合应用环境和现实世界的具体情况合理地选择数据库模式。

习题 6

1. 理解并给出下列术语的定义。

函数依赖、部分函数依赖、完全函数依赖、传递依赖、候选码、超码、主码、外码、全码（All-key）、1NF、2NF、3NF、BCNF、多值依赖、4NF。

2. 建立一个关于系、学生、班级、学会等诸信息的关系数据库。

描述学生的属性有：学号、姓名、出生日期、系名、班号、宿舍区；

描述班级的属性有：班号、专业名、系名、人数、入校年份；

描述系的属性有：系名、系号、系办公室地点、人数；

描述学会的属性有：学会名、成立年份、地点、人数。

有关语义如下：一个系有若干专业，每个专业每年只招一个班，每个班有若干学生。一个系的学生住在同一宿舍区。每个学生可参加若干学会，每个学会有若干学生。学生参加某学会有一个入会年份。

请给出关系模式，写出每个关系模式的极小函数依赖集，指出是否存在传递函数依赖，对函数依赖左部是多属性的情况，讨论函数依赖是完全函数依赖还是部分函数依赖。

指出各关系的候选码、外部码，并说明是否全码存在。

3. 有关系模式 $R(A,B,C,D,E)$，回答下面各个问题：

（1）若 A 是 R 的候选码，具有函数依赖 $BC \rightarrow DE$，那么在什么条件下 R 是 BCNF？

（2）如果存在函数依赖 $A \rightarrow B$，$BC \rightarrow D$，$DE \rightarrow A$，列出 R 的所有码。

（3）如果存在函数依赖 $A \rightarrow B$，$BC \rightarrow D$，$DE \rightarrow A$，R 属于 3NF 还是 BCNF。

4. 下面结论哪些是正确的？哪些是错误的？如果是错误的，请给出一个反例说明之。

（1）任何一个二元关系模式都属于 3NF。

（2）任何一个二元关系模式都属于 BCNF。

（3）关系模式 $R(A,B,C)$ 中如果有 $A \to B$，$B \to C$，则有 $A \to C$。

（4）关系模式 $R(A,B,C)$ 中如果有 $A \to B$，$A \to C$，则有 $A \to BC$。

（5）关系模式 $R(A,B,C)$ 中如果有 $B \to A$，$C \to A$，则有 $BC \to A$。

（6）关系模式 $R(A,B,C)$ 中如果有 $BC \to A$，则有 $B \to A$ 和 $C \to A$。

5. 证明：一个属于 3NF 的关系模式也一定属于 2NF。

6. 证明：一个属于 BCNF 的关系模式也一定属于 3NF。

第 7 章

数据库保护技术

数据库是重要的可共享数据资源，必须加以保护。数据库系统中的数据是由数据库管理系统统一管理和控制的。数据库管理系统必须保证数据库中的数据安全可靠和正确有效。为此，数据库管理系统提供了一系列功能用以实施数据库保护，包括：安全性控制、完整性控制、并发控制以及备份和恢复等。

7.1 数据库的安全性

数据库的安全性是指保护数据库，防止不合法的使用造成的数据泄密、更改或破坏。

安全性问题不是数据库系统所独有的，所有的计算机系统都有这个问题，只是在数据库系统中大量数据集中存放，而且为许多用户直接共享，从而使安全性问题尤为突出。安全保护措施是否有效是衡量数据库系统的主要性能指标之一。

在计算机系统中，安全措施是层层设置的，图 7-1 是常见的计算机系统安全模型。当用户进入计算机系统时，系统首先根据用户的标识进行鉴定，只允许合法的用户登录。对已登录系统的合法用户，DBMS 还要进行存取控制，只允许用户执行合法操作；操作系统也会提供相应的保护措施；数据最后还可以以密码形式存储在数据库中。

用户	→	DBMS	→	OS	→	DB
用户标识与鉴别能力		数据库用户存取权限控制/数据库管理系统		操作系统安全保护		数据加密存储

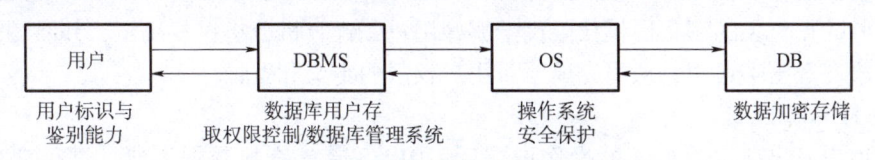

图 7-1 计算机系统的安全模型

有关操作系统的安全保护措施可参考有关操作系统的书籍，这里不再详述。这里只讨论与数据库有关的用户标识和鉴别、存取控制、视图机制和密码存储等安全技术。现有的数据技术一般都涉及这些技术，以保证数据库的安全，防止未经许可的人员窃取、篡改或破坏数据库的内容。

7.1.1 用户标识与鉴别

用户标识和鉴别是 DBMS 提供的最外层保护措施。用户每次登录数据库时都要输入用户标识，DBMS 进行核对后，合法的用户获得进入系统最外层的权限。用户标识和鉴别的方法很多，常用的方法有以下几种。

1）用户标识

用一个用户标识（User ID）或用户名（User Name）来标明用户在计算机系统中或 DBMS 中的身份。一般不允许用户自行修改用户名。用户登录时，系统对输入的用户名与合法用户名对照，鉴别此用户是否为合法用户。若是，则可以进入下一步的核实；否则，不能使用系统。

2）口令（Password）认证

用户登录时，用户标识或用户名往往是公开的，不足以成为用户鉴别的凭证，为了进一步核实用户，系统通常要求用户输入用户标识和口令以进行用户真伪的鉴别。为保密起见，口令由合法用户自己定义并可以随时变更。为防止口令被人窃取，用户在终端上输入口令时，口令的内容是不显示的，在屏幕上用特定字符（用"＊"或"·"的较为常见）替代。

采用用户标识和口令的方法来鉴定用户身份的方法简单易行，但容易被别人窃取或破解。还可以采用更加复杂的方法，比如密码可以与系统时间相联系，使其随时间的变化而变化；或者采用签名、指纹等用户个人特征鉴别等。此外，还可以重复多次进行用户标识和鉴别。

7.1.2 存取控制

通过了用户标识和鉴别的用户不一定具有数据库的使用权。DBMS 还要进一步对用户进行识别和鉴定，以拒绝没有数据库使用权的用户（非法用户）对数据库进行存取操作。DBMS 的存取控制机制是数据库安全的一个重要保证，它确保每个用户只能访问他有权存取的数据并进行权限范围内的操作，同时令所有未被授权的用户无法接近数据。

存取控制机制主要包括以下两部分。

1. 定义用户存取权限

用户存取权限是指不同用户对不同的数据对象能够进行的操作权限。定义用户的存取权限称为授权，为此，DBMS 提供有关定义用户权限的语言，该语言称为数据控制语言 DCL。具有授权资格的用户使用 DCL 描述授权决定，并把授权决定告知计算机。授权决定描述中包括将哪些数据对象的哪些操作权限授予哪些用户，计算机分析授权决定，并将编译后的授权决定存放在数据字典中，从而完成了对用户权限的定义和登记。

2. 进行权限检查

每当用户发出存取数据库的操作请求后，DBMS 首先查找数据字典，进行合法权限检查。如果用户的操作请求没有超出其数据操作权限，则准予执行其数据操作；否则，DBMS 将拒绝执行此操作。

当前 DBMS 一般采用以下两种访问控制策略。

（1）自主存取控制（DAC）。

自主存取控制是目前数据库中使用最普遍的访问手段。用户可以按照自己的意愿对系统的参数做适当调整，以决定哪些用户可以访问他们的资源，即一个用户可以有选择地与其他用户共享他的资源。

在自主存取控制方法中，用户对不同的数据对象可以有不同的存取权限，不同的用户对同一数据对象的存取权限也可以各不相同，用户还可以将自己拥有的存取权限转授给其他用户。所以自主存取控制方法非常灵活。

一般情况下，大型数据库管理系统几乎都支持自主存取控制方法，目前，SQL 标准主要通过 GRANT 语句和 REVOKE 语句来实现。用户权限主要由数据对象和操作类型两个要素组成。定义一个用户的存取权限就是定义这个用户可以在哪些数据对象上进行哪些类型的操作。

在关系数据库系统中，DBA 可以把建立和修改基本表的权限授予用户，用户获得此权限后可以建立和修改基本表，还可以创建所建表的索引和视图。因此，在关系数据库系统中，存取控制的数据对象不仅包括数据本身（如表、属性列等），还有模式、外模式、内模式等数据字典中的内容。

（2）强制存取控制（MAC）。

自主存取控制能够通过授权机制有效地控制用户对敏感数据的存取，但是也存在一定的漏洞。一些别有用心的用户可以欺骗一个授权用户，采用一定的手段来获取敏感数据。例如，某一管理者 Manager 是客户单 Customer 关系的物主，他将"读"权限授予用户 A，且 A 不能再将该权限转授他人，其目的是让 A 审查客户信息，看是否错误。而 A 却另外创建了一个新的关系 A_Customer，然后将自 Customer 读取的数据复制到 A_Customer。这样，A 是 A_Customer 的拥有者，他可以做任何事情，包括再将其授权给任何其他用户。

存在这种漏洞的根源在于，自主存取控制机制仅以授权将用户与被存取数据对象关联，通过控制权限实现安全要求，对用户和数据对象本身未做任何安全性标注，强制存取控制就能处理自主存取控制的这种漏洞。

在强制存取控制方法中，每个数据对象（文件、记录或字段）被标以一定的密级，级别从高到低为绝密级（Top Secret, TS）、机密级（Secret, S）、可信级（Confidential, C）、公用级（Public, P）。每个用户也被授予某一个级别的许可证。密级和许可证级别都是严格有序的，例如，绝密>机密>可信>公用。

系统运行时，采用以下两条简单规则：
① 用户只能查看比它级别低或同级的数据对象。
② 用户只能修改和它同级别的数据对象。

强制存取控制是对数据本身进行密级标记，无论数据如何复制，标记与数据都是一个不可分的整体，只有符合密级标记要求的用户才可以操纵数据，从而提供更高级别的安全性。

较高安全性级别提供的安全保护要包含较低级别的所有保护，因此在实现 MAC 时要首先实现 DAC，即 DAC 与 MAC 共同构成 DBMS 的安全机制。系统首先进行 DAC 检查，对通过 DAC 检查的允许存取的数据对象再由系统自动进行 MAC 检查，只有通过 MAC 检查的数据对象才可存取。

7.1.3 视图机制

视图（View）是关系数据库系统提供给用户以多种角度观察数据库中数据的重要机制。视图是从一个或多个表导出的表，与基本表不同，视图是一个虚表。数据库中只存储视图的定义，不存放视图对应的数据，这些数据存放在原来的基本表中。所以，基本表中的数据发生变化，从视图中查询出的数据也就随之改变了。

1. 创建视图

视图在数据库中是作为一个对象进行存储的。用户创建视图时，要保证自己已被数据库所有者授权。在 MySQL 中可以使用 CREATE VIEW 语句，并且有权操作视图所涉及的表或其他视图，其语法格式如下：

```
CREATE[OR REPLACE]VIEW <视图名> [(列名[,列名]……)]
AS SELECT 语句
[WITH CHECK OPTION];
```

说明：

（1）OR REPLACE：如果所创建的视图已经存在，MySQL 会重建这个视图。

（2）列名：为视图的列定义明确的名称，列名由逗号隔开。列名数目必须等于 SELECT 语句检索的列数。若使用与源表或视图中相同的列名则可以省略列名。

（3）SELECT 语句：用来创建视图的 SELECT 语句。

（4）WITH CHECK OPTION：所插入或修改的数据行必须满足视图所定义的约束条件。

对 SELECT 语句有以下的限制：

（1）定义视图的用户必须对所参照的表或其他视图有查询（即可执行 SELECT 语句）权限；

（2）不能包含 FROM 子句中的子查询；

（3）在定义中引用的表或视图必须存在；

（4）若引用的不是当前数据库的表或视图，要在表或视图前加上数据库的名称；

（5）在视图定义中允许使用 ORDER BY，但是如果从特定视图进行了选择，而该视图使用了具有自己 ORDER BY 的语句，则视图定义中的 ORDER BY 将被忽略。

例 7.1 创建 01 号部门的学生信息视图 MA_S，包含学生的学号、姓名、性别和班级信息。

```
CREATE VIEW MA_S
AS
SELECT sno,sname,sex,class
FROM S
WHERE dno='01';
```

（1）视图可以建立在多个表上。

例 7.2 创建计信学院各学生的成绩视图，包含学号、其选修的课程号及成绩信息。

```
CREATE OR REPLACE VIEW CS_KC
AS
SELECT s. sno,cno,score
FROM S,SC,D
WHERE S. sno=SC. sno AND S. dno=D. dno AND dname='计信学院';
```

（2）视图可以建立在其他的视图上。

例 7.3 创建计信学院学生的平均成绩视图 CS_KC_AVG，包括学号（在视图中列名为 num）和平均成绩（在视图中列名为 score_avg）。

```
CREATE VIEW CS_KC_AVG(num, score_avg)
AS
SELECT sno,AVG(score)
FROM CS_KC
GROUP BYsno;
```

定义基本表后，为了减少数据库中的冗余数据，表中只存放基本数据，由基本数据经过各种计算派生出的数据一般是不存储的。由于视图中的数据并不实际存储，所以定义视图时可以根据应用的需求，设置一些派生属性列。这些派生属性由于在基本表中并不实际存在，所以有时也称它们为虚拟列。带虚拟列的视图称为带表达式的视图。

例 7.4 定义一个反映学生年龄的视图。

```
CREATE VIEW BT_S(sno,sname,age)
AS
SELECT sno,sname,YEAR(now())- YEAR (birthday) AS age
FROM S
```

2. 修改视图

在 MySQL 中可以通过 CREATE OR REPLACE VIEW 语句和 ALTER 语句来修改视图。CREATE OR REPLACE VIEW 是用来创建视图的语句，可以将原来同名的视图覆盖掉。

例 7.5 修改例 7.1 建立的视图 MA_S，增加约束条件检查。

```
CREATE OR REPLACE VIEW MA_S
AS
SELECT sno,sname, sex,class
FROM S
WHERE dno='01'
WITH CHECK OPTION;
```

使用 ALTER VIEW 语句是 MySQL 提供的另外一种修改视图的方法，其语句格式如下：

```
ALTER VIEW <视图名> [(列名[,列名]……)]
AS SELECT 语句
[WITH CHECK OPTION];
```

例 7.6 修改例 7.1 建立的视图 MA_S，增加约束条件检查。

```
ALTER VIEW MA_S
AS
SELECT sno,sname, sex,class,dno
FROM S
WHERE dno='01'
WITH CHECK OPTION;
```

3. 删除视图

在 MySQL 中可以通过 DROP VIEW 语句来删除视图。删除视图对创建该视图的基本表或视图没有任何影响。其格式如下：

```
DROP VIEW [IF EXISTS] 视图名 1[,视图名 2……]
```

其中，若语句中声明了 IF EXISTS，若视图不存在的话，也不会出现错误信息。使用 DROP VIEW 一次可以删除多个视图。

例 7.7　删除已创建的视图 BT_S。

```
DROP VIEW BT_S;
```

4. 查询视图

视图定义后，就可以如同查询基本表那样对视图进行查询。DBMS 执行对视图的查询时，先进行有效性检查，检查查询涉及的表、视图等是否在数据库中存在，如果存在，则从数据字典中取出查询涉及的视图的定义，把定义中的子查询和用户对视图的查询结合起来，转换成对基本表的查询，然后再执行这个经过修正的查询。将对视图的查询转换成对基本表的查询的过程称为视图的消解（View Resolution）。

例 7.8　查找计信学院选修了 C50101 这门课程的学生的学号和成绩。

```
SELECT sno,score
FROM CS_KC
WHERE cno='C50101';
```

DBMS 执行此查询时，将其与 CS_KC 视图定义中的子查询结合起来，转换成对基本表的查询，消解后的查询语句为：

```
SELECT s.sno, score
FROM S,SC,D
WHERE S.sno=SC.sno AND S.dno=D.dno AND dname= '计信学院' AND cno='C50101';
```

例 7.9　查找计信学院平均分在 85 分以上的学生的学号和平均成绩。

```
SELECT NUM,SCORE_AVG
FROM CS_KC_AVG
WHERE SCORE_AVG>=85;
```

从以上两例可以看出，创建视图可以向最终用户隐藏复杂的表连接，从而简化用户的 SQL 程序设计。

5. 更新视图

更新视图包括插入（INSERT）、删除（DELETE）和修改（UPDATE）三类操作。

由于视图是一个虚表，所以更新视图数据也就等于更新与其关联的基本表的数据。像查询视图一样，对视图的更新操作也是通过视图消解，转换为对基本表的更新操作。

为了防止用户通过视图对数据进行增加、删除和修改时，有意无意地对不属于视图范围内的基本表进行操作，可在定义视图时加上 WITH CHECK OPTION 子句。这样在视图上更新数据时，DBMS 会检查视图定义中的条件，若不满足条件，则拒绝执行该操作。

例 7.10　将 01 号部门学生信息视图 MA_S 中学号为 2001004 的学生姓名改为"李冰"。

```
UPDATE MA_S
SET sname='李冰'
WHERE sno='2001004';
```

转换后的更新语句为：

```
UPDATE S
SET sname='李冰'
WHERE sno='2001004' AND dno='01';
```

例 7.11 向 01 号部门学生信息视图 MA_S 中插入一个新的学生记录，其中学号为 190111，姓名为赵新，籍贯为广西。

```
INSERT
INTO MA_S
VALUES('190111','赵新','男','广西','01');
```

转换为对基本表的更新：

```
INSERT
INTO S(sno,sname,sex,class,dno)
VALUES('190111','赵新', '男','广西','01');
```

例 7.12 删除 01 号部门学生信息视图 MA_S 中学号为 2001007 的记录。

```
DELETE
FROM MA_S
WHERE sno='2001007';
```

转换为对基本表的更新：

```
DELETE
FROM S
WHERE sno='2001007' AND dno='01';
```

但在关系数据库中，并不是所有的视图都可以更新，只有对满足可更新条件的视图才能进行更新。更新视图时要特别小心，这可能导致不可预期的结果。

到底什么样的视图是可更新的？若一个视图是从单个基本表导出的，并且只是去掉了某些行和列（不包括关键字），如视图 MA_S，称这类视图为行列子集视图。目前，关系数据库系统只提供对行列子集视图的更新，并且有以下限制。

（1）若视图的属性来自属性表达式或常数，则不允许对视图执行 INSERT 和 UPDATE 操作，但允许执行 DELETE 操作。

（2）若视图的属性来自库函数，则不允许对此视图更新。

（3）若视图的定义中有 GROUP BY 子句，则不允许对此视图更新。

（4）若视图定义中有 DISTINCT 选项，则不允许对此视图更新。

（5）若视图定义中有嵌套查询，并且嵌套查询的 FROM 子句涉及导出该视图的基本表，则不允许对此视图更新。

（6）若视图由两个以上的基本表导出，则不允许对此视图更新。

（7）如果在一个不允许更新的视图上再定义一个视图，这种二次视图是不允许更新的。

视图在概念上与基本表等同，视图一经定义，就可以像表一样被查询、修改、删除和更新。这样就可以在设计数据库应用系统时对不同的用户定义不同的视图，使要保密的数据对无权存取的用户隐藏起来，这样视图机制就自动提供了对机密数据的安全保护功能。

例如，假定李平老师具有检索和增/删/改 C50101 课程成绩信息的所有权限，学生王明只能检索该科所有同学成绩的信息。那么可以先建立"C50101"这门课程的成绩的视图 C50101_score，然后在视图上进一步定义存取权限。

（1）建立视图 C50101_score。

```
CREATE VIEW C50101_score
  AS   SELECT  *
       FROM SC
       WHERE cno='C50101';
```

（2）为用户授予操作视图的权限。

```
GRANT SELECT ON C50101_score TO 王明;
GRANT ALL PRIVILEGES ONC50101_score TO 李平;
```

7.1.4 审计方法

审计功能就是把用户对数据库的所有操作自动记录下来放入审计日志（Audit Log）中，一旦发生数据被非法存取，DBA 可以利用审计跟踪的信息，重现导致数据库现有状况的一系列事件，找出非法存取数据的人、时间和内容等。由于任何系统的安全保护措施都不可能无懈可击，蓄意盗窃、破坏数据的人总是想方设法打破控制，因此审计功能在维护数据安全、打击犯罪方面是非常有效的。

审计通常是很费时间和空间的，所以 DBMS 往往将其作为可选的、允许 DBA 和数据的拥有者根据应用对安全性的要求，灵活打开或关闭审计功能。数据库审计对可能会被多个事务和用户更新的敏感性数据库是非常重要的。一般用于安全性要求较高的部门。

7.1.5 数据加密

对高度敏感数据（例如，财务、军事、国家机密等数据），除以上安全性措施外，还应该采用数据加密技术。数据加密是防止数据在存储和传输中失密的有效手段。加密的基本思想是根据一定的算法将原始数据（称为明文）变换为不可直接识别的格式（称为密文），从而使不知道解密算法的人无法获得数据的内容。如今的加密技术已经比较成熟了，有关密钥加密和密钥管理等问题请参考有关书籍。

由于数据加密和解密是比较费时的操作，而且数据加密与解密程序会占用大量的系统资源，增加了系统的开销，降低了数据库的性能。因此，在一般数据库系统中，数据加密作为可选的功能，允许用户自由选择，只有对那些保密要求特别高的数据，才值得采用此方法。

7.2 数据库的完整性

数据库的完整性（Database Integrity）是指数据库中数据在逻辑上的一致性、正确性、有效性和相容性，是为了防止数据库中存在不符合语义的数据，防止错误信息的输入和输出。例如，学生的学号应该是唯一的；学生的成绩是整数，取值范围为 0~100 分；学生的性别只能是男或女；学生的专业必须是学校所开设的专业等。当一个用户向数据库插入或修改一个学生数据时，必须满足这些条件。这些条件称为完整性约束条件。数据库完整性由各种各样的完整性约束来保证，因此可以说数据库完整性设计就是数据库完整性约束的设计。

为了实现数据库的完整性，DBMS 必须能够提供表达完整性约束的方法，以及实现完整性的控制机制。

我们在第 2 章已经讲解了关系数据库四类完整性约束的基本概念，下面讲解 MySQL 8.0 中完整性约束的设计方法。

7.2.1　MySQL 提供的约束

1. 主码（PRIMARY KEY）约束

主码约束主要是针对主码，以保证实体完整性。对单属性的码有两种说明方法，一种是定义列级约束条件，另一种是定义表级约束条件。对多属性构成的码只有一种说明方法，即定义表级约束条件。

例 7.13　将 S 表中的 sno 属性定义为主码。

```
CREATE TABLE S
    (Sno CHAR(7) PRIMARY KEY,        /*在列级定义主码*/
    Sname VARCHAR(8) NOT NULL,
    sex CHAR(2),
    birthday DATE,
    class VARCHAR(20),
    dno char(2));
```

或者

```
CREATE TABLE S
    (Sno CHAR(7),
    Sname VARCHAR(8) NOT NULL,
    sex CHAR(2),
    birthday DATE,
    class VARCHAR(20),
    dno char(2),
    PRIMARY KEY(sno));               /*在表级定义主码*/
```

例 7.14　将 sc 表中的 sno，cno 属性组定义为主码。

```
CREATE TABLE sc
    (sno CHAR(7),
    cno CHAR(6),
    grade smallint,
    PRIMARY KEY(sno,cno));
```

用 PRIMARY KEY 短语定义了关系的主码后，当用户对基本表插入一条记录或对主码列进行更新操作时，DBMS 将按照实体完整性规则自动进行检查，以保证实体完整性。包括：

（1）检查主码值是否唯一，如果不唯一则拒绝插入或修改。

（2）检查主码的各个属性是否为空，只要有一个为空就拒绝插入或修改。

2. 外码（FOREIGN KEY）约束

外码约束主要是针对外码，以保证参照完整性。在 CREATE TABLE 中用 FOREIGN KEY 短语定义哪些列为外码，用 FERERENCES 短语指明这些外码参照哪些表的主码。外码约束涉及两个表，即参照表和被参照表。参照表是指外码所在的表，被参照表是指外码在另一张表中作为主码的表。

外码约束要求：外码的取值只能为被参照表中引用字段的值或 NULL 值。

例 7.15 定义 SC 中的参照完整性。

```
CREATE TABLESC
    (sno CHAR(7),
    cno CHAR(6) NOT NULL,
    grade smallint,
    PRIMARY KEY(sno,cno),                /*在表级定义实体完整性*/
    FOREIGN KEY(sno) REFERENCESS(sno),   /*在表级定义参照完整性*/
    FOREIGN KEY(cno) REFERENCESC(cno)    /*在表级定义参照完整性*/
    );
```

关系 sc 中，（sno,cno）是主码。sno 是外码，参照引用 S 表的主码 sno；cno 是外码，参照引用 C 表的主码 cno；sc 表是参照表，S 表和 C 表都是被参照表。

当对被参照表的主码进行 INSERT、DELETE、UPDATE 操作，会对参照表有什么影响呢？

（1）插入（INSERT）。

对被参照表的主码的插入，不会影响参照表中的外码值。

（2）修改（UPDATE）。

如果参照表中的外码值与被参照表中的主键值一样的话，被参照表中主码值的修改会影响参照表中的外码值。

（3）删除（DELETE）。

被参照表中主码值的删除，可能会对参照表中的外码值产生影响，除非被参照表中的主码值没有在参照表中的外码值中出现。

当对参照表的外码进行删除操作时，对参照完整性有什么影响呢？

（1）插入（INSERT）。

插入参照表的外码值时，要求插入的外码值应"参照"（REFERENCE）被参照表中的主码值或者是 NULL 值。

（2）修改（UPDATE）。

修改参照表的外码值时，要求修改的外码值应"参照"主表中的主码值或者是 NULL 值。

（3）删除（DELETE）。

参照表中元组的删除，不影响参照完整性，不需要参照被参照表中的主码值。

为了实现表间数据完整性的维护，可有以下两种方式。

（1）利用外码约束定义，即在表上定义外码约束，来完成参照表和被参照表间的数据完整性。

（2）利用触发器完成两表间数据完整性的维护，即参照表的触发器维护参照表到被参照表方向的数据完整性，而被参照表的触发器维护被参照表到参照表方向的参照完整性。

3. 用户定义的完整性约束

第 2 章已经讲解了什么是用户定义的完整性。用户定义完整性就是针对某一具体应用的数据必须满足的语义要求。

在 CREATE TABLE 中定义属性的同时，可以根据应用要求，定义属性上的约束条件，包括：

- 列值非空（NOT NULL 短语）。
- 列值唯一（UNIQUE 短语）。
- 默认值约束（DEFAULT 短语）。

（1）列值非空约束。

例 7.16 在定义 S 表时，说明 sname 属性不能取空值。

```
CREATE TABLE S
    (sno CHAR(7) PRIMARY KEY,        /*在列级定义主码*/
    sname VARCHAR(8) NOT NULL,       /*sname 属性不能取空值*/
    sex CHAR(2),
    birthday DATE,
    class VARCHAR(20),
    dno char(2));
```

（2）列值唯一。

例 7.17 建立部门表 D，要求部门名称 dname 列值唯一，部门编号 dno 为主码。

```
CREATE TABLE D
    (dno CHAR(2),
    dname VARCHAR(10) UNIQUE ,
    address VARCHAR(255),
    tel CHAR(11),
    PRIMARY KEY(dno));
```

（3）默认值约束。

例 7.18 定义 SC 表的 grade 列默认值为 0。

```
CREATE TABLE SC
    (sno CHAR(7) ,
    cno CHAR(6) NOT NULL,
    grade smallint DEFAULT 0,        /* grade 列默认值为 0 */
    PRIMARY KEY(sno,cno),
    FOREIGN KEY(sno) REFERENCESS(sno),
    FOREIGN KEY(cno) REFERENCESC(cno)
    );
```

7.2.2 存储过程

存储过程是存储在数据库服务器中的一组编译成单个执行计划的 SQL 语句，使用时只要调用即可。当想要在不同的应用程序或平台上执行相同的函数，或者封装特定功能时，存储过程是非常有用的。

使用存储过程有以下优点：

- 由于存储过程不像解释执行的 SQL 语句那样在提出操作请求时才进行语法分析和优化工作，所以运行效率高，它提供了在服务器端快速执行 SQL 语句的有效途径。
- 存储过程降低了客户机和服务器之间的通信量。客户机上的应用程序只要通过网络向服务器发出存储过程的名字和参数，就可以让 DBMS 执行许多条的 SQL 语句，并执行数据处理。只有最终处理结果才返回客户端。
- 方便实施企业规则。可以把企业规则的运算程序写成存储过程放入数据库服务器中，由 DBMS 管理，既有利于集中控制，又能够方便地进行维护。当用户规则发生变化时只要修改存储过程，无须修改其他应用程序。

用户可以通过下面的 SQL 语句创建、执行和删除存储过程。

1. 创建存储过程

创建存储过程的语句格式如下：

```
CREATE PROCEDURE 过程名([[IN | OUT | INOUT] 参数名 数据类型[,[IN | OUT | INOUT] 参数名 数据类型…]]) [特性… ]   /*存储过程首部*/
    过程体；   /*存储过程体,描述该存储过程的操作*/
```

参数说明如下：

存储过程包括过程首部和过程体。

① 过程名：数据库服务器合法的对象标识。

② 参数：用名字来标识调用时给出的参数值，必须指定值的数据类型。存储过程的参数也可以定义输入参数 IN、输出参数 OUT 或输入/输出参数 INOUT。默认为输入参数，括号不能省略。

- IN：参数的值必须在调用存储过程时指定，在存储过程中修改该参数的值不能被返回，为默认值。
- OUT：该值可在存储过程内部被改变，并可返回。
- INOUT：调用时指定，并且可被改变和返回。

③ 过程体：包含了在过程调用时必须执行的语句，过程体的开始与结束可使用 BEGIN 与 END 进行标识。

（1）简单的存储过程。

存储过程不使用任何参数。

例 7.19 创建一个存储过程，用于查询课程号为 c50101 的学生的成绩。

```
CREATE PROCEDURE c50101_score()
BEGIN
SELECT  *
FROM SC
WHERE cno='c50101';
END
```

（2）带输入参数的存储过程。

例7.20 创建一个存储过程，其实现的功能是根据某学生的学号返回学生的姓名、所学课程的课程名和成绩。

```
CREATE PROCEDURE SCG_NAME
  (s_number CHAR(7))
    BEGIN
    SELECT sname,cname,score
    FROM s,sc,c
    WHERE s. sno=sc. sno AND sc. cno=c. cno AND s. sno=s_number;
    END
```

（3）带输出参数的存储过程。

OUT 用于指明参数为输出参数。

例7.21 创建一个存储过程 PV_SCORE，输入一个学生的学号，输出该学生所有选修课程的平均成绩。

```
CREATE PROCEDURE PV_SCORE
  (s_number CHAR(7),OUT s_avg FLOAT)
    BEGIN
    SELECT AVG(SCORE) INTO s_avg
    FROM S,SC
    WHERE S. sno=SC. sno  AND S. sno=s_number;
    END
```

2. 执行存储过程

存储过程创建成功后，存储在数据库中。在 MySQL 中可以用 CALL 命令来直接执行存储过程。

执行存储过程的语句格式为：
CALL 存储过程名([参数列表])

注意：存储过程名称后面必须加括号，即使该存储过程没有参数传递。

例7.22 调用存储过程 c50101_score。

```
CALL c50101_score();
```

例7.23 调用存储过程 SCG_NAME。

```
CALL scg_name('2001001');
```

例7.24 调用存储过程 PV_SCORE。

```
CALL PV_SCORE('2001002',@s_avg);
SELECT @s_avg;
```

3. 删除存储过程

若某个存储过程不再使用，可以删除该存储过程，其语句格式为：

DROP PROCEDURE [过程1[,过程2…]];

语句的作用是删除一个或多个存储过程。

例如，删除存储过程 PV_SCORE。

```
DROP PROCEDURE PV_SCORE;
```

7.2.3 触发器

触发器（Trigger）是用户定义在基本表上的一类由事件驱动的特殊过程。一旦定义，任何用户对表的增、删、改操作均由服务器自动激活相应的触发器，并执行触发器中定义的语句集合。触发器的这种特性可以协助应用在数据库端实现更为复杂的数据完整性。

1. 定义触发器

可以使用 CREATE TRIGGER 语句创建触发器。语法格式如下：

```
CREATE TRIGGER <触发器名> <BEFORE | AFTER> <INSERT | UPDATE | DELETE>
ON <表名> FOR EACH ROW <触发器主体>;
```

语法说明如下：

（1）触发器名。

触发器名即触发器的名称。触发器在当前数据库中必须具有唯一的名称。如果要在某个特定数据库中创建，名称前面应该加上数据库的名称。

（2）INSERT | UPDATE | DELETE。

触发事件，用于指定激活触发器的语句的种类。

> **注意**：三种触发器的执行时间如下。

INSERT：将新行插入表时激活触发器。例如，INSERT 的 BEFORE 触发器不仅能被 MySQL 的 INSERT 语句激活，也能被 LOAD DATA 语句激活。

DELETE：从表中删除某一行数据时激活触发器，例如 DELETE 和 REPLACE 语句。

UPDATE：更改表中某一行数据时激活触发器，例如 UPDATE 语句。

（3）BEFORE | AFTER。

BEFORE 和 AFTER，触发器被触发的时刻，表示触发器是在激活它的语句之前或之后触发。若希望验证新数据是否满足条件，则使用 BEFORE 选项；若希望在激活触发器的语句执行之后完成几个或更多的改变，则通常使用 AFTER 选项。

（4）表名。

表名即与触发器相关联的表名，此表必须是永久性表，不能将触发器与临时表或视图关联起来。在该表上触发事件发生时才会激活触发器。同一个表不能拥有两个具有相同触发时刻和事件的触发器。例如，对一张数据表，不能同时有两个 BEFORE UPDATE 触发器，但可以有一个 BEFORE UPDATE 触发器和一个 BEFORE INSERT 触发器，或一个 BEFORE UPDATE 触发器和一个 AFTER UPDATE 触发器。

（5）触发器主体。

触发器主体包含触发器激活时将要执行的 MySQL 语句。如果要执行多个语句，可使用

BEGIN…END 复合语句结构。

(6) FOR EACH ROW。

一般是指行级触发，对于受触发事件影响的每一行都执行激活触发器的动作。例如，使用 INSERT 语句向某个表中插入多行数据时，触发器会对每一行数据的插入都执行相应的触发器动作。

> **注意**：每个表都支持 INSERT、UPDATE 和 DELETE 的 BEFORE 与 AFTER，因此每个表最多支持 6 个触发器。每个表的每个事件每次只允许有一个触发器。单一触发器不能与多个事件或多个表关联。

例 7.25 假设表 S 与 SC 没有外键关系，创建触发器，当删除表 S 中的元组时，同时自动删除 SC 中相应的学生的选课元组。

```
CREATE TRIGGER s_del
AFTER DELETE
on S
FOR EACH ROW
DELETE
FROM SC
WHERE sno =OLD. sno;
```

例 7.26 在修改 D 表中的 dno 之后，级联地、自动地修改 T 表中原来在该部门的教师。

```
CREATE TRIGGER tr_dept_t
AFTER UPDATE
ON D FOR EACH ROW
UPDATE T SET dno=NEW. dno
WHERE dno=OLD. dno;
```

说明：NEW 与 OLD 关键字，表示触发了触发器的那一行数据。

在 INSERT 触发器中，NEW 用来表示将要（BEFORE）或已经（AFTER）插入的新数据。

在 UPDATE 触发器中，OLD 用来表示将要或已经被修改的原数据，NEW 用来表示将要或已经修改的新数据。

在 DELETE 触发器中，OLD 用来表示将要或已经被删除的原数据。

在创建了触发器 tr_dept_t 之后，如果修改 D 表中的 dno，就会级联修改 T 表中相应教师的 dno。

2. 激活触发器

触发器的执行，是由触发事件激活的，并由数据库服务器自动执行的。一个基本表上可以定义多个触发器，比如多个 BEFORE 触发器、多个 AFTER 触发器等，同一个表上的多个触发器激活时遵循如下的执行顺序：

(1) 执行该表上的 BEFORE 触发器。

(2) 激活触发器的 SQL 语句。

(3) 执行该表上的 AFTER 触发器。

3. 删除触发器

删除触发器的语句格式如下：

DROP TRIGGER 触发器名；

例 7.27 删除表 S 上的触发器 s_del。

DROP TRIGGER s_del;

7.3 并发控制

数据库是一个共享资源，可以供多个用户使用。DBMS 要能够保证每个用户所做的每一项工作任务都正确完成，即使是在数据库系统发生故障或者多用户并发访问数据库的情况下。这里，用户所做的每一项工作任务，可以用"事务（Transaction）"的概念来表达。通常同一时刻需要运行多个事务，如何高效一致地执行这些事务是并发控制的工作。

如果多个事务依次顺序执行，一个事务完成结束后，另一个再开始执行，这种执行方式称为串行执行。显然，事务串行执行，可以保证数据库的一致性。

通常，不同的事务要完成的任务各不相同。在同一时间，有的事务需要执行计算，有的事务需要输入/输出，有的需要进行通信。如果是串行执行，则数据库系统的大部分时间处于闲置状态，系统响应性能低下。因此，为了充分利用数据库资源，发挥数据库共享资源的特点，改善事务的响应时间，应该允许多个事务在时间上交叉执行，并行地存取数据库，这种执行方式称为并发存取。

当允许多个事务并发存取时，若对并发操作不加控制就可能会导致存取和存储不正确的数据，破坏数据库的一致性。所以数据库管理系统必须提供并发控制机制。并发控制机制的好坏是衡量一个数据库管理系统性能的重要标志之一。

7.3.1 事务

并发控制是以事务（Transaction）为单位进行的。

1. 事务的概念

事务是用户定义的一个数据库操作序列，这些操作要么全做，要么全不做，是一个不可分割的工作单位。例如，客户认为电子资金转账（从账号 A 转一笔款到账号 B）是一个独立的操作，而在 DBMS 中这是由两个操作组成的：首先从账号 A 将钱转出，然后将钱转入账号 B。显然，这两个操作要么全都发生，要么由于出错（可能账号 A 已透支）而全不发生，也就是说资金转账必须完成或根本不发生。

在关系数据库中，一个事务可以是一组 SQL 语句、一条 SQL 语句或整个程序。

事务的开始和结束都可以由用户显式地控制。如果用户没有显式地定义事务，则由数据库管理系统按缺省规定自动划分事务。在 SQL 中，定义事务的语句有以下 3 条：

BEGIN TRANSACTION
COMMIT
ROLLBACK

BEGIN TRANSACTION 标志着事务的开始，COMMIT 或 ROLLBACK 标志着事务的结束。COMMIT 表示提交，即提交事务的所有操作。事务一旦提交，在此之前对数据库中数据的改变就会永久性地保存而不再可能被撤销。ROLLBACK 表示回滚或撤销，即在事务运行的过程中发生了某种故障，事务不能继续执行，系统将事务中对数据库的所有已完成的操作全部撤销，回滚到事务开始时的状态。这里的操作指对数据库的更新操作。

2. 事务的特性

事务具有 4 种特性：原子性（Atomicity）、一致性（Consistency）、隔离性（Isolation）和持久性（Durability）。这 4 种特性简称为 ACID 特性。

（1）原子性。

原子性，是指事务的不可分割性，组成事务的所有操作要么全部被执行，要么全部不执行。如果因为故障导致事务没有完成，则已经完成的操作被认为是无效的，不应该对数据库产生任何影响，在故障恢复时必须撤销它对数据库的影响。

（2）一致性。

一致性，是指事务执行完成后，将数据库从一个一致状态转变到另一个一致状态。所谓数据库的一致性状态，就是数据库中的数据满足完整性约束。因此，当数据库只包含成功事务提交的结果时，就说数据库处于一致性状态。如果数据库系统运行中发生故障，有些事务尚未完成就被迫中断，这些未完成事务对数据库所做的修改有一部分已写入物理数据库，这时数据库就处于一种不正确的状态，或者说是不一致的状态。例如，在银行的业务操作中，"从账号 A 转 R 元到账号 B" 是一个典型的事务。该事务有两个操作，第一个操作从账号 A 减去 R 元，第二个操作向账号 B 加 R 元。这两个操作要么全做，要么全不做。全做或全不做，数据库都处于一致性状态。如果只做一个操作则用户逻辑上就会发生错误，少了 R 元，这时数据库就处于不一致性状态。由此可见，一致性与原子性是密切相关的。

（3）隔离性。

隔离性意味着一个事务的执行不能被其他事务干扰。即一个事务内部的操作及使用的数据和并发的其他事务是隔离的，并发执行的各个事务之间不能互相干扰。它要求即使有多个事务并发执行，看上去每个成功事务按串行调度执行一样。这一性质的另一种称法为可串行性，也就是说系统允许的任何并发操作调度等价于一个串行调度。

（4）持久性。

持久性，又称为持续性，要求一旦事务提交，那么对数据库所做的修改将是持久的，无论发生何种机器和系统故障都不应该对其有任何影响。例如，自动柜员机（ATM）在向客户支付一笔钱时，就不用担心丢失客户的取款记录。事务的持久性保证事务对数据库的影响是持久的，即使系统崩溃。

事务是恢复和并发控制的基本单位，保证事务的 ACID 特性是事务管理的首要任务。事务 ACID 特性可能遭到破坏的因素有以下几点：

（1）多个事务并行运行时，不同事务的操作交叉执行；

（2）事务在运行过程中被强行停止。

对第一种情况，数据库管理系统必须保证多个事务的交叉运行不影响这些事务的原子性；对第二种情况，数据库管理系统必须保证被强行终止的事务对数据库和其他事务没有任何影响。这些就是数据库管理系统中并发控制机制和恢复机制的任务。

7.3.2 并发操作与数据的不一致性

当同一个数据库系统中有多个事务并发运行时,如果不加以适当控制,可能导致数据的不一致性。

一个最常见的并发操作的例子是火车/飞机订票系统中的订票操作。例如,在该系统中的一个活动序列:

① 甲售票员读出某航班的机票张数余额 A,设 A=16;
② 乙售票员读出同一航班的机票张数余额 A,也是 16;
③ 甲售票员卖出一张机票,修改机票张数余额 A=A-1=15,把 A 写回数据库;
④ 乙售票员也卖出一张机票,修改机票张数余额 A=A-1=15,把 A 写回数据库。

结果明明卖出两张机票,数据库中机票余额只减少 1。

假设甲售票点对应事务 T1,乙售票点对应事务 T2,则上述事务过程的描述如表 7-1 所示。

表 7-1 丢失修改示例

时间	事务 T1	事务 T2	DB 中的 A 值
t0			16
t1	read(A)		
t2		read(A)	
t3	A:=A-1		
t4	write(A)		
t5			15
t6		A:=A-1	
t7		write(A)	
t8			15

这种情况称为数据库的不一致性。这种不一致性是由甲、乙两个售票员并发操作引起的。在并发操作情况下,对 T1、T2 两个事务操作序列的调度是随机的。若按上面的调度序列进行,事务 T1 的修改就被丢失。这是由于第 4 步中事务 T2 修改 A 并写回覆盖了事务 T1 的修改。

并发操作带来的数据库不一致性可以分为三类:丢失修改、读脏数据和不可重复读。

(1) 丢失修改(Lost Update)。

两个事务 T1 和 T2 读入同一数据并修改,事务 T2 提交的结果破坏了事务 T1 提交的结果,导致事务 T1 的修改被丢失,如表 7-2 所示。上面预订飞机票的例子就属于这种并发问题。事务 T1 与事务 T2 先后读入同一数据 A=16,事务 T1 执行 A-1,并将结果 A=15 写回;事务 T2 执行 A-1,并将结果 A=15 写回。事务 T2 提交的结果覆盖了事务 T1 对数据库的修改,从而使事务 T1 对数据库的修改丢失了。

(2) 读脏数据(Dirty Read)。

当事务 T1 修改某一数据,并将其写回磁盘,事务 T2 读取同一数据后,事务 T1 由于某种原因被撤销。这时事务 T1 已修改过的数据恢复原值,事务 T2 读到的数据就与数据库中的数据不一致,是不正确的数据,称为读脏数据,示例如表 7-2 所示。

表 7-2 读脏数据示例

时间	事务 T1	事务 T2	DB 中的 A 值
t0			300
t1	read(A)		
t2	A:=A-100		
t3	write(A)		
t4		read(A)	200
t5	ROLLBACK		
t6			300

例如，在表 7-2 中，事务 T1 将 A 值修改为 200，事务 T2 读到 A 为 200，而事务 T1 由于某种原因撤销，其修改作废，A 恢复原值 300，这时事务 T2 读到的就是不正确的"脏"数据了。

（3）不可重复读（Unrepeatable Read）。

一个事务如果没有执行任何更新数据的操作，则同一个查询操作执行两次或多次，结果应该是一致的；如果不一致，就说明产生了不可重复读的现象。

如表 7-3 所示，事务 T1 读取数据 A=25，当事务 T2 读取同一数据并对其修改后将 A=15 写回数据库（提交）后，事务 T1 为了对读取值校对重读 A，A 已为 15，与第一次读取不一致。

表 7-3 不可重复读示例

时间	事务 T1	事务 T2	DB 中的 A 值
t0			25
t1	read(A)		25
t2		read(A)	
t3		A:=A-10	
t4		write(A)	15
t5	read(A)		15

产生上述三类数据不一致性的主要原因是并发操作破坏了事务的隔离性。并发控制就是要用正确的方式调度并发操作，使一个用户事务的执行不受其他事务的干扰，从而避免造成数据的不一致性。

7.3.3 并发操作的调度

如果多个事务依次执行，则称为事务的串行调度（Serial Schedule）。由于串行调度中，一个事务运行过程中没有其他事务同时运行，它不会受到其他事务的干扰，所以串行调度的结果总是正确的。虽然以不同的次序串行执行串行调度可能会产生不同的结果，但它们都能够保持数据库的一致性，都认为是正确的。

如果利用分时交叉的方法同时处理多个事务，则称为事务的并发调度（Concurrent Schedule）。并行事务中并行操作的调度是随机的，不同的调度可能会产生不同的结果，有的结果正确，有的结果不正确。如何判断一个并发调度是正确的，这个问题可以用"并发调度的可串行化"概念来解决。

对同一事务集，可能有很多种调度，如果其中两个调度 S1 和 S2，在数据库任何状态下，对相同的初始状态，其执行结果都是一样的，则称 S1 和 S2 是等价的。

当一个事务集的并发调度与它的某一串行调度是等价的，则称该并发调度是可串行化的调度。显然，可串行化调度的结果能够保持数据库的一致性，是正确的。由此可以得到如下结论：几个事务的并行调度是正确的，当且仅当其结果与按某一次序串行地执行它们的结果相同。可串行化是并发事务调度正确与否的判定准则。

下面通过一个例子来说明事务调度及可串行化调度的相关概念。假设有事务 T1 和事务 T2，A、B、C 的初值分别是 600、300、100。

事务 T1：A = A - 100，B = B + 100

事务 T2：T = 0.2 * B，B = B - T，C = C + T

图 7-2 给出了这两个事务的四种不同的调度策略，图 7-2（a）和图 7-2（b）为两种不同的串行调度策略，虽然执行结果不同，但它们都是正确的调度。图 7-2（c）中两个事务是交错执行的，由于执行结果与图 7-2（b）的结果相同，所以是正确的调度。图 7-2（d）中的两个事务也是交错执行的，由于执行结果与图 7-2（a）、图 7-2（b）的执行结果不同，所以该并发调度是错误的调度。

事务T1	事务T2
Read(A)	
A=A-100	
Write(A)	
Read(B)	
B=B+100	
Write(B)	
	Read(B)
	T=0.2*B
	B=B-T
	Write(B)
	Read(C)
	C=C+T
	Write(C)

(a)

事务T1	事务T2
	Read(B)
	T=0.2*B
	B=B-T
	Write(B)
	Read(C)
	C=C+T
	Write(C)
Read(A)	
A=A-100	
Write(A)	
Read(B)	
B=B+100	
Write(B)	

(b)

事务T1	事务T2
Read(A)	
A=A-100	
Write(A)	
	Read(B)
	T=0.2*B
	B=B-T
Read(B)	Write(B)
B=B+100	
Write(B)	
	Read(C)
	C=C+T
	Write(C)

(c)

事务T1	事务T2
Read(A)	
A=A-100	
	Read(B)
	T=0.2*B
Write(A)	B=B-T
Read(B)	
	Write(B)
	Read(C)
B=B+100	
Write(B)	
	C=C+T
	Write(C)

(d)

图 7-2 四种不同的调度策略

(a) 串行调度 1；(b) 串行调度 2；(c) 可串行化调度；(d) 不可串行化调度

为了保证并行操作的正确性，DBMS 的并行控制机制必须提供一定的手段来保证调度是可串行化的。

从理论上讲，在某一事务执行时禁止其他事务执行的调度策略一定是可串行化的调度，这也是最简单的调度策略，但这种方法实际上是不可行的，因为它使用户不能充分共享数据库资源。

目前 DBMS 普遍采用封锁方法来保证调度的正确性，即保证并行操作调度的可串行性。

7.3.4 封锁

封锁是事项并发控制的一个非常重要的技术。所谓封锁，就是事务 T 在对某个数据对象（例如表、记录等）操作之前，先向系统发出请求，对其加锁。加锁后事务 T 就对该数据对象有了一定的控制，在事务 T 释放它的锁之前，其他事务在操作该数据对象时会受到这种控制的影响。

1. 封锁类型

DBMS 通常提供了多种类型的封锁。一个事务对某个数据对象加锁后究竟拥有什么样的控制是由封锁类型决定的。基本的封锁类型有两种：排他锁（Exclusive lock，简记为 X 锁）和共享锁（Share lock，简记为 S 锁）。

（1）排他锁又称为写锁。若事务 T 对数据对象 A 加上 X 锁，则只允许事务 T 读取和修改 A，其他任何事务都不能再对 A 加任何类型的锁，直到事务 T 释放 A 上的锁。

（2）共享锁又称为读锁。若事务 T 对数据对象 A 加上 S 锁，则事务 T 可以读 A 但不能修改 A，其他事务只能再对 A 加 S 锁，而不能加 X 锁，直到事务 T 释放 A 上的锁。这就保证了其他事务可以读 A，但在事务 T 释放 A 上的 S 锁之前不能对 A 做任何修改。

排他锁与共享锁的控制方式可以用表 7-4 所示的相容矩阵来表示。在表 7-4 的封锁类型相容矩阵中，最左边一列表示事务 T1 已经获得的数据对象上的锁的类型，其中横线表示没有加锁。最上面一行表示另一事务 T2 对同一数据对象发出的封锁请求。事务 T2 的封锁请求能否被满足用 Y 和 N 表示，其中 Y 表示事务 T2 的封锁要求与事务 T1 已持有的锁相容，封锁请求可以满足。N 表示事务 T2 的封锁请求与事务 T1 已持有的锁冲突，事务 T2 请求被拒绝。

表 7-4 基本锁的相容矩阵

T2 \ T1	S	X
S	Y	N
X	N	N
—	Y	Y

2. 封锁粒度

X 锁和 S 锁都是加在某一个数据对象上的。封锁的对象可以是逻辑单元，也可以是物理单元。例如，在关系数据库中，封锁对象可以是属性、属性集、元组、关系、整个数据库等逻辑单元；也可以是页、块等物理单元。封锁对象可以很大，比如对整个数据库加锁，也可以很小，比如只对某个属性或元组加锁。封锁对象的大小称为封锁的粒度（Granularity）。

封锁粒度与系统的并发度和并发控制的开销密切相关。封锁的粒度越大，系统中能够被封锁的对象就越少，并发度也就越小，但同时系统开销也越小；相反，封锁的粒度越小，并发度越高，但系统开销也就越大。

因此，如果在一个系统中同时存在不同大小的封锁单元供不同的事务选择使用是比较理想的。而选择封锁粒度时，必须同时考虑封锁粒度和并发度两个因素，对系统开销与并发度进行权衡，以求得最优的效果。一般来说，需要处理大量元组的用户事务可以以关系为封锁单元；需要处理多个关系的大量元组的用户事务可以以数据库为封锁单元；而对一个处理少量元组的用户事务，可以以元组为封锁单元以提高并发度。

3. 封锁协议

封锁的目的是保证能够正确地调度并发操作。为此，在运用 X 锁和 S 锁这两种基本封锁，对一定粒度的数据对象加锁时，还需要约定一些规则，例如，应何时申请 X 锁或 S 锁、持锁时间、何时释放等。我们称这些规则为封锁协议（Locking Protocol）。

对封锁方式规定不同的规则，就形成了各种不同的封锁协议。接下来将介绍的三级封锁协议，能够不同程度地解决并发操作的不正确调度可能带来的丢失修改、读脏数据和不可重复读等不一致性问题。另外，还将介绍保证并行调度可串行性的两段锁协议和避免死锁的封锁协议。

（1）一级封锁协议。

一级封锁协议的内容：事务 T 在修改数据 R 之前必须先对其加 X 锁，直到事务结束才释放。事务结束包括正常结束（Commit）和非正常结束（Rollback）。

一级封锁协议可以防止丢失修改，并保证事务 T 是可以恢复的。例如，表 7-5（a）使用一级封锁协议解决了丢失修改问题。

在一级封锁协议中，如果仅仅是读数据不对其进行修改，是不需要加锁的，所以它不能保证可重复读和不会读到脏数据。

（2）二级封锁协议。

二级封锁协议的内容：一级封锁协议加上事务 T 在读取数据 R 之前必须先对其加 S 锁，读完后即可释放 S 锁。

二级封锁协议除防止丢失修改外，还可进一步防止读脏数据。例如，表 7-5（b）使用二级封锁协议解决了丢失修改问题和读脏数据问题。

在二级封锁协议中，由于读完数据后即可释放 S 锁，所以它不能保证可重复读。

（3）三级封锁协议。

三级封锁协议的内容：一级封锁协议加上事务 T 在读取数据之前必须先对其加 S 锁，直到事务结束才释放。

三级封锁协议除防止丢失修改和不读脏数据外，还进一步防止了不可重复读。例如，表 7-5（c）使用三级封锁协议解决了丢失修改、读脏数据和不可重复读问题。

表 7-5　基于封锁机制解决三种数据不一致性问题

时间次序	(a) 事务T1	(a) 事务T2	(b) 事务T1	(b) 事务T2	(c) 事务T1	(c) 事务T2
↓	Xlock A		Xlock A		Slock A	
	read(A)	Xlock A	read(A)		read(A)	Xlock A
	A:=A-1	wait	A:=A-100			wait
	write(A)	…	write(A)	Slock A	read(A)	…
	commit	…		wait	commit	…
	Unlock A	…	ROLLBACK	…	Unlock A	…
		Xlock A	Unlock A	…		Xlock A
		read(A)		Slock A		read(A)
		A:=A-1		read(A)		A:=A-10
		write(A)		commit		write(A)
		commit		Unlock A		commit
		Unlock A				Unlock A

注：(a) 不丢失修改；(b) 避免读脏数据；(c) 可重复读。

上述三级协议的主要区别在于什么操作需要申请封锁以及何时释放锁（即持锁时间）。

(4) 保证并行调度可串行性的封锁协议——两段锁协议。

可串行性是并行调度正确性的唯一准则，两段锁（Two-Phase Locking，2PL）协议是为保证并行调度可串行性而提供的封锁协议。两段锁协议规定如下：

① 对任何数据进行读、写操作之前，事务首先要获得对该数据的封锁；

② 在释放一个封锁之后，事务不再获得任何其他封锁。

很明显，在遵守两段锁协议的事务中，事务分为两个阶段，第一阶段是获得封锁，也称为扩展阶段。事务可以申请任何数据项上的任何类型的锁，但是不能释放任何锁。第二阶段是释放封锁，也称为收缩阶段。事务可以释放任何数据项上的任何类型的锁，但是不能再申请任何锁。

例如，事务 T1 和事务 T2 的封锁序列如下：

T1：Slock A… Slock B… Xlock C… Unlock B… Unlock A… Unlock C；
T2：Slock A… Unlock A… Slock B… Xlock C… Unlock C… Unlock B；

则事务 T1 遵守两段锁协议，而事务 T2 不遵守两段锁协议。

可以证明，若并行执行的所有事务均遵守两段锁协议，则对这些事务的所有并行调度策略都是可串行化的。因此我们得出如下结论：所有遵守两段锁协议的事务，其并行的结果一定是正确的。

需要说明的是，事务遵守两段锁协议是可串行化调度的充分条件，而不是必要条件。即可串行化的调度中，不一定所有事务都必须遵守两段锁协议。

4. 死锁和活锁

封锁技术可以有效地解决并行操作的一致性问题，但也带来一些新的问题，即死锁和活锁的问题。

（1）活锁。

如果事务 T1 封锁了数据对象 R 后，事务 T2 也请求封锁 R，于是事务 T2 等待。接着事务 T3 也请求封锁 R。事务 T1 释放 R 上的锁后，系统首先批准了事务 T3 的请求，事务 T2 只得继续等待。接着事务 T4 也请求封锁 R，事务 T3 释放 R 上的锁后，系统又批准了事务 T4 的请求……，事务 T2 有可能就这样永远等待下去。这种情况就是活锁。

避免活锁的简单方法是采用先来先服务的策略。当多个事务请求封锁同一数据对象时，封锁子系统按请求封锁的先后次序对这些事务排队，该数据对象上的锁一旦释放，首先批准申请队列中第一个事务获得锁。

（2）死锁。

如果事务 T1 封锁了数据 A，事务 T2 封锁了数据 B。之后事务 T1 又申请封锁数据 B，因事务 T2 已封锁了 B，于是事务 T1 等待事务 T2 释放 B 上的锁。接着事务 T2 又申请封锁数据 A，因事务 T1 已封锁了数据 A，事务 T2 也只能等待事务 T1 释放数据 A 上的锁。这样就出现了事务 T1 在等待事务 T2，而事务 T2 又在等待事务 T1 的局面，事务 T1 和事务 T2 两个事务永远不能结束，形成死锁。

死锁问题在操作系统和一般并行处理中已做了深入研究，但数据库系统有其自己的特点，操作系统中解决死锁的方法并不一定适合数据库系统。

目前在数据库中解决死锁问题主要有两类方法，一类方法是采取一定措施来预防死锁的发生，另一类方法是允许发生死锁，采用一定手段定期诊断系统中有无死锁，若有则解除之。

① 死锁的预防。

在数据库系统中，产生死锁的原因是两个或多个事务都已封锁了一些数据对象，然后又都请求对已为其他事务封锁的数据对象加锁，从而出现死锁等待。防止死锁的发生其实就是要破坏产生死锁的条件。预防死锁通常有两种方法。

◆ 一次封锁法。一次封锁法要求每个事务必须一次将所有要使用的数据全部加锁，否则就不能继续执行。例如，在表 7-5 的例子中，如果事务 T1 将数据 A 和数据 B 一次加锁，事务 T1 就可以执行下去，而事务 T2 等待。事务 T1 执行完后释放数据 A、数据 B 上的锁，事务 T2 继续执行。这样就不会发生死锁。

一次封锁法虽然可以有效地防止死锁的发生，但也存在问题。第一，一次就将以后要用到的全部数据加锁，势必扩大了封锁的范围，从而降低了系统的并发度。第二，数据库中的数据是不断变化的，原来不要求封锁的数据，在执行过程中可能会变成封锁对象。所以很难实现精确地确定每个事务所要封锁的数据对象，只能采取扩大封锁范围，将事务在执行过程中可能要封锁的数据对象全部加锁，这就进一步降低了并发度。

◆ 顺序封锁法。顺序封锁法是预先对数据对象规定一个封锁顺序，所有事务都按这个顺序执行封锁。在上例中，我们规定封锁顺序是数据 A、数据 B，事务 T1 和事务 T2 都按此顺序封锁，即事务 T2 也必须先封锁数据 A。当事务 T2 请求数据 A 的封锁时，由于事务 T1 已经封锁住数据 A，事务 T2 就只能等待。事务 T1 释放数据 A、数据 B 上的锁后，事务 T2 继续运行。这样就不会发生死锁。

顺序封锁法同样可以有效地防止死锁，但也同样存在问题。第一，数据库系统中可封锁的数据对象极其多，并且随数据的插入、删除等操作而不断地变化，要维护这样极多而且变化的资源的封锁顺序非常困难，成本很高。第二，事务的封锁请求可以随着事务的执行而动态地决定，很难事先确定每一个事务要封锁哪些对象，因此也就很难按规定的顺序去施加封锁。例如，规定数据对象的封锁顺序为 A、B、C、D、E。事务 T3 起初要求封锁数据对象 B、C、E，但当它封锁 B、C 后，才发现还需要封锁数据 A，这样就破坏了封锁顺序。

可见，在操作系统中广为采用的预防死锁的策略并不很适合数据库的特点，因此 DBMS 在解决死锁的问题上更普遍采用的是诊断并解除死锁的方法。

② 死锁的诊断与解除。

数据库系统中诊断死锁可以使用事务等待图。事务等待图是一个有向图 $G=(T,U)$，T 为节点的集合，每个节点表示正运行的事务，U 为边的集合，每条边表示事务等待的情况。如果事务 T1 等待事务 T2，则事务 T1、事务 T2 之间有一条有向边，从事务 T1 指向事务 T2，如图 7-3 所示。

图 7-3（a）表示事务 T1 等待事务 T2，事务 T2 等待事务 T1，产生了死锁。图 7-3（b）表示事务 T1 等待事务 T2，事务 T2 等待事务 T3，事务 T3 等待事务 T4，事务 T4 又等待事务 T3，产生了死锁。

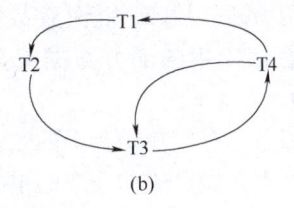

图 7-3 事务等待图

事务等待图动态地反映了所有事务的等待状况。并发控制子系统周期性地（如每隔 1 分钟）检测事务等待图，如果发现图中存在回路，则表示系统中出现了死锁。关于诊断死锁的详细讨论请参阅操作系统的有关书籍。

DBMS 的并发控制子系统一旦检测到系统中存在死锁，就要设法解除。通常采用的方法是选择一个处理死锁代价最小的事务，将其撤销，释放此事务持有的所有的锁，使其他事务能继续运行下去。当然，对撤销的事务所执行的数据修改操作必须加以恢复。

7.4 数据库恢复

尽管数据库系统采取了各种保护措施来防止数据库的安全性和完整性被破坏，保证并发事务的正确执行，但是计算机系统中硬件的故障、软件的错误、操作员的失误以及恶意的破坏仍是不可避免的，这些故障轻则造成运行事务非正常中断，影响数据库中数据的正确性；重则破坏数据库，使数据库部分或全部数据丢失。因此，数据库管理系统必须具有把数据库从错误状态恢复到某一正确状态的功能，这就是数据库的恢复。数据库的恢复技术研究是当数据库中的数据遭到破坏时，进行数据库恢复的策略和实现技术。

7.4.1 数据库的故障种类

数据库系统中可能发生的故障大致可以分为以下三类。

1. 事务故障

事务故障是指数据库在运行过程中，由于输入/输出错误、运算溢出、应用程序错误、并发事务发生死锁等非预期的情况，而使事务没有运行到预期的终点，导致事务非正常结束的一类故障。

事务故障意味着事务非正常结束，可能使数据库处于不正确的状态。恢复程序要在不影响其他事务运行程序的情况下，强行回滚（ROLLBACK）该事务，即撤销该事务已经作出的对数据库的所有修改，使该事务好像根本没有执行一样。

2. 系统故障

系统故障是指造成系统停止运转的任何事故，使系统要重新启动。例如，特定类型硬件错误、操作系统故障、DBMS 代码错误、突然停电等。这类故障影响所有正在运行的事务，但不破坏数据库。这时主存内容，尤其是缓冲区的内容丢失，所有运行的事务非正常终止。

发生系统故障时，一些尚未完成的事务的结果可能已送入物理数据库；有些已完成的事务可能有一部分或全部留在缓冲区，尚未写到磁盘上的物理数据库上，从而造成数据库中的数据处于不一致的状态。

3. 介质故障

介质故障又称为硬件故障，指外存故障，如磁盘损坏、磁头碰撞、瞬时强磁场干扰等。这类故障将影响数据库中的部分数据或全部数据，并影响正在存取该部分数据库的所有事务。

发生介质故障后，存储在磁盘上的数据被破坏，这时需要将发生介质故障之前的后援副本装入数据库，并重新做已成功完成的事务，将事务已提交的结果重新记入数据库。介质故障发生的可能性很小，但破坏性却是最大的，有时甚至会导致数据无法恢复。

7.4.2 数据库恢复

一般把遭到破坏的数据库还原到原来的正确状态或用户可接受的状态的过程称为数据库恢复。数据库恢复采用的基本原理是数据冗余，即利用存储在别处的冗余信息，部分或全部重建数据库。建立冗余数据最常用的技术是数据转储和登录日志文件。通常在一个数据库系统中，这两种方法是一起使用的。

1. 数据转储

数据转储是数据库恢复所采用的基本技术。所谓转储是指定期地把整个数据库复制到磁带或另一个磁盘等转储设备上保存起来的过程。这些转储设备上的数据称为后备副本或后援副本。

转储可以分为静态转储和动态转储。

静态转储是在系统中无运行事务时进行的转储操作，即转储操作开始的时刻，数据库处于一致性状态，而转储期间不允许（或不存在）对数据库进行任何存取、修改操作。显然，静态转储得到的一定是一个数据一致性的副本。

静态转储简单，但转储必须等待正在运行的用户事务结束后才能进行，而新的事务必须等待转储结束后才能执行。显然，这会降低数据库的可用性。

动态转储是指转储期间允许对数据库进行存取或修改，即转储和用户事务可以并发执行。动态转储可以克服静态转储的缺点。它不用等待正在运行的用户事务结束，也不会影响新事务的运行。但是转储结束时后备副本上的数据并不能保证正确有效。例如，在转储期间的某个时刻 T_a，系统把数据 A = 150 转储到磁盘上，而在下一时刻 T_b，某一事务将 A 改为 300。转储结束后，后备副本上的 A 已经是过时的数据了。为此，必须把存储期间各事务对数据库的修改活动登记下来，建立日志文件。这样，通过后备副本和日志文件就能把数据库恢复到某一时刻的正确状态。

转储还可以分为海量转储和增量转储两种方式。海量转储是指每次转储全部数据库。利用海量转储方式得到的后备副本能够比较方便地进行数据库恢复。

增量转储则指每次只转储上一次转储后更新过的数据。当数据库较大，或频繁地进行事务处理时，采用增量转储更实用有效。

由于数据库可以在静态和动态两种状态下进行，因此数据转储可以分为四类：动态海量转储、动态增量转储、静态海量转储和静态增量转储。

2. 日志文件

日志文件是指用来记录每一次对数据库更新活动的文件。不同的数据库系统采用的日志文件格式并不完全一样。日志文件主要有两种格式：以记录为单位的日志文件和以数据块为单位的日志文件。

对以记录为单位的日志文件，日志文件中需要登记的内容包括以下几点：

- 各个事务的开始（BEGIN TRANSACTION）标记；
- 各个事务的结束（COMMIT 或 ROLLBACK）标记；
- 各个事务的所有更新操作。

这里每个事务开始的标记、每个事务的结束标记和每个更新操作均作为日志文件中的一个日志记录。

每个日志记录的内容主要包括以下几点：

- 事务标识（标明是哪个事务）；
- 操作的类型（插入、删除或修改）；
- 操作对象（记录内部标识）；
- 更新前数据的旧值（对插入操作，此项为空值）；
- 更新后数据的新值（对删除操作，此项为空值）。

对以数据块为单位的日志文件，只要某个数据块中有数据更新，就将整个数据块更新前和更新后的内容放入日志文件。

日志文件在数据库恢复中起着非常重要的作用。可以用来进行事务故障和系统故障恢复，并协助后备副本进行介质故障恢复。其具体作用如下：

（1）事务故障和系统故障恢复必须用日志文件。

（2）在动态转储方式中，必须建立日志文件，后备副本和日志文件一起才能有效地恢复数据库。

（3）在静态转储方式中，也可以建立日志文件。当数据库毁坏后，可重新装入后备副本把数据库恢复到转储结束时刻的正确状态，然后利用日志文件，对已完成的事务进行重做处理，对故障发生时尚未完成的事务进行撤销处理。这样不必重新运行那些已完成的事务就可把数据库恢复到故障前的正确状态，如图 7-4 所示。

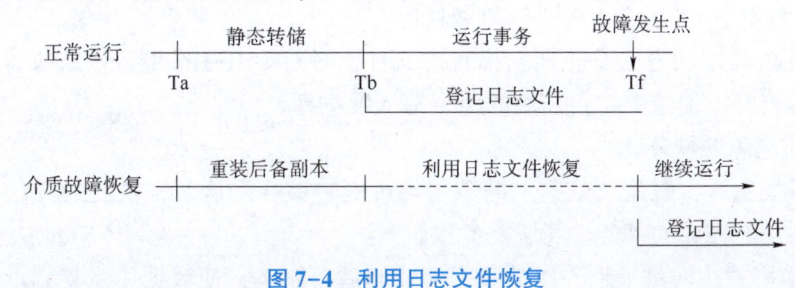

图 7-4 利用日志文件恢复

为保证数据库可恢复，登记日志文件时必须遵循以下两条原则：

（1）登记的次序严格按并发事务执行的时间次序；

（2）必须先写日志文件，后写数据库。

把对数据的修改写到数据库中和把表示这个修改的日志记录写到日志文件中是两个不同的操作。有可能在这两个操作之间发生故障，即这两个写操作只完成了一个。如果先写了数据库修改，而在运行记录中没有登记这个修改，则以后就无法恢复这个修改了。如果先写日志，但没有修改数据库，按日志文件恢复时只不过是多执行一次不必要的 UNDO 操作，并不会影响数据库的正确性。所以为了安全，一定要先写日志文件，即首先把日志记录写到日志文件中，然后写数据库的修改。这就是"先写日志文件"的原则。

3. 恢复策略

（1）事务故障的恢复。

事务故障必定发生在当前事务提交之前，这时应撤销（UNDO）该事务对数据库的一切更新操作。事务故障的恢复由 DBMS 自动完成，对用户透明。其恢复步骤如下：

① 反向扫描日志文件，即从日志文件的最后开始向前扫描日志文件，查找该事务的更新操作。

② 对该事务的更新操作执行逆操作。即将日志记录中"更新前的值"写入数据库。这样，如果记录中是插入操作，则相当于做删除操作；如果记录中是删除操作，则做插入操作；若是修改操作，则相当于用修改前的值代替修改后的值。

③ 继续反向扫描日志文件，查找该事务的其他更新操作，并做同样处理。

④ 如此处理下去，直到读到该事务的开始标记，事务故障就恢复完成了。

（2）系统故障的恢复。

系统故障会使主存中的数据丢失，此时已提交事务对数据库的更新可能还驻留在缓冲区而未写入数据库，为保证已提交事务的更新不会丢失，需要重做（REDO）已提交事务；对未提交的事务还必须撤销所有对数据库的更新。

系统故障恢复在系统重新启动时由 DBMS 自动完成，无须用户干预。其恢复步骤如下：

① 正向扫描日志文件，查找尚未提交的事务（这些事务只有 BEGIN TRANSACTION 记录，无 COMMIT 记录），将其事务标识记入撤销队列。同时查找已经提交的事务（这些事务既有 BEGIN TRANSACTION 记录，也有 COMMIT 记录），将其事务标识记入重做队列。

② 对撤销队列中的各个事务进行撤销处理。

进行 UNDO 处理的方法是，反向扫描日志文件，对每个 UNDO 事务的更新操作执行逆操作，即将日志记录中"更新前的值"写入数据库。

③ 对重做队列中的各个事务进行重做处理。

进行 REDO 处理的方法是正向扫描日志文件，对每个 REDO 事务重新执行日志文件登记的操作。即将日志记录中"更新后的值"写入数据库。

（3）介质故障的恢复。

介质故障发生后，磁盘及磁盘上的数据均可能被破坏。这时，恢复的方法是重装数据库，然后重做已经完成的事务。其恢复步骤如下：

① 装入故障发生时刻最近一次的数据库转储后备副本，使数据库恢复到最近一次转储

时的一致性状态。对动态转储的数据库后备副本，还须同时装入转储开始时刻的日志文件副本，才能将数据库恢复到一致性状态。

② 装入故障发生时刻最近一次的数据库日志文件副本，重做已完成的事务。即：首先扫描日志文件，找出故障发生时已提交的事务的标识，将其记入重做队列。然后正向扫描日志文件，对重做队列中的所有事务进行重做处理。这样就可以将数据库恢复至故障前某一时刻的一致状态了。

介质故障的恢复需要 DBA 介入，但 DBA 只需要重装最近转储的数据库副本和有关的各日志文件副本，然后执行系统提供的恢复命令即可，具体的恢复操作仍由 DBMS 完成。

4. 具有检查点的恢复技术

利用日志文件进行数据库恢复时，恢复子系统必须搜索日志，确定哪些事务需要 REDO，哪些事务需要 UNDO。一般来说，系统需要检查所有日志记录。这样做有两个问题，一是搜索整个日志将耗费大量的时间；二是很多需要 REDO 处理的事务实际上已经将它们的更新操作结果写到数据库中了，然而恢复子系统又重新执行了这些操作，浪费了大量时间。为了解决这些问题，又发展了具有检查点的恢复技术。这种技术在日志文件中增加了一类新的记录——检查点记录（Check Point），增加一个重新开始文件，并让恢复子系统在登录日志文件期间动态地维护日志。

检查点记录的内容包括以下几点：
（1）建立检查点时刻所有正在执行的事务清单；
（2）这些事务最近一个日志记录的地址。

重新开始文件用来记录各个检查点记录在日志文件中的地址。图 7-5 说明了建立检查点 Ci 时对应的日志文件和重新开始文件。

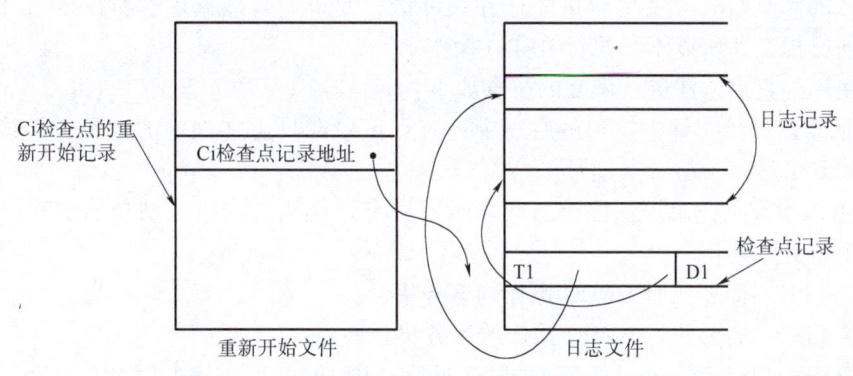

图 7-5 具有检查点的日志文件和重新开始文件

动态维护日志文件和建立各个检查点记录需要按次序执行如下的操作。
① 将当前日志缓冲区中的所有日志记录写入磁盘的日志文件中；
② 在日志文件中写入一个检查点记录；
③ 将当前数据缓冲区的所有数据记录写入磁盘的数据库中；
④ 把检查点记录在日志文件中的地址写入"重新开始文件"。

恢复子系统可以定期或不定期地建立检查点保存数据库状态。检查点可以按照预定的一个时间间隔建立，如每隔一小时建立一个检查点；也可以按照某种规则建立检查点，如日志文件写满一半建立一个检查点。

使用检查点方法可以改善恢复效率。当事务 T 在一个检查点之前提交时，T 对数据库所做的修改一定都已写入数据库，写入时间是在这个检查点建立之前或在这个检查点建立之时。这样，在进行恢复处理时，没有必要对事务 T 执行 REDO 操作。

系统出现故障时，恢复子系统将根据事务的不同状态采取不同的恢复策略，如图 7-6 所示。

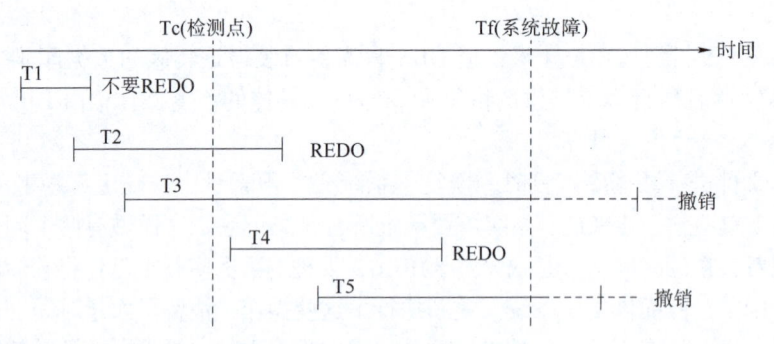

图 7-6 恢复子系统采取的策略

T1：在检查点之前提交。
T2：在检查点之前开始执行，在检查点之后故障点之前提交。
T3：在检查点之前开始执行，在故障点时还未完成。
T4：在检查点之后开始执行，在故障点之前提交。
T5：在检查点之后开始执行，在故障点时还未完成。

T3 和 T5 在故障发生时还未完成，所以予以撤销；T2 和 T4 在检查点之后提交，它们对数据库所做的修改在故障发生时可能还在缓冲区，尚未写入数据库，所以要 REDO；T1 在检查点之前已提交，所以不必执行 REDO 操作。

系统使用检查点方法进行恢复的步骤如下：

（1）从重新开始文件中找到最后一个检查点记录在日志文件中的地址，由该地址在日志文件中找到最后一个检查点记录。

（2）由该检查点记录得到检查点建立时刻所有正在执行的事务清单 ACTIVE-LIST。这里建立两个事务队列：

UNDO-LIST：需要执行 UNDO 操作的事务集合；
REDO-LIST：需要执行 REDO 操作的事务集合。
把 ACTIVE-LIST 暂时放入 UNDO-LIST 队列，REDO-LIST 队列暂为空。

（3）从检查点开始正向扫描日志文件，如有新开始的事务 Ti，把 Ti 暂时放入 UNDO-LIST 队列；如有提交的事务 Tj，把 Tj 从 UNDO-LIST 队列移到 REDO-LIST 队列，直到日志文件结束。

（4）对 UNDO-LIST 队列中的每个事务执行 UNDO 操作，对 REDO-LIST 队列中的每个事务执行 REDO 操作。

7.5 小　结

数据库是可供多用户共享的数据资源。在多个用户使用同一数据库系统时，要保证数据库系统的正常运转，DBMS 必须具备一整套完整而有效的安全保护措施。本章从安全性控制、完整性控制、并发性控制和数据库恢复四个方面讨论了数据库的安全保护功能。

数据库的安全性是指保护数据库，防止因非法使用数据库，造成数据的泄露、更改或破坏。实现数据库系统安全性的方法有用户标识和鉴别、存取控制、视图机制、审计和数据加密等多种，本章重点介绍了存取控制和视图机制。

数据库的完整性是指保护数据库中数据的正确性、有效性和相容性。数据库的安全性和完整性是两个不同的概念，安全性控制的防范对象是非法用户和非法操作，完整性控制的防范对象是合法用户的不合语义的数据。这些语义约束构成了数据库的完整性规则。本章主要介绍了实施 MySQL 数据完整性的方法：约束、存储过程和触发器。

并发控制是为了防止多个用户同时存取同一数据，造成数据的不一致性。事务是数据库的逻辑工作单位，由若干操作组成的序列。只要 DBMS 能够保证系统中一切事务的原子性、一致性、隔离性和持久性，也就保证了数据库处于一致状态。事务的并发可能会带来丢失修改、读脏数据和不可重复读等问题。实现并发控制的方法主要是封锁技术，三个级别的封锁协议可以有效解决并发操作的一致性问题。

数据库在使用过程中会出现三类故障：事务故障、系统故障和介质故障。当出现故障后，需要对其恢复。日志和后备副本是 DBMS 常用的恢复技术。恢复的基本原理是利用存储在日志文件和数据库后备副本中的冗余数据来重建数据库。对这三种不同类型的故障，DBMS 有不同的恢复方法。

习题 7

一、单项选择题

1. 对用户访问数据库的权限加以限定是为了保护数据库的（　　）。
   A. 安全性　　　　　B. 完整性　　　　　C. 一致性　　　　　D. 并发性
2. 数据库的（　　）是指数据的正确性和相容性。
   A. 完整性　　　　　B. 安全性　　　　　C. 并发控制　　　　D. 系统恢复
3. 在数据库系统中，定义用户可以对哪些数据对象进行的操作称为（　　）。
   A. 审计　　　　　　B. 授权　　　　　　C. 定义　　　　　　D. 视图
4. 对事务的 ACID 性质，下列关于原子性的描述正确的是（　　）。
   A. 指数据库的内容不出现矛盾的状态
   B. 若事务正常结束，即使发生故障，新结果也不会从数据库中消失
   C. 事务中的所有操作要么都执行，要么都不执行
   D. 若多个事务同时进行，与顺序实现的处理结果是一致的
5. 在一个事务执行的过程中，其正在访问的数据被其他事务修改，导致处理结果不正确，这是由于违背了事务的（　　）。
   A. 原子性　　　　　B. 一致性　　　　　C. 隔离性　　　　　D. 持久性
6. "一旦事务成功提交，其对数据库的更新操作将永久有效，即使数据库发生故障"，这一性质是指事务的（　　）。
   A. 原子性　　　　　B. 一致性　　　　　C. 隔离性　　　　　D. 持久性

7. 若系统中存在 5 个等待事务 T0、T1、T2、T3、T4，其中 T0 正等待被 T1 锁住的数据项 A1，T1 正等待被 T2 锁住的数据项 A2，T2 正等待被 T3 锁住的数据项 A3，T3 正等待被 T4 锁住的数据项 A4，T4 正等待被 T0 锁住的数据项 A0，则系统处于（　　）的工作状态。

A. 并发处理　　　　B. 封锁　　　　　　C. 循环　　　　　　D. 死锁

8. 事务回滚指令 ROLLBACK 执行的结果是（　　）。

A. 跳转到事务程序的开始处继续执行

B. 撤销该事务对数据库的所有 INSERT、UPDATE、DELETE 操作

C. 将事务中所有变量的值恢复到事务开始的初值

D. 跳转到事务程序的结束处继续执行

9. 关于事务的故障与恢复，下列描述中正确的是（　　）。

A. 事务日志用来记录事务执行的频度

B. 采用增量备份，数据的恢复可以不使用事务日志文件

C. 系统故障的恢复只需要进行重做操作

D. 对日志文件设立检查点的目的是提高故障恢复的效率

10. （　　），数据库处于一致性状态。

A. 采用静态副本恢复后　　　　　　B. 事务执行过程中

C. 突然断电后　　　　　　　　　　D. 缓冲区数据写入数据库后

11. 输入数据违反完整性约束导致的数据库故障属于（　　）。

A. 事务故障　　　B. 系统故障　　　C. 介质故障　　　D. 网络故障

12. 在有事务运行时转储全部数据库的方式是（　　）。

A. 静态增量转储　　　　　　　　　B. 静态海量转储

C. 动态增量转储　　　　　　　　　D. 动态海量转储

13. 后备副本的主要用途是（　　）。

A. 数据转储　　　B. 历史档案　　　C. 故障恢复　　　D. 安全性控制

14. 日志文件用于保存（　　）。

A. 程序的运行结果　　　　　　　　B. 数据操作

C. 程序的执行结果　　　　　　　　D. 对数据库的更新操作

15. 数据库备份可以只复制自上次备份以来更新过的数据，这种备份方法称为（　　）。

A. 海量备份　　　B. 增量备份　　　C. 动态备份　　　D. 静态备份

16. SQL 中的视图提高了数据库系统的（　　）。

A. 完整性　　　　B. 并发控制　　　C. 隔离性　　　　D. 安全性

17. 以下（　　）不是实现数据库系统安全性的主要技术和方法。

A. 存取控制技术　　　　　　　　　B. 视图机制技术

C. 审计技术　　　　　　　　　　　D. 出入机房登记和加锁

18. 若事务 T 对数据 R 已加 X 锁，则其他事务对数据 R（　　）。

A. 可以加 S 锁不能加 X 锁　　　　B. 不能加 S 锁可以加 X 锁

C. 可以加 S 锁也可以加 X 锁　　　D. 不能加任何锁

19. 数据库系统并发控制的主要方法是采用（　　）机制。

A. 拒绝　　　　　B. 改为串行　　　C. 封锁　　　　　D. 不加任何控制

20. 对并发操作若不加控制，可能会带来（　　）问题。
   A. 不安全　　　　B. 死锁　　　　C. 死机　　　　D. 不一致
21. 在数据库系统中死锁属于（　　）。
   A. 系统故障　　　B. 程序故障　　　C. 事务故障　　　D. 介质故障
22. 不能激活触发器执行的事件是（　　）。
   A. SELECT　　　　B. UPDATE　　　　C. INSERT　　　　D. DELETE
23. 如果有两个关系 T1、T2，客户要求每当给 T2 删除一条记录时，T1 中特定记录就需要被改变，我们需要定义（　　）来满足该要求。
   A. 在 T1 上定义视图　　　　　　　B. 在 T2 上定义视图
   C. 在 T1 和 T2 上定义约束　　　　D. 定义 Trigger
24. （　　）用来记录对数据库中数据进行的每一次更新操作。
   A. 数据库文件　　B. 缓冲区　　　C. 日志文件　　　D. 后援副本
25. 下列关于视图的说法中错误的是（　　）。
   A. 视图是从一个或多个基本表导出的表，它是虚表
   B. 视图可以被用来对无权用户屏蔽数据
   C. 视图一经定义就可以和基本表一样被查询和更新
   D. 视图可以用来定义新的视图

二、填空题

1. 视图是一种虚拟表，其内容由_____定义。
2. 事务的 ACID 特性包括_____、一致性、_____和持久性。
3. 如果对数据库的并发操作不加以控制，则会带来3类问题，即_____、_____和不可重复读。
4. _____是用户定义的一个数据库操作序列，这些操作要么全做要么全不做，是一个不可分割的工作单位。
5. 数据库的故障分为3类，分别是_____、_____和_____。

三、简答题

1. 简述与直接操作基本表相比，使用视图的优点。
3. 简述事务的概念和事务的4个特性。
3. 并发操作可能会产生哪几类数据不一致性问题？
4. 简述封锁的概念以及基本的封锁类型。
5. 什么是日志文件？登记日志文件需遵循什么样的原则？
6. 什么样的并发操作是正确的？
7. 串行调度和可串行化调度有什么区别？

第 8 章

数据库新技术发展

8.1 大数据背景下的数据库

随着计算机技术，尤其是互联网和移动计算技术的发展，大量新型应用应运而生。这些应用不仅对人类的日常生活、社会的组织结构以及生产关系形态和生产力发展水平产生了深刻的影响，也使人们能够获取的数据规模呈爆炸性增长。"大数据"这一词汇被发明出来，用以概括这种态势。

目前广泛认为大数据具有所谓的"4V"特征，即规模大（Volume）、变化快（Velocity）、种类杂（Variety）和价值密度低（Value）。为了有效地应对大数据的上述"4V"特征，各类新型数据管理系统也逐渐涌现。

数据规模大在诸多数据处理场景中都有所体现。例如，社交媒体应用中的用户关系数据，如用图数据模型进行建模，其涉及的节点数可高达几亿。据此，人们提出了各类分布式数据管理系统，将数据分布式地存储在多台机器上分别处理。

数据变化快这一特征具体体现在数据实时到达、规模庞大、大小无法提前预知。在金融应用、网络监控、社交媒体等诸多行业领域，都会产生这类变化极快的数据。为了解决这一问题，人们提出了流数据处理系统。

针对数据种类杂的特征，人们针对各类数据分别提出专门的数据管理系统，图数据管理系统和时空数据管理系统是典型代表。图数据模型是一种具有高度概括性的数据模型，其典型应用包括社交媒体数据的建模和知识图谱等。时空数据在人们的日常生活中也十分常见，例如，各类地图应用在提供导航服务时，都需要对大量的时空数据进行高效的处理。

如上所述，人们已经提出了分布式数据管理系统、图数据管理系统、流数据管理系统和时空数据管理系统来应对大数据的"4V"特征带来的挑战。下面我们将阐述上述技术及相关系统的进展，并展望后续发展趋势。

8.1.1 分布式数据库

分布式数据库是用计算机网络将物理上分散的多个数据库单元连接起来组成的一个逻辑上统一的数据库。每个被连接起来的数据库单元称为站点或节点。分布式数据库的基本特点包括：物理分布性、逻辑整体性和站点自治性。

分布式数据库继承了传统单机数据库的核心特性，同时还拥有分布式系统的处理能力，理论上所有需求都能通过横向扩展解决，这是在大数据高并发场景下诞生的一种产物。分布式数据库的出现并不是要完全取代传统数据库，只是为了解决在大数据时代传统数据库无法解决的问题，二者将在相当长的一段时期内并存。

主流的分布式数据库基本是围绕数据强一致性、系统高可用性和 ACID 事务支持等核心问题展开研究工作，这些性质与系统的扩展性和性能密切相关，甚至相互制约，往往需要根据具体的应用需求进行取舍。

- 数据强一致性。银行交易系统等金融领域往往有数据强一致性和零丢失的需求。当更新操作完成之后，任何多个后续进程或线程的访问都要求返回最近更新值。如果在这个分布式系统中没有数据副本，那么系统必然满足数据强一致性要求（独本数据不会出现数据不一致的问题）。但是分布式数据库系统的设计需要保存多个副本来提高可用性和容错性，以避免宕机时数据还没有拷贝，导致提供的数据不准确。如何低成本地保证数据的强一致性，是分布式数据库系统的一个重要难题。

- 系统高可用性。在分布式数据库中，系统的高可用性和数据强一致性往往不可兼得。当存在不超过一台机器故障的时候，要求至少能读到一份有效的数据，往往需要牺牲数据的强一致性来保证系统的高可用性。相当一部分 NoSQL 数据库采用这个思路来支持互联网场景下的大规模用户并发访问请求，它们通过实现最终一致性来确保高可用性和分区容忍性，弱化了数据的强一致要求。为了解决数据不一致问题，不同的分布式数据库设计各自的冲突机制。另外，有效的容错容灾机制也是保障系统高可用性的坚实后盾。

- ACID 事务支持。ACID 指的是事务层面的原子性、一致性、隔离性和持久性。如何有效地支持 ACID 事务属性，一直是分布式数据库的难点，涉及很多复杂的操作和逻辑，会严重影响系统的性能，很多 NoSQL 数据库都是放弃支持事务 ACID 属性来换取性能的提升。

如上所述，分布式数据库应该具备强一致性、高可用性、高容错性，以及满足 ACID 属性的高并发事务处理能力。但在实际设计中，受限于 CAP 理论，在必须支持分区容错性的前提下，系统无法同时满足强一致性和高可用性，而且实现 ACID 事务需要付出很大的成本来维护高可用性。针对这些挑战，现有的解决策略大致可分成以下 3 类：

- 将现有商业关系数据库（如 Oracle、SQLServer、MySQL、PostgreSQL）在分布式集群或者云平台上进行小规模扩展和部署；

- 放弃关系数据库模型和 ACID 的事务特性，选择灵活的 Schema-free 数据模型及高可用性和最终一致性的 NoSQL 数据库；

- 融合关系数据库和 NoSQL 优势的新型数据库（NewSQL）。

在大数据环境下，NoSQL 分布式数据库与传统分布式数据库的区别在于传统分布式数据库追求数据强一致性，并且需要提供 ACID 事务支持，导致其在峰值性能、伸缩性、容错性、可扩展性等方面的表现不佳。NoSQL 则是以牺牲支持 ACID 为代价，换取更好的可扩展性和可用性。NewSQL 是一种相对较新的形式，旨在将 SQL 的 ACID 保证与 NoSQL 的可扩展性和高性能相结合。

未来几年，融合关系数据库和 NoSQL 优势的 NewSQL 将继续在分布式数据库领域大放光彩，并成为一个重要的研究热点。以 OceanBase 和 DCDB 为代表的国内 NewSQL 系统也将在海量复杂业务推动下持续发展和优化，并作为国家大数据发展战略提供有力支撑。这也意味着我国有可能在下一波数据库技术潮流当中占领先机，进入第一梯队。

8.1.2 图数据库

近年来，随着社交网络与语义网的发展，基于互联网的图数据规模越来越大。截至 2023 年年底，微信已有 13.5 亿活跃用户，这些用户相互关联与通信，仅在 2023 年春节期间，用户之间就互相分发了超过 40 亿个红包。在语义网的 Linked Open Data 项目中，已经有超过 2 000 个 RDF 图数据集，合计超过 1 000 亿条边。针对这些规模巨大的图数据，设计与实现高效的图数据管理系统成为一个很重要的研究热点。

图数据库是一个使用图结构进行语义查询的数据库，它使用节点、边和属性来表示和存储数据。该系统的关键概念是图，它使用图模型来操作数据，直接将存储中的数据项，与数据节点和节点间表示关系的边的集合相关联。这些关系允许直接将存储区中的数据链接在一起，并且在许多情况下，可以通过一个操作进行检索。

传统关系型数据库不擅长处理数据之间的关系，是以非直接的方式来表示数据之间的关系。SQL 作为关系型数据库的查询语言，其也不擅长表达 Join 等关系查询和操作，在需要进行多层的关系 Join 查询时，SQL 往往冗长而难以直观的理解。

图数据库对数据的存储、查询以及数据结构都和关系型数据库有很大的不同。图数据结构直接存储了节点之间的依赖关系，节点表示实体，边表示实体间的关系。图数据库把数据间的关联作为数据的一部分进行存储，关联上可添加标签、方向以及属性。

图数据库不使用最传统的 SQL 作为 CRUD 语言，在图数据库中使用专门的图查询语言比使用 SQL 更加高效。目前主流的图查询语言是 Cypher 和 Gremlin，在对数据间关系进行挖掘的时候性能会比 SQL 好很多。对图数据库来说，数据量越大，越复杂的关联查询，越有利于体现其优势。

目前使用的图模型有 3 种，分别是属性图（Property Graph）、资源描述框架（RDF）三元组和超图（Hyper Graph）。现在较为知名的图数据库主要是基于属性图，更确切地说是带标签的属性图（Labeled-Property Graph）。随着语义网的发展，越来越多的数据被表示成 RDF（Resource Description Framework，资源描述框架）并发布到网络上。在 RDF 模型下，网络资源及其关系也可以被表示成一个图，方便用户利用图技术进行数据表示与管理。针对 RDF 数据，已经有推荐的描述性结构化查询语言 SPARQL（Simple Protocol And RDF Query Language），可以实现大规模 RDF 数据管理。

目前而言，针对大规模图数据处理主要有以下几个常见研究方向：

- 图搜索：从图中一个点出发，沿着边搜索其他所有节点，方法有宽度优先、深度优先和最短路径等，图搜索是图计算问题的基础；
- 基于图的社区发现：社区发现是社交网络分析中一个重要的任务，用于分析网络图中的密集子图。这对理解社交网络中的用户行为和朋友推荐等都具有非常重要的应用价值，典型的社区发现算法有 k-core、k-truss 以及 k-clique；
- 图节点的重要性和相关性分析：计算图中某个节点的重要程度，例如，在网页链接图中分析网页的重要程度，最具代表性的就是 Goolge 的 PageRank 算法；衡量图上两个节点的相关性，例如，社交网络中两个人之间的关系，代表工作包括 SimRank 和 Random Walk 等；
- 图匹配查询：给定数据图和查询图，图匹配查询找出所有在数据图上与查询图同构的子图。常见的图匹配查询的应用包括化学分子库中的分子拓扑结构查询、在一个社交网络图中的特定社交结构查询等。

随着应用规模的增长，研究人员也提出了一些新的研究问题，包括在异构计算环境下的图数据管理等问题。同时在传感器、社交网络等环境下的图数据管理问题具有多源且实时更新的特点，面对多源的流式图数据管理也是图数据管理新的挑战。

8.1.3 流数据管理

流数据（Stream Data）是一种连续生成的、实时的、动态变化的数据集合。与批处理数据（Batch Data）不同，流数据不是一次性处理一组固定的数据，而是源源不断地处理实时产生的数据。流数据通常来自各种实时事件，如传感器数据、社交媒体消息、金融交易、网络日志等。

流数据管理来自这样一个概念：数据的价值随着时间的流逝而降低，所以需要在事件发生后尽快进行处理，最好是在事件发生时就进行处理（即实时处理），对事件进行一个接一个处理，而不是缓存起来进行批处理（如 Hadoop）。在数据流管理中，需要处理的输入数据并不存储在可随机访问的磁盘或逻辑缓存中，它们以数据流的方式源源不断地到达。

流数据处理具有以下特点：

- 实时性：流数据处理需要在数据产生后尽快进行处理和分析，以便实时获取洞察和做出决策；
- 无限性：流数据是连续生成的，理论上没有结束点。因此，流数据处理系统需要具备处理无限数据的能力；
- 顺序性：流数据通常具有时间顺序，处理系统需要按照数据的生成顺序进行处理，以保证结果的正确性；
- 状态管理：流数据处理可能需要跟踪和管理数据的状态，例如，统计过去一段时间内的数据，或者检测特定的事件模式。

除基本的数据查询统计等操作外，流数据处理还有下面的这些研究问题：

- 流数据采样：要用有限的存储来管理无限的动态数据，典型的解决方法就是对高速更新的流数据进行高效采样。通过对采样数据的计算和挖掘来反映流数据所蕴涵的重要信息；
- 持续性数据查询：流数据模型所对应的最核心的现实场景是实时监控。对不断生成的现实数据进行给定基于结构特征、统计特征的数据查询和高效的计算挖掘，能够及时获取现实世界中的重要信息；
- 流数据并行计算：高速生成的流数据在其初期的归整处理上都可以利用数据独立性进行流水线式的并行处理，以提高系统吞吐量。在更复杂的数据计算和分析过程中，针对计算独立性和流场景的一致性要求，设计锁机制来实现计算分析的并行化。

在传统的数据流管理模型和架构上做持续性查询的简单扩展，已经难以处理大规模复杂数据流的查询和计算。主流的流计算框架采用分布式的计算方式，利用数据独立性的特点进行并行计算，同传统的数据管理模型有很大区别。对数据的格式要求不高，能够处理大规模的多种复杂数据流，有大量的社区支持以及大规模企业的实践与推广。

8.1.4 时空数据库

传感器网络、移动互联网、射频识别、全球定位系统等设备时刻输出时间和空间数据，时空数据就是包括时间序列以及空间地理位置相关的数据，是一种高维数据。传统关系型数据库不能很好地处理此类数据，需要具有时空数据模型、时空索引和时空算子的时空数据库。根据对象不同，时空数据库大致包括以下 3 种。

- 空间数据库：主要处理点、线、区域等二维数据，数据库系统需提供相应的数据类型以支持数据表示、存储、常见拓扑运算操作和高效查询处理；
- 时态数据库：管理数据的时间属性，包括有效时间、事务时间等。时间可以为时间点或者时间区间，在不同的应用场景下，时间属性会有相应的特点（例如，周期性）；
- 移动对象数据库：管理位置随时间连续变化的空间对象，主要有移动点和移动区域。移动对象具有数据量大、位置更新频繁、运算操作复杂等特点。

近年来，随着定位设备的不断普及，例如，智能手机，时空数据量增长非常迅速。时空数据库在地理信息系统、城市交通管理及分析、计算机图形图像、金融、医疗、基于位置服务等领域都有广泛的应用：

- 城市规划与建设：时空数据可以帮助城市规划师更好地了解城市内部的人口分布、交通流量、空气质量等信息，优化城市规划和建设方案；
- 环境监测与管理：时空数据可以帮助监测和管理环境中的各种指标，例如，空气质量、水质、土壤质量、植被覆盖等；
- 自然资源管理：时空数据可以用于监测和管理自然资源，例如，森林、土地、水资源等，以支持可持续的资源管理和保护；
- 气象预测与灾害管理：时空数据可以帮助气象科学家和灾害管理人员更好地预测和管理自然灾害，例如，暴雨、洪水、地震等；
- 交通管理与规划：时空数据可以用于实时监测交通流量、道路状况、公共交通的使用情况等，以便进行交通管理和规划；
- 医疗健康：时空数据可以帮助医疗机构和研究人员更好地了解人口分布、疾病流行趋势等信息，以支持健康管理和疾病预防。

由此可见，时空数据库在各个领域都具有广泛的应用前景，可以帮助我们更好地了解世界，做出更加准确的决策。

8.1.5 其他新技术

除上述研究方向外，数据库领域还涌现出很多其他研究热点。例如：新硬件技术（包括内存技术）改变了数据库的底层框架设计和查询优化的代价模型；近似查询技术能够以更小的代价支持更大规模数据上的查询；数据的可视化技术为用户提供更加友好的数据展示方式。下面简单列举一下：

- 基于高性能和专用处理器的数据管理方法：目前，数据库底层核心算法需要充分考虑多核并行的能力，重新设计连接、排序等基本操作。GPU、FPGA 等专用处理器具备更大规模的数据并行操作能力，从而提升数据的向量处理效率，支持数据库内核范围内的机器学习等任务。同时，还要考虑不同特性异构硬件的协同操作，面向数据管理的 CPU 和 GPU 的

协同架构就是希望充分发挥不同硬件的优势,避免其中可能的瓶颈操作;

- 基于高速网络连接的数据管理方法:在传统分布式数据库或者并行数据库环境中,网络的传输速率远低于内存访问速率,在分布式查询和事务管理等部件中都将网络传输作为主要代价之一。随着 RDMA 等高速网络技术的发展,网络传输代价大幅降低。现有的研究工作基于 RDMA 高速网络的特性,设计了新的分布式连接方法和分布式并发控制策略等;
- 内存数据库:就是以内存为主要数据存储介质、在内存中直接对数据进行操作的数据库。传统数据库查询执行的主要瓶颈在 IO 操作,而相对于以磁盘为主要存储介质的传统数据库,内存数据库带来数量级的性能提升,内外存数据交换不再成为代价的主要来源;
- 近似查询:相对于传统的数据库精确查询,近似查询能够以较小的代价获得近似的查询结果。近似查询技术可以通过不同维度来刻画,包括所支持查询的表达能力、错误模型和精度保证、运行时刻代价节省以及预计算结构的维护代价等。近似查询技术在大规模数据分析、趋势发现、快速可视化等领域都有应用前景;
- 数据可视化:利用计算机图形学、数据分析、用户交互界面等技术,通过数据建模等手段,为用户提供有效的数据呈现方式。数据可视化能够帮助用户迅速理解数据、定位问题。近期发展的可视化技术可以从不同维度来刻画,如可视化后台的数据类型、不同类型的可视化交互技术等。

8.2 国产数据库

2022 年 3 月,乌克兰副总理兼数字化转型部长 Mykhailo Fedorov 在推特上晒出了发给 Oracle 和 SAP 的两封信,希望其终止与俄罗斯的商业关系。Oracle 随后发推文称:"为了 Oracle 在全球各地的 150 000 名员工的利益,为了支持乌克兰民选政府和乌克兰人民,Oracle 公司已经暂停了在俄罗斯联邦的所有业务。"

俄罗斯的遭遇给了我们很大警示,在当前国际贸易摩擦加剧、国际局势多变的情况下,科技行业成为贸易战的主战场之一。目前,我国的软件短板主要在于底层基础软件、重要支撑性软件环境和大型数据库等方面,越底层的软件的开发难度越大,重要性也越高。核心技术受制于人不仅会带来供应链断链风险,同时也会带来安全风险。

数据库和操作系统、中间件被称为基础软件三大件,是最重要的 IT 基础设施之一。2018 年,中兴通讯被美国列入实体清单后,《科技日报》总结出了中国 35 项被外国"卡脖子"的关键技术,数据库就位列其中。我国必须实现数据库的国产化和自主可控,国产高端服务器和数据库替代"IOE"(IBM 主机、Oracle 数据库、EMC 存储设备构成的系统)不仅是大势所趋,也势必将是一件不得不完成的事。

8.2.1 国产数据库的发展历程

国产数据库发展历程可以分为以下四个阶段。

技术启蒙阶段(20 世纪 80 年代):国产数据库技术的起源可以追溯到 20 世纪 60—70 年代,当时中国正处于信息化起步阶段,数据库技术并不发达。1977 年,中国计算机学会首次在黄山召开数据库研讨会。从 1982 年起,中国计算机学会每年举办一次数据库学术会议。萨师煊教授于同年在人大创办了国内首个计算机本科专业,并编撰了中国第一部数据库教材《数据库系统概论》。

国外厂商垄断阶段（20 世纪 90 年代）：1989 年，Oracle 正式进军中国市场，成为首个进入中国的软件巨头。1991 年，Sybase 进入中国大陆；1992 年，IBM 进军中国市场并启动"发展中国"战略，带来的 DB2 和 Informix 数据库一举拿下中国金融行业的数据库市场；1997 年，Oracle 拿下中国邮电部电信总局建设的"九七工程"，成为中国电信行业最大的数据库供应商。同一时期，国内开始引进和消化吸收国外的数据库技术，一些国内高校和科研机构开始进行数据库相关的研究。1991 年，中国科学院计算技术研究所研制的"长城"系列数据库成为国内第一款自主研发的数据库产品。

国产启蒙阶段（21 世纪初）：凭借"863"技术计划"核高基重大科研专项"以及"973"研究计划等国家政策的大力扶持和高校研究背景，涌现出一批国产数据库厂商。1999 年，最早的国产数据库厂商——人大金仓成立，依托人大背景，研发了 KingbaseES 系列数据库产品；2000 年，拥有华中科技大学与多媒体研究所背景的武汉达梦成立，创建了武汉达梦数据库；2004 年，拥有南开大学背景的南大通用成立，创建了南大 GBase 系统；2008 年，依托中国航天科技集团的神舟通用成立。这一阶段，数据库科研成果产业化，成功从实验室走向市场。

加速发展阶段（21 世纪初至今）：随着互联网与云计算的兴起，中国数据库市场及技术日益成熟，一批云计算厂商开始布局数据库行业，新兴的软件厂商、集成商、运营商相继进入市场。2010 年起，阿里云开始使用开源数据库去 IOE 并提供云托管，衍生出基于 MySQL 开发的 Polar DB，蚂蚁金服自研 OceanBase。2011 年，巨杉数据库成立，打造出金融级分布式数据库 SequoiaDB 等。2012 年，国家将大数据作为国家级发展战略，同年腾讯云推出自主研发的分布式数据库 TDSQL。2013 年，星环数据库成立；2015 年，PingCAP 成立。2016 年起，打造了各种云原生数据库；2017 年，腾讯云推出自研云原生数据库 CynosDB。这一阶段，国产数据库借助国家国产化项目工程及新创产业的发展，逐渐走进世界一流行列。

8.2.2　国产优秀数据库产品

国家高度重视基础软件的国产化工作后，国产数据库进入了更大的政策和市场红利期，百花齐放，集中效应初显，涌现了一批优秀产品。下面，我们就简单介绍一下目前国产数据库系统的优秀代表。

- openGauss：华为自研数据库品牌，是一款高性能、高安全、高可靠的企业级开源关系型数据库，内核基于 PostgreSQL，采用木兰宽松许可证 v2 发行；具备高性能、服务高可用、高安全性、运维成本低、开放性高等优点；适合大并发、大数据量、以联机事务处理为主的交易型应用，例如，电商、金融、O2O、电信 CRM/计费等类型的应用。
- GaussDB（for MySQL）：华为自研的新一代企业级高扩展海量存储分布式云数据库，完全兼容 MySQL，基于华为最新一代 DFV 存储，采用计算存储分离架构，能为企业提供功能全面、稳定可靠、扩展性强、性能优越的企业级数据库服务。
- GaussDB（for openGauss）：openGauss 基于同内核演进，是华为自研的新一代企业分布式云数据库；提供高吞吐强一致性事务处理能力、两地三中心金融级高可用能力、分布式高扩展能力、大数据高性能查询能力；应用于金融、电信、政府等行业关键核心系统。
- TiDB：由 PingCAP 公司研发设计的开源分布式 HTAP（Hybrid Transactional and Analytical Processing）数据库，它结合了传统的关系型和非关系型数据库的最佳特性。TiDB 兼容 MySQL，支持无限的水平扩展，具备强一致性和高可用等特性。

● OceanBase：蚂蚁集团自研的原生分布式关系数据库软件，具备金融级高可用、HTAP 混合负载、超大规模集群水平扩展及主流商业和开源数据库兼容的多个产品优势，在交易支付、会员系统和批处理系统中适用体验良好。OceanBase 至今已成功应用于支付宝全部核心业务，在国内几十家银行、保险公司等金融客户的核心系统中稳定运行。

● 达梦：达梦数据库管理系统是达梦公司推出的具有完全自主知识产权的高性能数据库管理系统，简称 DM。达梦的优势在于信创性好，针对国产 CPU、国产服务器、国产操作系统做了专门的适配，对国产服务器、国产操作系统的兼容性好，在公安、政务、信用、司法、审计、住建、国土、应急等领域应用非常广泛。

尽管国产数据库技术发展迅速，但与国外的知名数据库产品仍存在一定差距。在大规模和复杂应用场景下，国产数据库技术需要继续提高性能和可靠性，加强创新研发，以满足不断增长的市场需求。

8.3 总 结

数据相关技术的发展给整个社会带来了巨大的变革，也给相关的技术领域带来了巨大的挑战。不同领域的学者均尝试从自身的角度出发来解决大数据的种种问题，基于这些成果构建了若干实际可行的新型系统。但随着数据规模以及应用需求的进一步发展，未来的数据管理技术仍旧面临新的问题和转变。

而国产数据库技术路线注重分布式架构、处理分布式事务和一致性、高性能和数据压缩、安全与隐私保护，以及开放性和生态环境建设。这些技术路线的发展使国产数据库技术在不断提升，并在国内外市场上得到了广泛应用和认可。随着技术的不断进步和创新，国产数据库技术将迎来更加辉煌的未来。

附 录 A

软件的下载与安装

附录 1　MySQL 8.0 下载与安装

1. 首先，进入 MySQL 官网：http：//www.mysql.com. 下载 MySQL 8.0。

2. 然后，单击 DOWNLOADS，进入页面后，往后拉下去，单击 MySQL Community（GPL）Downloads。

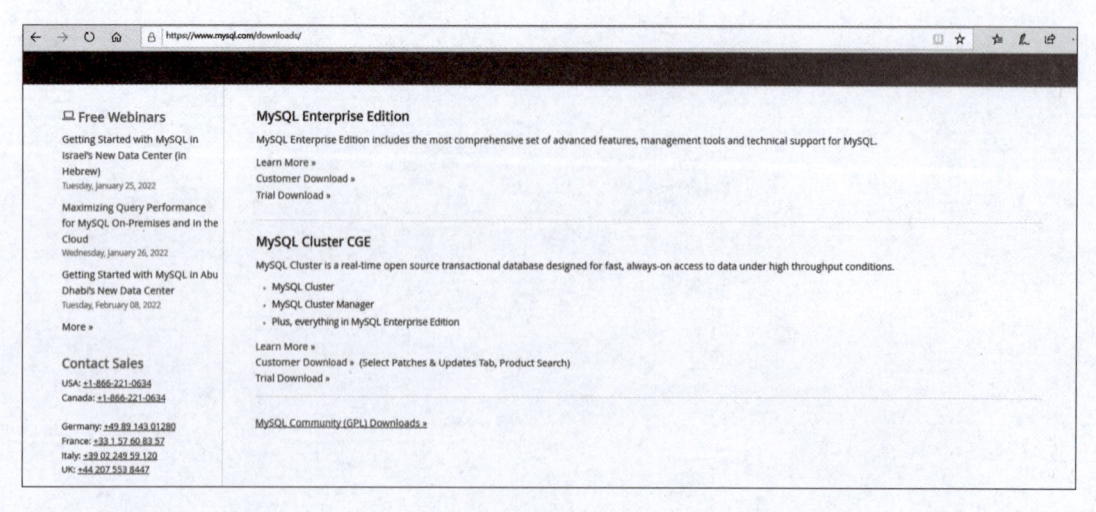

3. 进入页面后，单击 MySQL Installer for Windows。

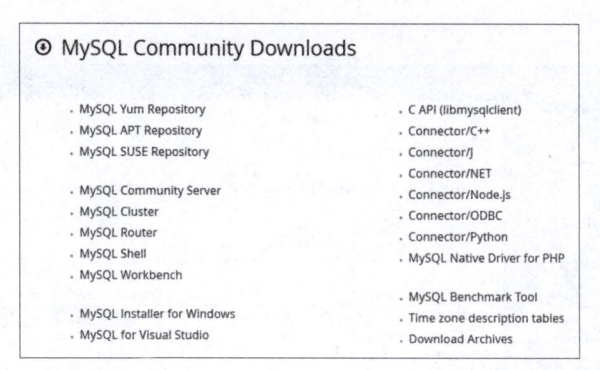

4. 再次进入页面后，单击 Archives，从 Product Version 选择 MySQL 8.0.25，单击第二个 Download，进行下载。

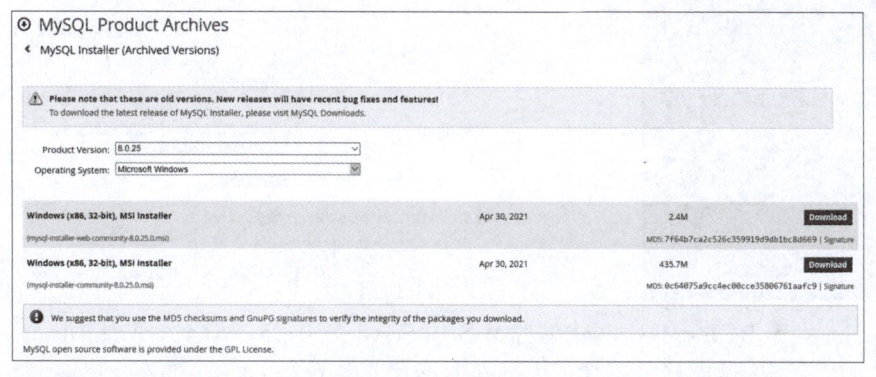

5. 下载完成后，双击运行，成功打开后，选择 Custom，单击 Next。

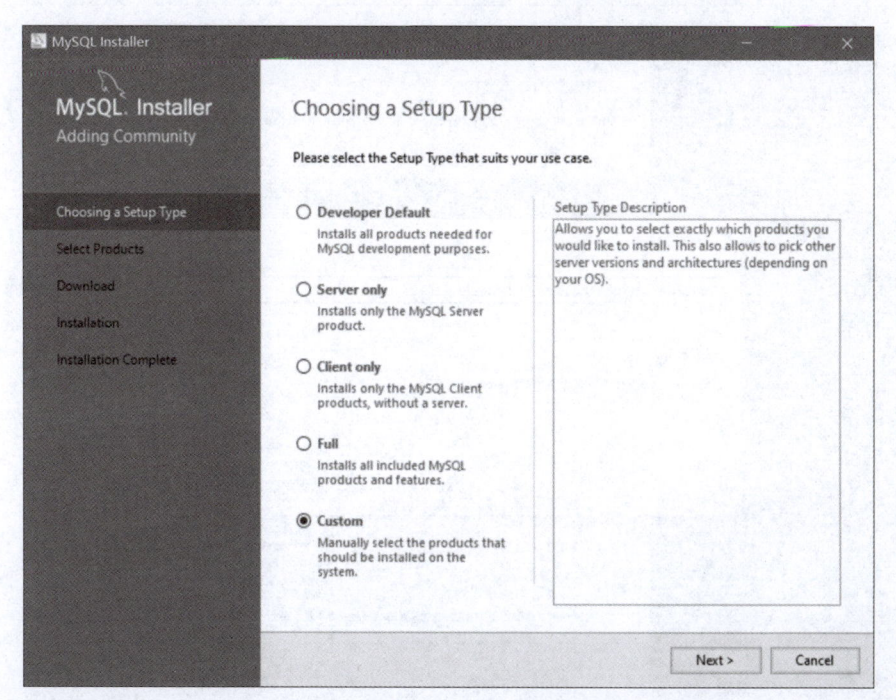

6. 单击 MySQL Servers→MySQL Server→MySQL Server 8.0→MySQL Server 8.0.25-x64，然后单击右箭头。

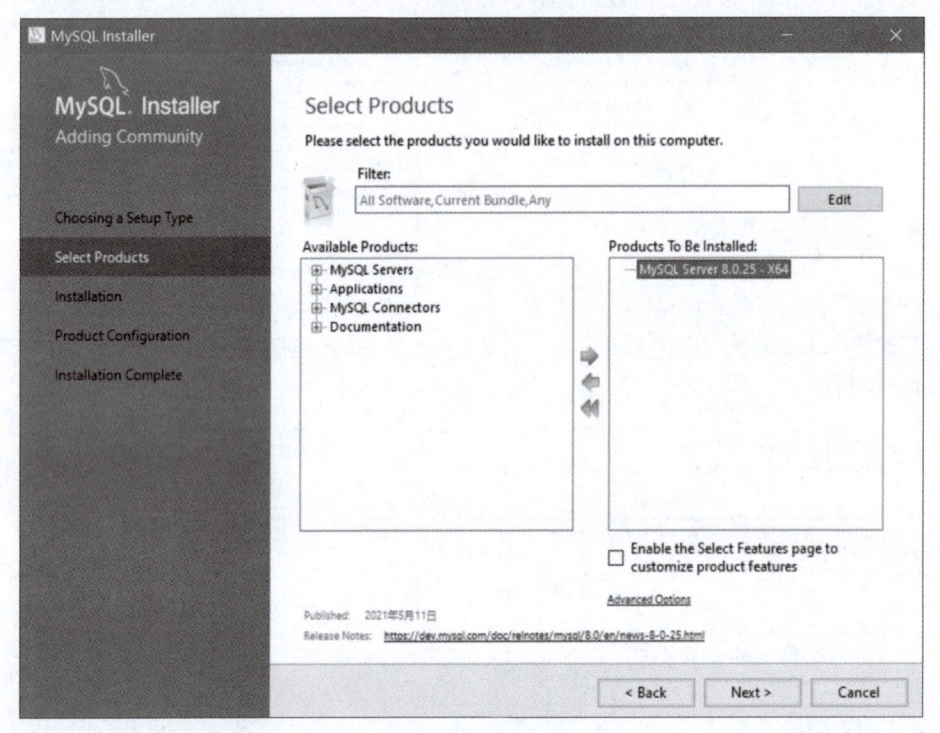

在 Products To Be Installed 框处单击 MySQL Server 8.0.25 - x64，出现 Advanced Options 后单击它可以选择安装路径，不建议安装在 C 盘，最后单击 OK 和 Next。

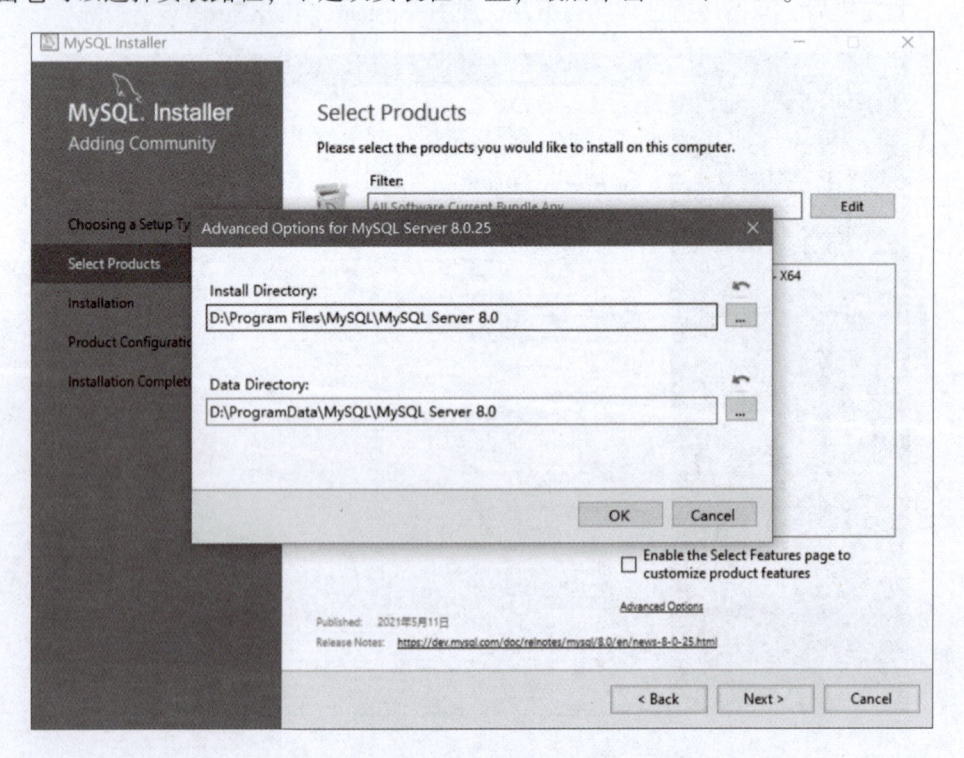

7. 单击 Execute，等待安装成功后，单击 Next。

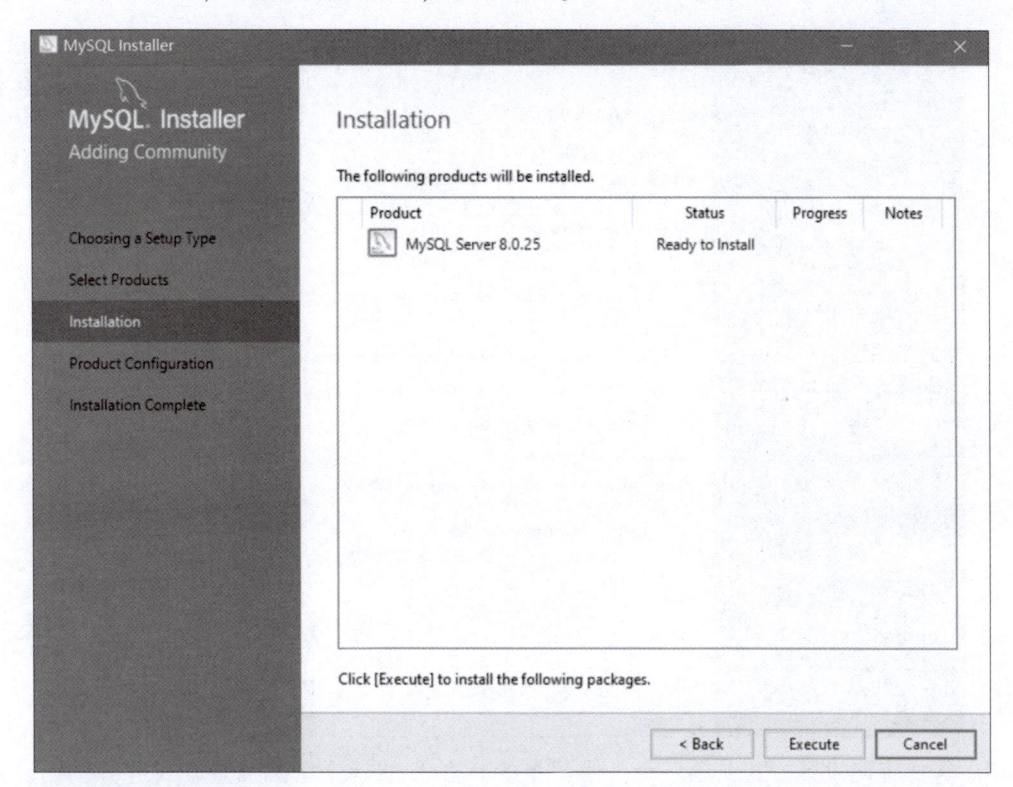

8. 默认单击 Next。

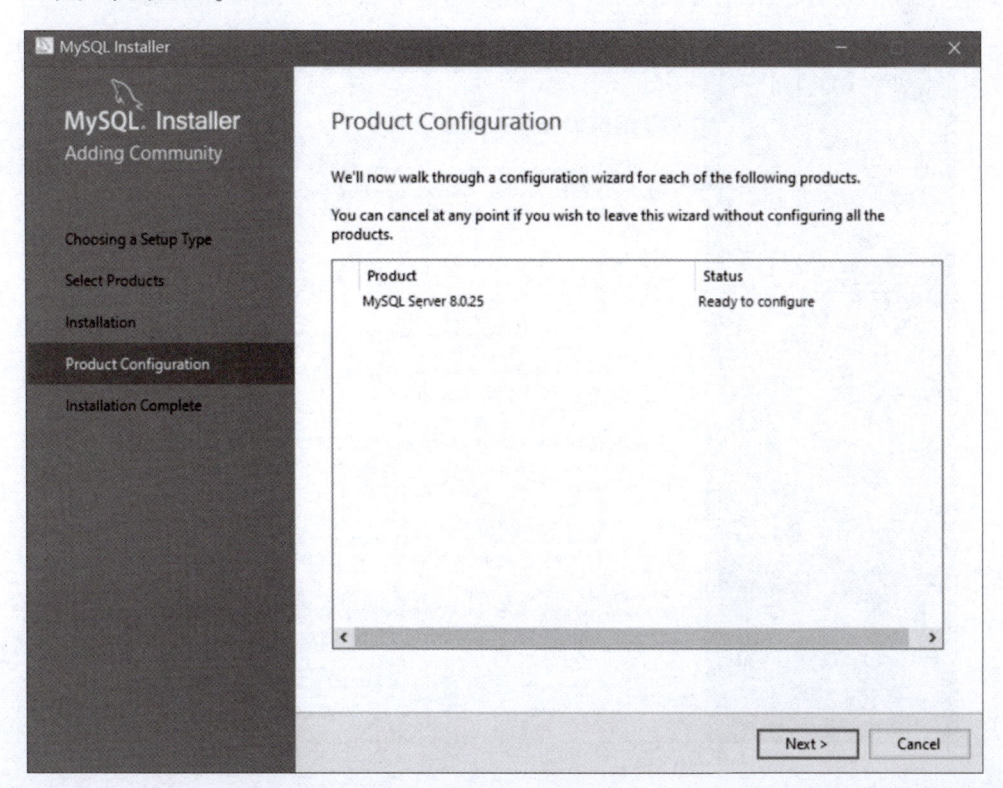

9. 配置 MySQL 的端口号和网络配置的，默认单击 Next。

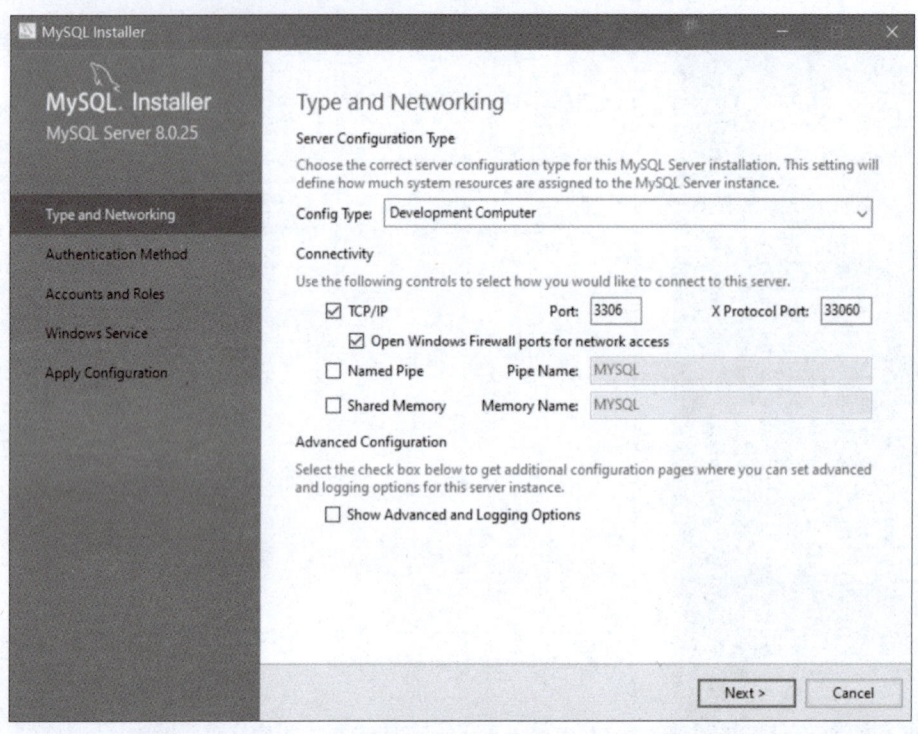

10. 选择密码设置方式，第一个：使用 MySQL 8.X 的一个密码设置方式进行密码设置；第二个：使用 MySQL 5.X 的方式设置密码，建议选择第二个，然后单击 Next。

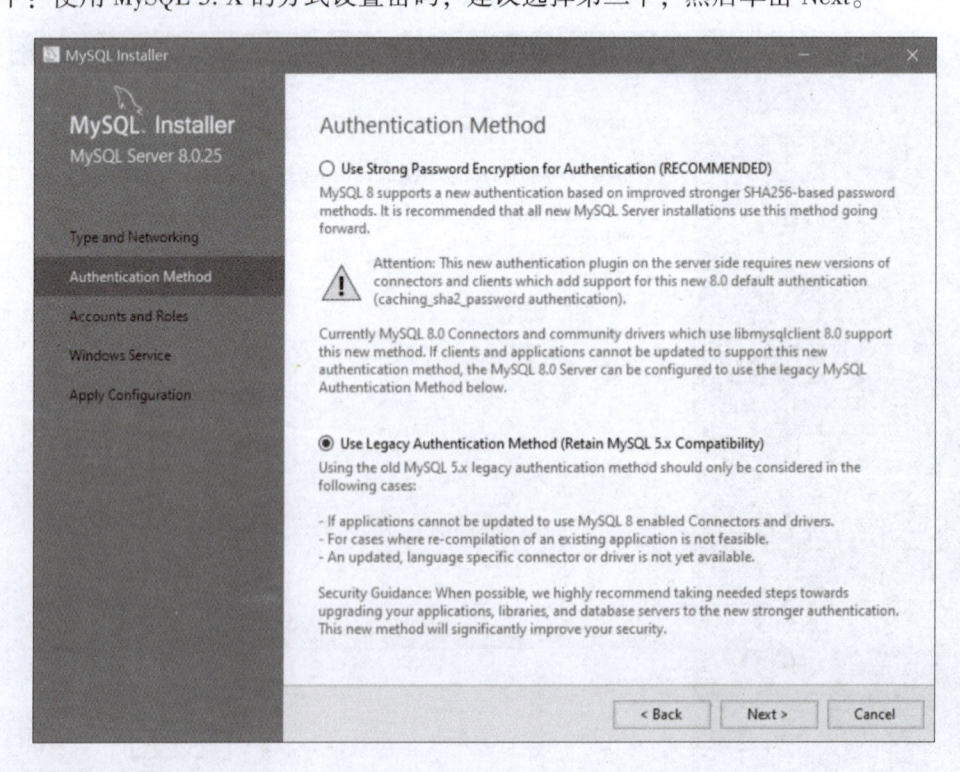

11. 在 MySQL Root Password 处设置密码，然后再次确认密码后，单击 Next。

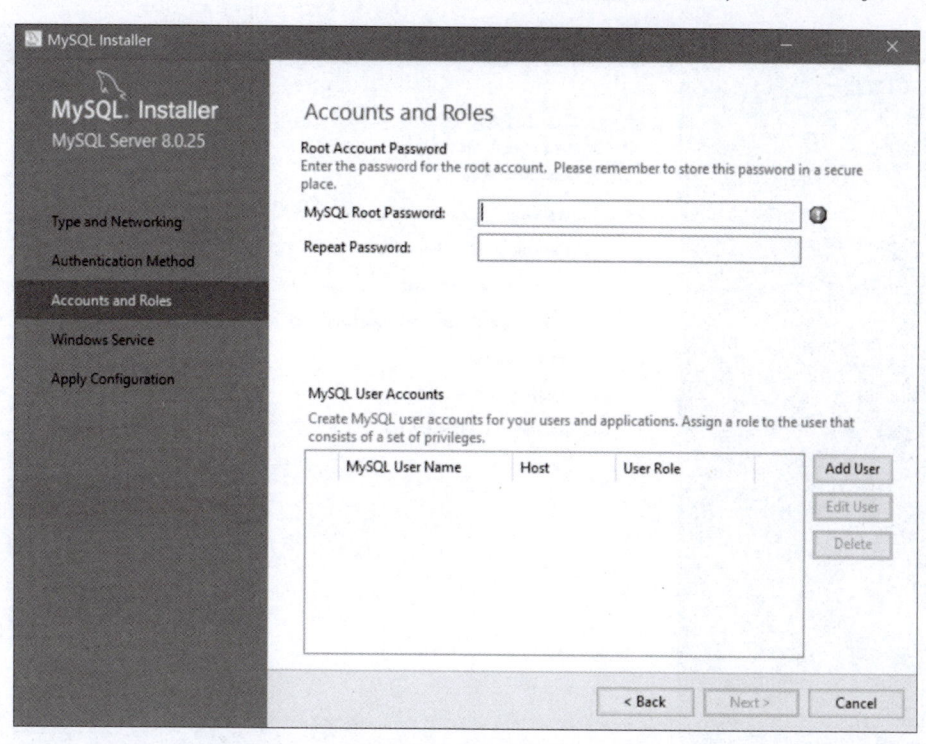

12. 默认 Windows 下的服务名，注：启动 MySQL 服务为 net start mysql80，Start the MySQL Server at System Startup：开机启动 MySQL Server，可以根据自身进行勾选，单击 Next。

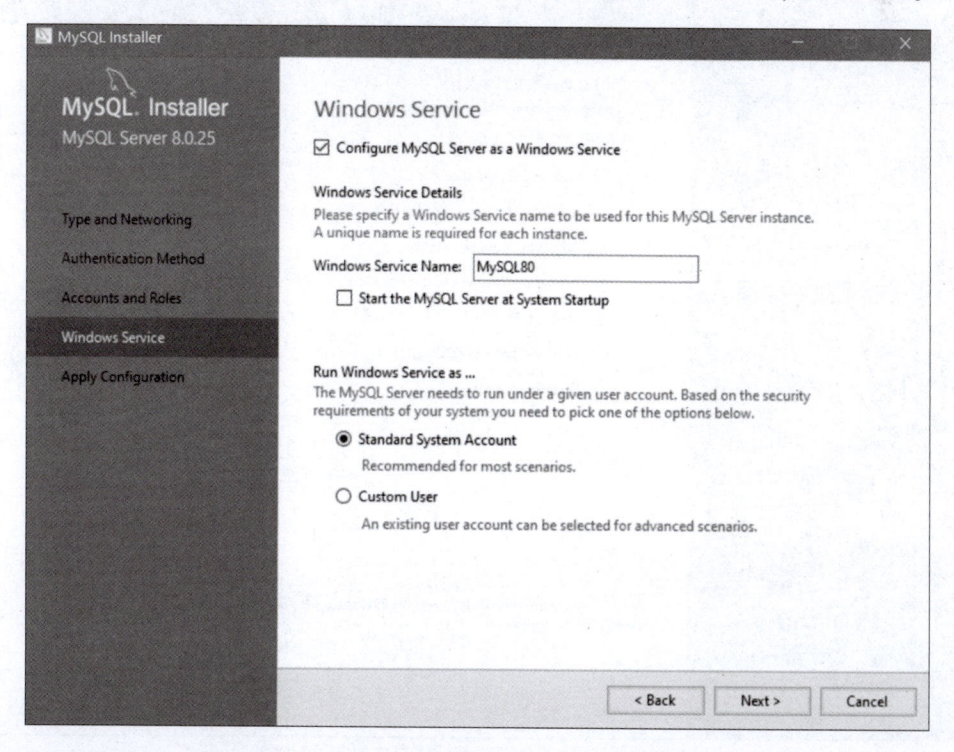

13. 单击 Execute，待完全勾选后便是安装成功，单击 Finish。

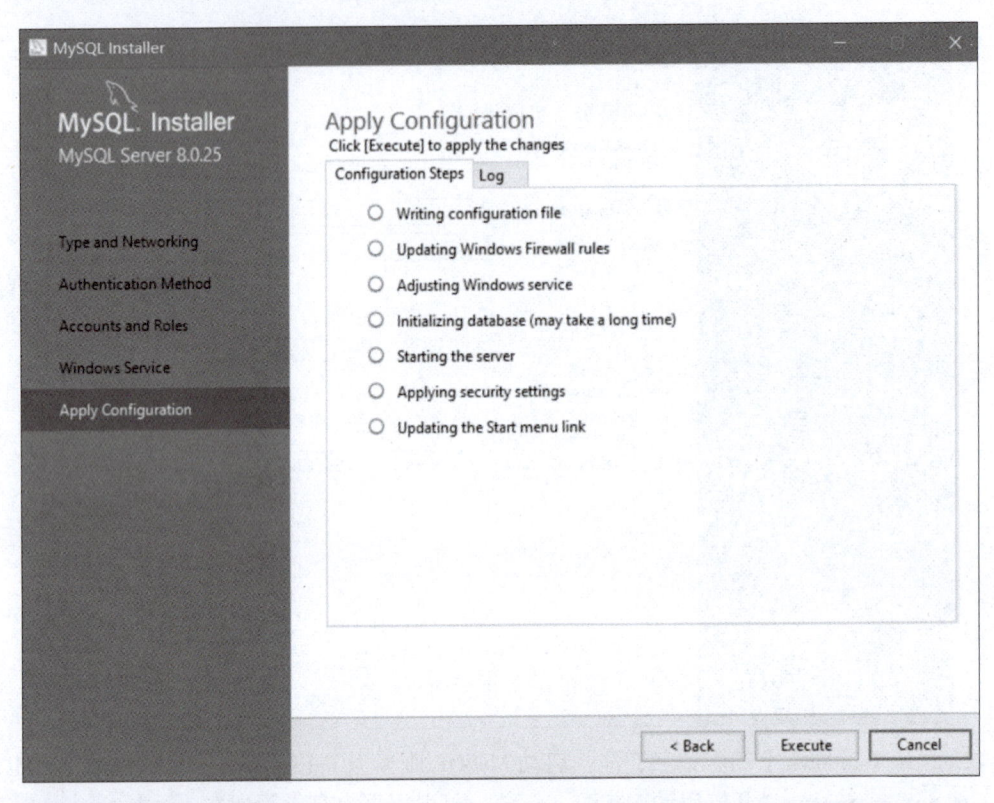

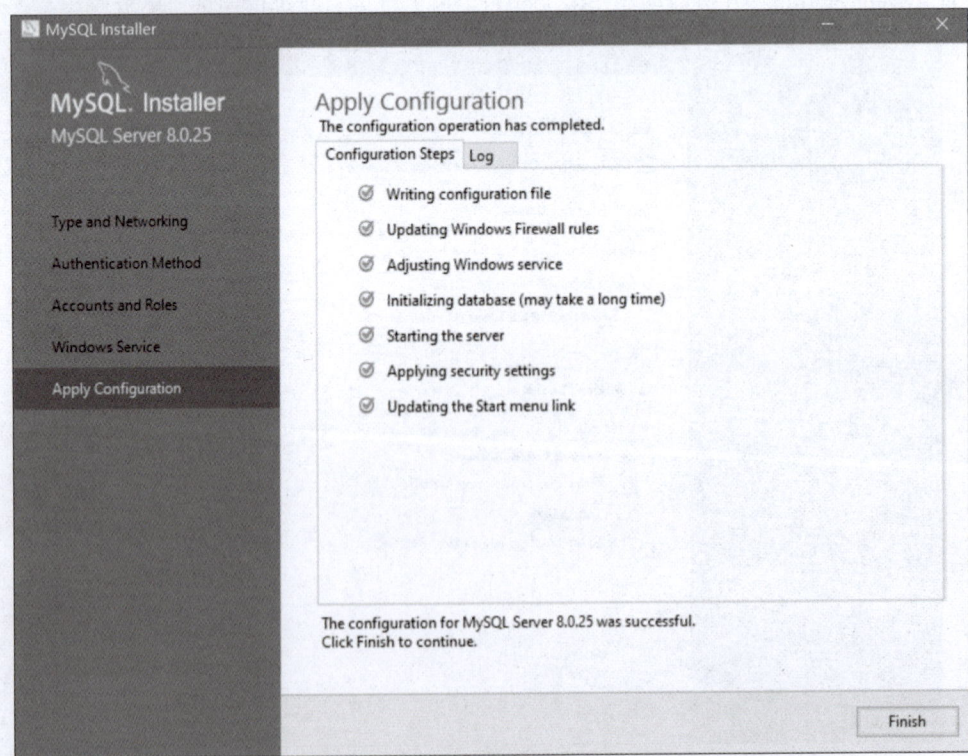

附录 2　Navicat 下载与安装

1. 首先，进入官网：https：//www.navicat.com. 下载 Navicat。

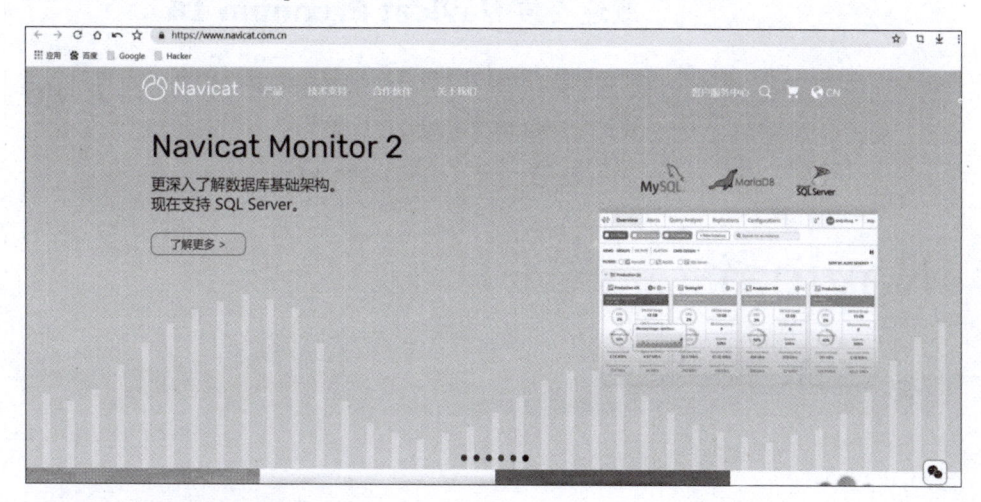

2. 选择产品，单击免费试用。

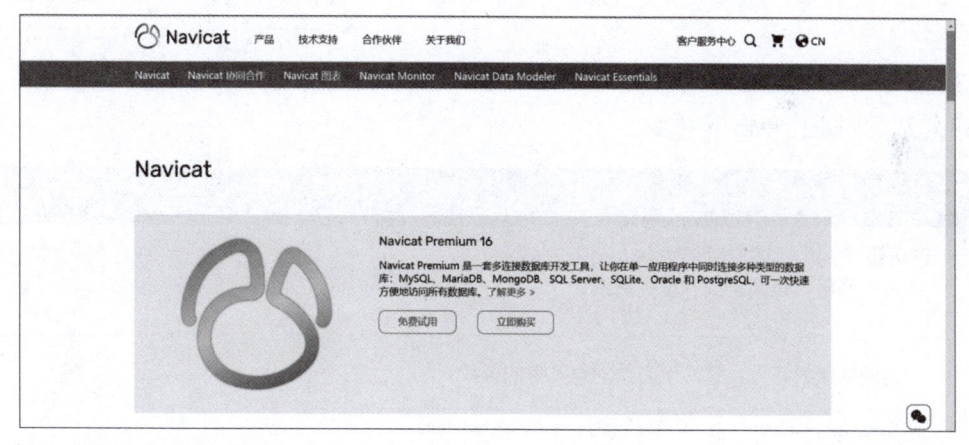

3. 单击 Windows 版直接下载（64 bit）。

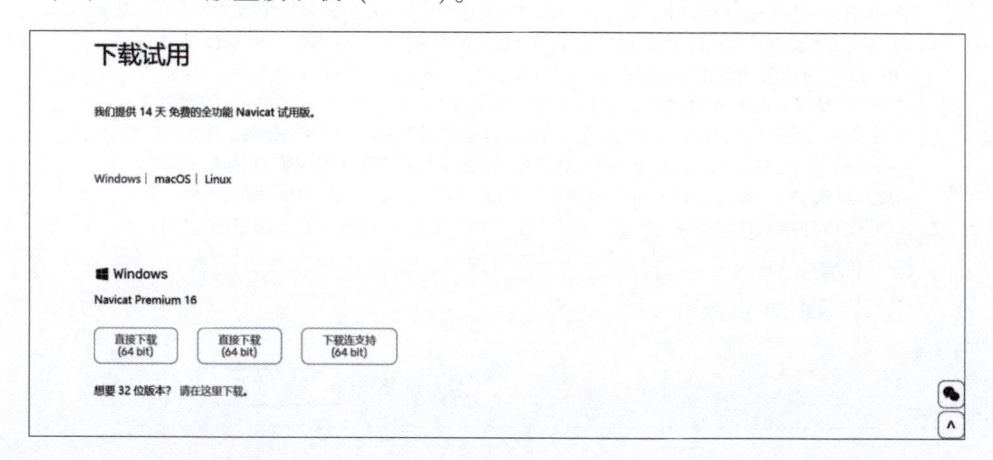

4. 双击运行下载的文件，单击下一步。

5. 勾选我同意，单击下一步。

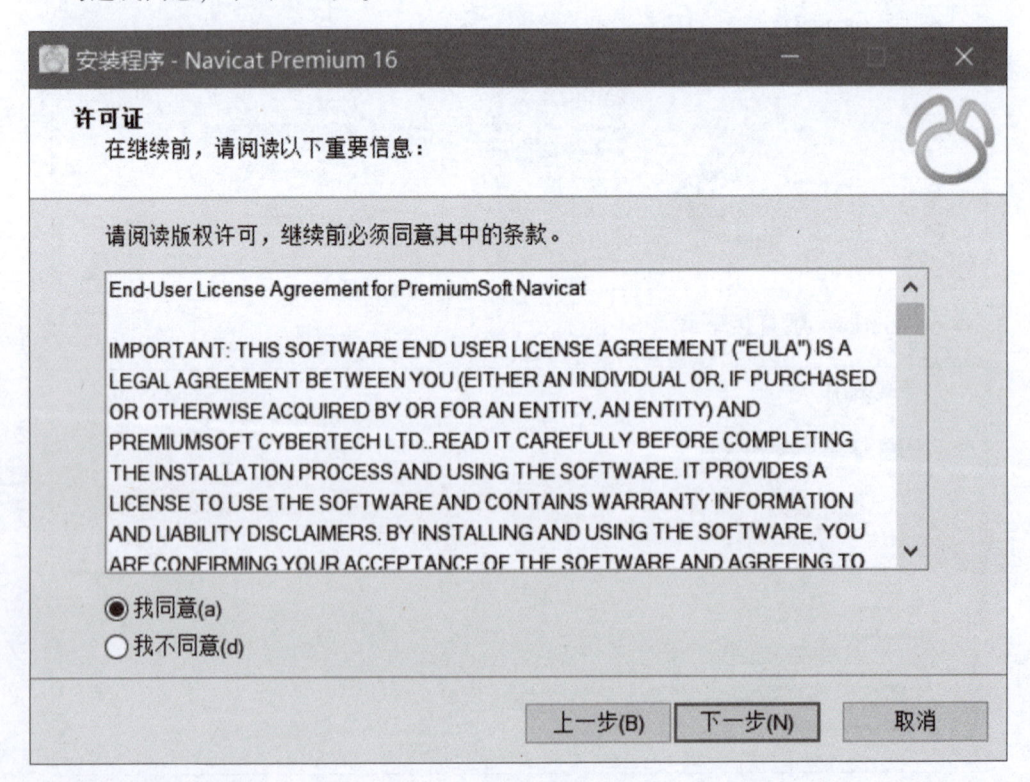

6. 选择安装路径，不建议安装在 C 盘，单击下一步。

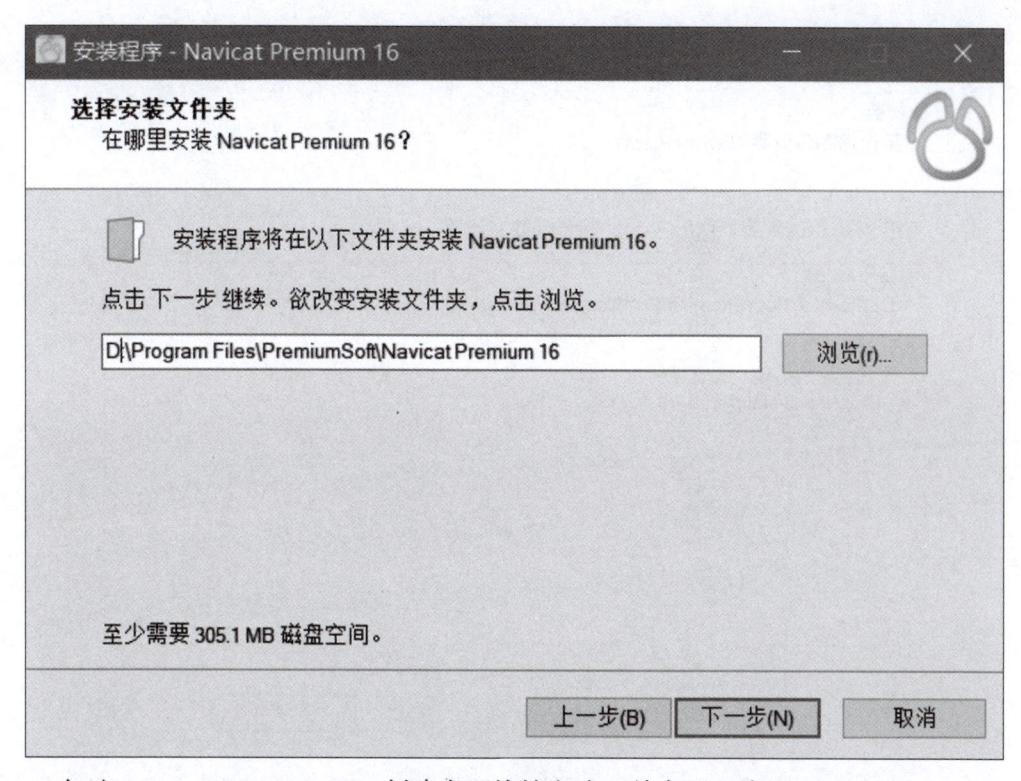

7. 勾选 Create a desktop icon，创建桌面快捷方式，单击下一步。

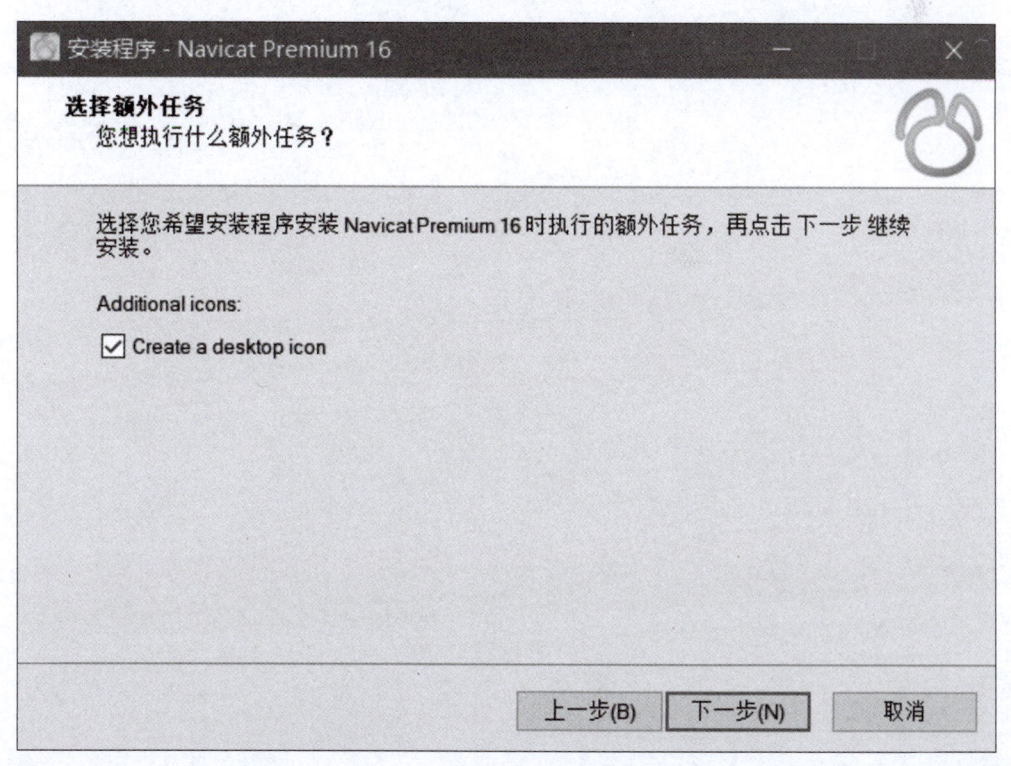

8. 单击安装，待成功安装后便单击完成。

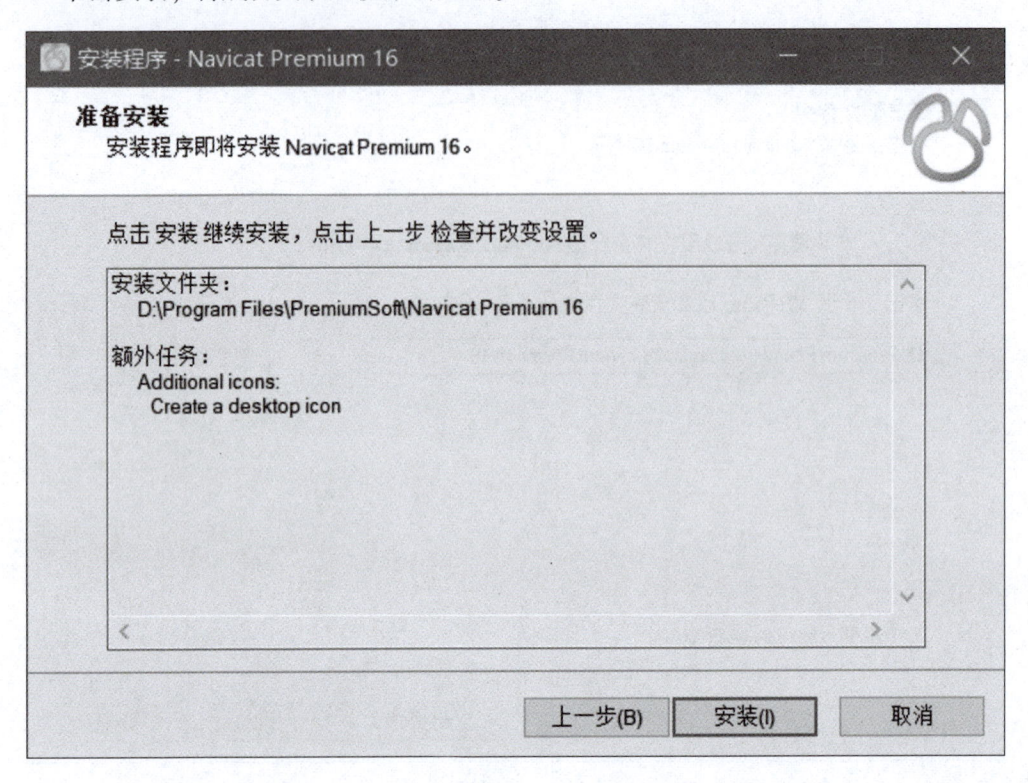

附录 B

配套实验

实验 1 MySQL 安装、创建和维护数据库实验

一、实验目的

(1) 掌握在 Windows 平台下安装与配置 MySQL 8.0 的方法。
(2) 掌握启动服务并登录 MySQL 8.0 数据库的方法和步骤。
(3) 了解手工配置 MySQL 8.0 的方法。
(4) 掌握 MySQL 数据库的相关概念。
(5) 掌握使用 MySQL Workbench/Navicat 等客户端工具和 SQL 语句创建数据库的方法。
(6) 掌握使用 MySQL Workbench/Navicat 等客户端工具和 SQL 语句删除数据库的方法。

二、实验内容

(1) 在 Windows 平台下安装与配置 MySQL 8.0 版。
(2) 在服务对话框中，手动启动或者关闭 MySQL 服务。
(3) 使用 Net 命令启动或关闭 MySQL 服务。
(4) 分别用 MySQL Workbench/Navicat 等客户端工具和命令行方式登录 MySQL。
(5) 创建数据库。
① 使用 MySQL Workbench/Navicat 等客户端工具创建教学管理数据库 JXGL。
② 使用 SQL 语句创建数据库 MyTestDB。
(6) 查看数据库属性。
① 在 MySQL Workbench/Navicat 等客户端工具中查看创建后的 JXGL 数据库的状态，查看数据库所在的文件夹。
② 利用 SHOW DATABASES 命令显示当前的所有数据库。
(7) 删除数据库。
① 使用 MySQL Workbench/Navicat 等客户端图形工具删除 JXGL 数据库。
② 使用 SQL 语句删除 MyTestDB 数据库。
③ 利用 SHOW DATABASES 命令显示当前的所有数据库。

实验 2　数据表的创建与修改管理实验

一、实验目的

（1）掌握表的基础知识。
（2）掌握使用 Navicat 创建表的方法。
（3）掌握表的修改、查看、删除等基本操作方法。
（4）掌握表中完整性约束的定义。
（5）掌握完整性约束的作用。

二、实验内容

使用 Navicat 等客户端工具创建教学管理数据库 JXGL。

（一）表定义操作

（1）在 JXGL 数据库中创建一个 s 表，表结构如下。

名	类型	长度	小数点	不是 null
sno	char	7	0	☑
sname	varchar	8	0	☑
sex	char	2	0	☐
birthday	date	0	0	☐
class	varchar	50	0	☐
dno	char	2	0	☐

其中，sno 表示学号，sname 表示姓名，sex 表示性别，birthday 表示出生日期，class 表示班级，dno 表示部门号。

（2）在 JXGL 数据库中创建一个 C 表，表结构如下。

名	类型	长度	小数点	不是 null	
cno	char	6	0	☑	🔑1
cname	varchar	16	0	☐	
hours	smallint	255	0	☐	
credit	smallint	255	0	☐	

其中，cno 表示课程号，cname 课程名，hours 表示课时数，credit 表示学分。

(3) 在 JXGL 数据库中创建一个 SC 表，表结构如下。

名	类型	长度	小数点	不是 null	
sno	char	7	0	☑	🔑1
cno	char	6	0	☑	🔑2
score	smallint	255	0	☐	

其中，sno 表示学号，cno 表示课程号，score 表示成绩。

(4) 在 JXGL 数据库中创建一个 T 表，表结构如下。

名	类型	长度	小数点	不是 null
tno	char	3	0	☑
tname	varchar	8	0	☑
sex	char	2	0	☐
prof	varchar	10	0	☐
dno	char	2	0	☐

其中，tno 表示教师号，tname 表示教师名，sex 表示性别，prof 表示职称，dno 表示部门号。

(5) 在 JXGL 数据库中创建一个 TC 表，表结构如下。

名	类型	长度	小数点	不是 null	
cno	char	6	0	☑	🔑2
tno	char	3	0	☑	🔑1

其中，cno 表示课程号，tno 表示教师号。

(6) 在 JXGL 数据库中创建一个 D 表，表结构如下。

名	类型	长度	小数点	不是 null	
dno	char	2	0	☑	🔑1
dname	varchar	10	0	☑	
address	varchar	255	0	☐	
tel	char	11	0	☐	

其中，dno 表示部门号，dname 表示部门名，address 表示地址，tel 表示电话。

(二) 表数据的录入

（1）在 S 表录入以下数据：

sno 学号	sname 姓名	sex 性别	birthday 出生日期	class 班级	dno 部门号
2001001	李思	女	2001/6/7	20 软件班	01
2001002	孙浩	男	2002/7/9	20 软件班	01
2001003	周强	男	2001/9/6	20 软件班	01
2001004	李斌	男	2001/12/2	20 计本班	01
2001005	黄琪	女	2002/6/9	20 计本班	01
2001006	张杰	男	2002/10/23	20 计本班	01
2002001	陈晓萍	女	2002/11/12	20 数本班	02
2002002	蒋咏婷	女	2001/7/9	20 数本班	02
2002003	张宇	男	2002/10/24	20 数本班	02
2003001	姜珊	女	2001/4/20	20 电子班	03
2003002	吴晓凤	女	2002/5/8	20 电子班	03
2003003	周国涛	男	2002/3/10	20 电子班	03
2003004	郑建文	男	2001/12/30	20 电子班	03

（2）在 C 表录入以下数据：

cno 课程号	cname 课程名	hours 课时数	credit 学分
C50101	数据结构	64	4
C50102	计算机导论	48	3
C50103	数据库原理	64	4
C50201	数学分析	48	3
C50202	概率论与数理统计	64	4
C50301	电子学基础	48	3

（3）在 SC 表录入以下数据：

sno 学号	cno 课程号	score 成绩
2001001	C50101	85
2001001	C50102	75
2001002	C50101	54
2001002	C50102	60
2001003	C50101	95
2001004	C50102	93
2001005	C50102	43

续表

sno 学号	cno 课程号	score 成绩
2001006	C50102	78
2002001	C50201	84
2002002	C50201	90
2002003	C50201	95
2003001	C50301	67
2003002	C50301	87
2003003	C50301	92

（4）在 T 表录入以下数据：

tno 教师号	tna 姓名	sex 性别	prof 职称	dno 部门号
T01	张林	女	教授	01
T02	张晓红	女	讲师	02
T03	李雪梅	女	讲师	03
T04	周伟	男	副教授	01
T05	张斌	男	讲师	03
T06	王小平	男	副教授	02

（5）在 TC 表录入以下数据：

cno 课程号	tno 教师号
C50101	T01
C50102	T04
C50103	T01
C50201	T02
C50202	T06
C50301	T03

（6）在 D 表录入以下数据：

dno 部门号	dname 部门名	address 地址	tel 电话
01	计信学院	计信-301	13907756789
02	数统学院	数统-402	15601234567
03	物电学院	物电-203	15707761234

实验3 数据表的创建与修改管理实验

一、实验目的

（1）掌握表的基础知识。
（2）掌握使用 SQL 创建表的方法。
（3）掌握使用 SQL 进行表的修改、查看、删除等基本方法。
（4）掌握表中完整性约束的定义。
（5）掌握完整性约束的作用。

二、实验内容

使用 create database 创建教学管理数据库 schoolInfo。

在 schoolInfo 数据库中创建一个 teacherInfo 表，表结构如下：

字段名	字段描述	数据类型	主键	外键	非空	唯一	自增
id	编号	INT（4）	是	否	是	是	是
num	教工号	INT(10)	否	否	是	是	否
name	姓名	VARCHAR(20)	否	否	是	否	否
sex	性别	VARCHAR(4)	否	否	是	否	否
birthday	出生日期	DATETIME	否	否	否	否	否
address	家庭住址	VARCHAR(50)	否	否	否	否	否

按照下列要求进行表定义操作：

（1）首先创建数据库 schoolInfo。

CREATE DATABASE schoolInfo；

（2）创建 teacherInfo 表。

```
CREATE TABLE teacherInfo (
id INT(4) NOT NULL UNIQUE    PRIMARY KEY AUTO_INCREMENT,
num INT(10) NOT NULL UNIQUE,
Name VARCHAR(20)NOT NULL,
Sex VARCHAR(4)NOT NULL,
Birthday DATETIME,
Address VARCHAR(50)
);
```

（3）将 teacherInfo 表的 name 字段的数据类型改为 VARCHAR（30）。

ALTER TABLE teacherInfo MODIFY name VARCHAR(30) NOT NULL；

(4) 将 birthday 字段的位置移到 sex 字段的前面。

ALTER TABLE teacherInfo MODIFY birthday DATETIME AFTER name;

(5) 将 num 字段改名为 t_id。

ALTER TABLE teacherInfo CHANGE num t_id INT(10) NOT NULL;

(6) 将 teacherInfo 表的 address 字段删除。

ALTER TABLE teacherInfo DROP address;

(7) 在 teacherInfo 表中增加名为 wages 的字段，数据类型为 FLOAT。

ALTER TABLE teacherInfo ADD wages FLOAT;

(8) 将 teacherInfo 表改名为 teacherInfo_Info。

ALTER TABLE teacherInfo RENAME teacherInfo_Info;

(9) 删除 teacherInfo 表，代码如下：

DROP TABLE teacherInfo;

实验 4　MySQL 数据库表数据的简单查询操作实验

一、实验目的

(1) 掌握 SELECT 语句的基本语法格式。
(2) 掌握 SELECT 语句的执行方法。
(3) 掌握 SELECT 语句的 GROUP BY 和 ORDER BY 子句的作用。

二、实验内容

1. 在 JXGL 数据库中，用 SQL 语言实现以下查询：
(1) 查询所有课程的课程号、课程名和学分。
(2) 查询全体学生的全部信息。
(3) 查询学分大于 3 分的课程的课程号、课程名和学分。
(4) 查询所有女学生的学号、姓名及年龄。
(5) 查询考试成绩在 85~95 分的学号、课程号和成绩。
(6) 查询数据库原理这门课程的学分。
(7) 将学生的信息按出生日期降序排列。
(8) 按学号递增、课程成绩递减的顺序（查询）显示学生的课程成绩。
(9) 统计课程的总门数。
(10) 查询 C50101 这门课程的平均分、最高分数和最低分数。
(11) 查询所有姓吴的学生的学号、姓名和性别，并按姓名降序排列。
(12) 查询各个同学所学课程的平均分数。

(13) 查询每个班的学生人数，按人数递增的顺序显示。

(14) 查询平均分超过 85 分的学生的学号和平均分。

(15) 查询选修人数超过 3 的学生的课程号和选课人数。

2. 在公司的部门员工管理数据库的 bumen 表和 yuangong 表上进行信息查询。Bumen 表和 yuangong 表的定义如下。

bumen 表的定义

字段名	字段描述	数据类型	主键	外键	非空	唯一	自增
d_id	部门号	INT(4)	是	否	是	是	否
d_name	部门名称	VARCHAR(20)	否	否	是	是	否
function	部门职能	VARCHAR(20)	否	否	否	否	否
address	工作地点	VARCHAR(30)	否	否	否	否	否

yuangong 表的定义

字段名	字段描述	数据类型	主键	外键	非空	唯一	自增
id	员工号	INT(4)	是	否	是	是	否
name	姓名	VARCHAR(20)	否	否	是	否	否
sex	性别	VARCHAR(4)	否	否	是	否	否
birthday	年龄	INT(4)	否	否	否	否	否
d_id	部门号	VARCHAR(20)	否	是	是	否	否
salary	工资	Float	否	否	否	否	否
address	家庭住址	VARCHAR(50)	否	否	否	否	否

bumen 表的练习数据：

1001, '人事部', '人事管理', '北京'

1002, '科研部', '研发产品', '北京'

1003, '生产部', '产品生产', '天津'

1004, '销售部', '产品销售', '上海'

yuangong 表的练习数据：

8001, '韩鹏', '男', 25, 1002, 4000, '北京市海淀区'

8002, '张峰', '男', 26, 1001, 2500, '北京市昌平区'

8003, '欧阳', '男', 20, 1003, 1500, '湖南省永州市'

8004, '王武', '男', 30, 1001, 3500, '北京市顺义区'

8005, '欧阳宝贝', '女', 21, 1002, 3000, '北京市昌平区'

8006, '呼延', '男', 28, 1003, 1800, '天津市南开区'

然后在 bumen 表和 yuangong 表查询记录。查询的要求如下：

（1）查询所有员工的基本信息。
（2）查询员工表的第四条到第五条记录。
（3）查询各部门的部门号（d_id）、部门名称（d_name）和部门职能（function）。
（4）查询人事部和科研部的所有员工的信息，并按照工资从高到低的顺序排列。
（5）查询年龄在 25~30 岁的所有员工的工号、姓名、年龄、工资。
（6）查询每个部门有多少员工。
（7）查询每个部门的最高工资和平均工资。
（8）查询家是北京市的员工的姓名、年龄、家庭住址。

实验 5　MySQL 数据库表数据的复杂查询操作实验

一、实验目的

（1）掌握多表连接查询的方法。
（2）掌握嵌套查询的使用方法。
（3）深刻理解 SELECT 语句的执行方法。

二、实验内容

1. 在 JXGL 数据库中，用 SQL 语言实现以下查询：
（1）查询每门课程的选修详情，包括学号、课程号、课程名、学分和成绩。
（2）查询所有男生选修"数据结构"课程的学习成绩单，成绩单包含姓名、班级、课程名、成绩、学分。
（3）查询所有副教授所开设的课程的课程号、课程名、教师名和性别。
（4）查询计算机系的学生选修信息，包含学号、姓名、课程号和成绩。
（5）统计 20 软件班的每个学生的选课门数和平均成绩。
（6）查询选修了 C50101 但没有选修 C50102 课程的学生的学号和姓名。
（7）查询同时选修了 C50101 和 C50102 这两门课程的学生的学号和姓名。
（8）查询与姜珊同学同班的男同学的学号、姓名和出生日期。
（9）查询与孙浩同学同年出生的学生的学号、姓名和出生日期。
（10）查询 C50102 课程的成绩高于该门课程平均成绩的学生的学号、姓名和成绩。

2. 在公司的部门员工管理数据库的 bumen 表和 yuangong 表上进行信息查询。Bumen 表和 yuangong 表的定义如下。

bumen 表的定义

字段名	字段描述	数据类型	主键	外键	非空	唯一	自增
d_id	部门号	INT(4)	是	否	是	是	否
d_name	部门名称	VARCHAR(20)	否	否	是	是	否
function	部门职能	VARCHAR(20)	否	否	否	否	否
address	工作地点	VARCHAR(30)	否	否	否	否	否

yuangong 表的定义

字段名	字段描述	数据类型	主键	外键	非空	唯一	自增
id	员工号	INT(4)	是	否	是	是	否
name	姓名	VARCHAR(20)	否	否	是	否	否
sex	性别	VARCHAR(4)	否	否	是	否	否
birthday	年龄	INT(4)	否	否	否	否	否
d_id	部门号	VARCHAR(20)	否	是	是	否	否
salary	工资	Float	否	否	否	否	否
address	家庭住址	VARCHAR(50)	否	否	否	否	否

bumen 表的练习数据：
1001，'人事部'，'人事管理'，'北京'
1002，'科研部'，'研发产品'，'北京'
1003，'生产部'，'产品生产'，'天津'
1004，'销售部'，'产品销售'，'上海'

yuangong 表的练习数据：
8001，'韩鹏'，'男'，25，1002，4000，'北京市海淀区'
8002，'张峰'，'男'，26，1001，2500，'北京市昌平区'
8003，'欧阳'，'男'，20，1003，1500，'湖南省永州市'
8004，'王武'，'男'，30，1001，3500，'北京市顺义区'
8005，'欧阳宝贝'，'女'，21，1002，3000，'北京市昌平区'
8006，'呼延'，'男'，28，1003，1800，'天津市南开区'

然后在 bumen 表和 yuangong 表查询记录。查询的要求如下：
（1）查询人事部门所有员工的员工号、姓名、性别和基本工资。
（2）查询员工张峰所在的部门号、部门名及部门职能。
（3）统计科研部门员工的平均工资。
（4）查询与欧阳在同一部门的员工的基本信息。
（5）查询工资低于所有员工的平均工资的职工号、姓名、部门和工资。

实验6 MySQL 数据库表的数据插入、修改、删除操作实验

一、实验目的

（1）掌握 MySQL 数据库表的数据插入、修改、删除操作 SQL 语法格式。
（2）掌握数据表的数据的插入、修改和删除的方法。

二、实验内容

1. 在 JXGL 数据库中，按照下列要求进行操作：
（1）插入一个学生记录，学生信息如下：学号：2004001；姓名：李明；性别：男；出

生日期：2002-10-2；班级：20 教技班；部门号：01。

（2）在关系 SC 中，插入一个学习记录，记录信息为：李明同学（学号为 2004001）学习数据库原理课程（课程号为 C50103）的成绩为 89 分。

（3）将学生"李明"（学号为 2004001）的班级改为 20 计本班。

（4）将所有学生的成绩加 2 分。

（5）将计算机导论课程不及格的成绩改为 61 分。

（6）删除学生李明的选课信息记录。

（7）修改数据结构课程的成绩，若成绩低于该课程的平均成绩时，则提高 5%。

2. 某超市的食品管理的数据库的 Food 表，Food 表的定义如下，请完成插入数据、更新数据和删除数据。

Food 表的定义

字段名	字段描述	数据类型	主键	外键	非空	唯一	自增
foodid	食品编号	INT(4)	是	否	是	是	是
Name	食品名称	VARCHAR(20)	否	否	是	否	否
Company	生产厂商	VARCHAR(30)	否	否	是	否	否
Price	价格（单位：元）	FLOAT	否	否	是	否	否
Product_time	生产年份	YEAR	否	否	否	否	否
Validity_time	保质期（单位：年）	INT(4)	否	否	否	否	否
address	厂址	VARCHAR(50)	否	否	否	否	否

按照下列要求进行操作：

（1）采用 3 种方式，将表的记录插入 Food 表中。

方法一：不指定具体的字段，插入数据：'QQ 饼干', 'QQ 饼干厂', 2.5, '2020', 3, '北京'。

方法二：依次指定 Food 表的字段，插入数据：'MN 牛奶', 'MN 牛奶厂', 3.5, '2022', 2, '河北'。

方法三：同时插入多条记录，插入数据：

'EE 果冻', 'EE 果冻厂', 1.5, '2019', 2, '北京',

'FF 咖啡', 'FF 咖啡厂', 20, '2020', 5, '天津',

'GG 奶糖', 'GG 奶糖', 14, '2021', 3, '广东'；

分别写出相应语句。

（2）将"MN 牛奶厂"的厂址（address）改为"内蒙古"，并且将价格改为 3.2。

（3）将厂址在北京的公司的保质期（validity_time）都改为 5 年。

（4）删除过期食品的记录。若当前时间-生产年份（producetime）>保质期（validity_time），则视为过期食品。

（5）删除厂址为"北京"的食品的记录。

实验 7　视图创建与管理实验

一、实验目的

（1）理解视图的概念。
（2）掌握创建、更改、删除视图的方法。
（3）掌握使用视图来访问数据的方法。

二、实验内容

在 JXGL 数据库中，按照下列要求进行操作：

（1）创建计信学院学生的成绩单视图 CS_view，视图中应有计信学院全体学生的学号、姓名、课程号、课程名和成绩信息。
（2）创建课程平均成绩视图 C_AVG，视图中应有课程的课程号、课程名、平均成绩信息。
（3）创建每门课程的选课视图 C_S，视图中应有课程号、课程名、学分、学号和成绩信息。
（4）查看视图 CS_view 的所有记录。
（5）基于视图 C_AVG 查询数据结构这门课程的平均成绩。
（6）基于视图 C_S 查询选修了数据结构这门课的学生的姓名、学分、学号和成绩。

实验 8　存储过程的创建管理实验

一、实验目的

（1）理解存储过程的概念。
（2）掌握创建存储过程的方法。
（3）掌握执行存储过程的方法。

二、实验内容

在 JXGL 数据库中，按照下列要求进行操作：

（1）创建存储过程 S_SCORE，其功能是返回学号为 2001002 的学生的成绩情况。
（2）创建一个存储过程 MAX_SCORE，其功能是输入一门课程的课程号，输出该门课程的最高分。
（3）调用存储过程 S_SCORE，返回学号为 2001002 的学生的成绩情况。
（4）调用存储过程 MAX_SCORE，返回课程号为 C50102 的课程最高分。
（5）删除存储过程 S_SCORE 和 MAX_SCORE。

实验 9　触发器创建与管理实验

一、实验目的

（1）理解触发器的概念与类型。

（2）理解触发器的功能及工作原理。

（3）掌握创建、更改、删除触发器的方法。

（4）掌握利用触发器维护数据完整性的方法。

二、实验内容

1. 在 JXGL 数据库中，按照下列要求进行操作：

（1）创建触发器，当删除表 course 中的元组时，同时自动删除 SC 中相关课程的选修记录。

（2）创建触发器，当在 SC 表插入选课信息时，保证插入记录的学号与学生表的学号满足参照完整性，否则无法插入。

（3）创建一个触发器，实现在向 Student 表插入数据时，检查学生的年龄是否在 15~30 岁。

2. 使用触发器可以实现数据库的审计操作，记载数据的变化、操作数据库的用户、数据库的操作、操作时间等。请完成如下任务。

（1）使用触发器审计雇员表的工资变化，并验证。

① 创建雇员表 empsa（empno, empname, empsal），其中，empno 为雇员编号，empname 为雇员姓名，empsal 为雇员的工资字段。

② 创建审计表 ad（user, oempsal, nempsal, time），其中，user 为操作的用户，oempsal 字段记录更新前的工资旧值，nempsal 记录更新后的工资新值，time 保存更改的时间。

③ 创建审计雇员表的工资变化的触发器。

④ 验证触发器。

（2）触发器可以实现当删除主表信息时，级联删除子表中引用主表的相关记录。要求创建一个部门表 dept 和雇员表 emp，当删除 dept 中的一个部门信息后，级联删除 emp 表中属于该部门的雇员信息的触发器，并验证。

① 创建部门表 dept（dno, dname），字段分别为部门编号和部门名称，并插入 3 行数据：(1, '工程部')，(2, '财务部')，(3, '后勤部')。

② 创建雇员表 emp（eno, ename, dno），字段分别为雇员编号、雇员姓名和部门编号，并插入 3 行数据：(1, '王明', '1')，(2, '张军', '1')，(3, '丁一帆', '2')。

③ 创建当删除 dept 中的一个部门信息后，级联删除 emp 表中属于该部门的雇员信息的触发器。

④ 验证触发器，删除 dept 表中 dno 为 1 的部门，查看 emp 中的数据。

附 录 C

习题参考答案

习题 1

一、单项选择题

1. C 2. C 3. B 4. B 5. B 6. C 7. C 8. B 9. B 10. C
11. D 12. A 13. D 14. B 15. D 16. C 17. A 18. C 19. D 20. D 21. D

二、填空题

1. 数据库系统
2. 关系
3. 数据库管理系统
4. 独立性
5. 关系模型
6. 外模式　内模式　模式
7. 物理独立性

三、简答题

1. 数据库管理系统（Database Management System）安装于操作系统之上，是一个管理、控制数据库中各种数据库对象的系统软件。主要功能如下：

（1）数据定义功能。

（2）数据操作功能。

（3）数据控制功能。

（4）数据组织、存储和管理。

2. 数据库是长期存储在计算机内、有组织的、可共享的大量数据的集合。数据库中的数据按一定的数据模型组织和存储，具有较小的冗余度、较高的独立性和易扩展性，并可为用户共享。

3. 数据库系统（Database System），是由数据库及其管理软件组成的系统。

数据库系统是一个为实际可运行的存储、维护和应用系统提供数据的软件系统。

4. 数据库有严密的三级模式体系结构，包括模式、外模式和内模式。

模式（Schema）：也称逻辑模式，是数据库中全体数据的逻辑结构和特征的描述，是所有用户的公共数据视图。

外模式（External Schema）：也称子模式（Subschema）或用户模式，是数据库用户能够看见和使用的局部数据的逻辑结构和特征的描述，是数据库用户的数据视图，是与某一应用有关的数据的逻辑表示。

内模式（Internal Schema）：也称存储模式（Storage Schema），它是数据物理结构和存储方式的描述，是数据在数据库内部的表示方式。

5. 数据独立性是指应用程序和数据之间相互独立，互不影响。包括逻辑独立性和物理独立性。

6. 模式（Schema）：也称逻辑模式，是数据库中全体数据的逻辑结构和特征的描述，是所有用户的公共数据视图。

外模式（External Schema）：也称子模式（Subschema）或用户模式，是数据库用户能够看见和使用的局部数据的逻辑结构和特征的描述，是数据库用户的数据视图，是与某一应用有关的数据的逻辑表示。

内模式（Internal Schema）：也称存储模式（Storage Schema），它是数据物理结构和存储方式的描述，是数据在数据库内部的表示方式。

通过外模式—模式映射和模式—内模式映射这两个映射保证了数据库系统中的数据具有较高的逻辑独立性和物理独立性。

7. 数据模型（Data Model）是对现实世界中数据特征的抽象。数据模型应满足 3 个方面的要求：一是能比较真实地模拟现实世界；二是容易理解；三是便于在计算机上实现。

8. 数据模型通常由数据结构、数据操作和数据的完整性约束三部分组成。

9. 概念模型是现实世界信息的抽象反映，不依赖具体的计算机系统，是现实世界到计算机世界的一个中间层次。概念模型具有较强的语义表达能力，能够方便、直接地表达应用中的各种语义知识；另外还应简单、清晰和易于被用户理解。

四、应用题

1.

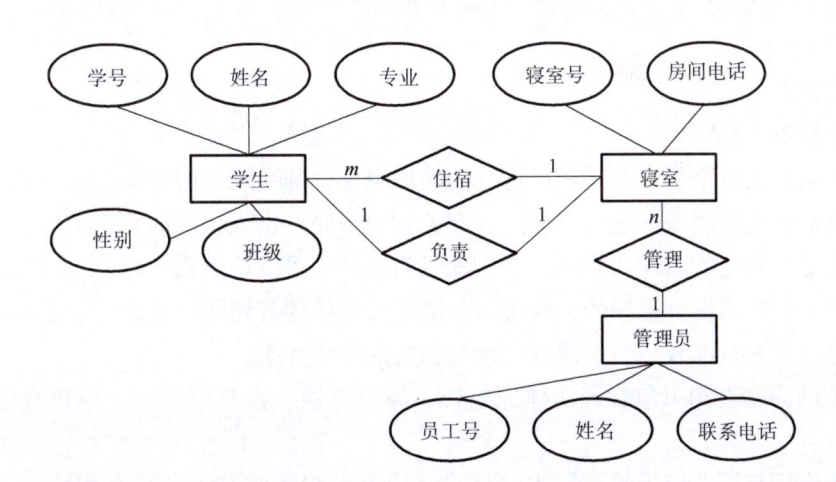

2.

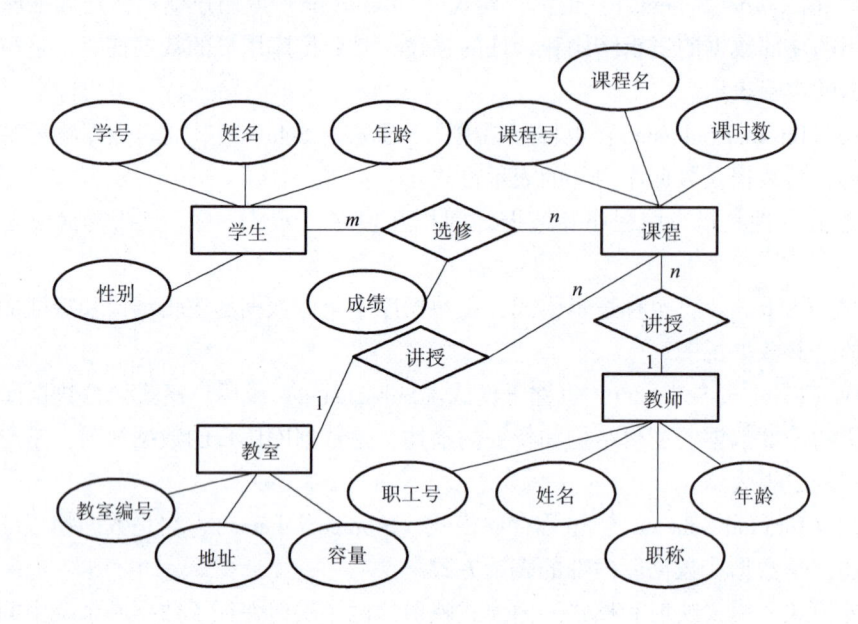

[E-R图:学生(学号、姓名、年龄、性别)通过m:n"选修"(成绩)联系课程(课程号、课程名、课时数);教室(教室编号、地址、容量)1:n"讲授"课程;教师(职工号、姓名、年龄、职称)1:n"讲授"课程]

习题 2

一、单项选择题

1. C 2. B 3. A 4. C 5. B 6. A 7. B 8. C 9. B 10. A

二、填空题

1. 候选码
2. 选择
3. 属性
4. 系编号 系编号 系名称，电话，办公地点
5. 笛卡尔积

三、简答题

1. 关系有如下性质。

（1）关系中的每个分量都是不可再分的数据单位，即关系表中不能再有子表。

（2）关系中任意两行不能完全相同，即关系中不允许出现相同的元组。

（3）关系是元组的集合，所以关系中元组间的顺序可以任意排列。

（4）关系中的属性是无序的，使用时一般按习惯排列各列的顺序。

（5）每一个关系都有一个主键唯一地标识它的各个元组。

2. 关系的完整性约束包含：实体完整性、域完整性、参照完整性、用户自定义完整性共4类。

3. 自然连接与等值连接的差别为：自然连接要求相等的分量必须有相同的属性名，等值连接不用；自然连接要求将重复的属性名去掉，等值连接不用。

4.

R−S

A	B	C
1	15	123
2	11	149

R∪S

A	B	C
1	15	123
2	11	149
3	10	150
4	13	112
7	15	120
5	13	117

R∩S

A	B	C
3	10	150
4	13	112

R×S

R.A	R.B	R.C	S.A	S.B	S.C
1	15	123	4	13	112
1	15	123	7	15	120
1	15	123	3	10	150
1	15	123	5	13	117
2	11	149	4	13	112
2	11	149	7	15	120
2	11	149	3	10	150
2	11	149	5	13	117
3	10	150	4	13	112
3	10	150	7	15	120
3	10	150	3	10	150
3	10	150	5	13	117
4	13	112	4	13	112
4	13	112	7	15	120
4	13	112	3	10	150
4	13	112	5	13	117

5.

（1）

$$\Pi_{sname, age}(student)$$

(2)
$$\sigma_{sex='女'}(student)$$

(3)
$$\Pi_{sno,sname,grade}(\sigma_{cno='c005'}(student \bowtie s\_c))$$

(4)
$$\Pi_{sno,sname,dept}(\sigma_{cno='c002' \wedge grade>70}(student \bowtie s\_c))$$

(5)
$$\Pi_{sno,sname}(\Pi_{sno}(\sigma_{2='c002' \wedge 5='c003'}(s\_c \underset{sno=sno}{\bowtie} s\_c)) \bowtie student)$$

(6)
$$\Pi_{cname,hours}((\Pi_{cno,sno}(s\_c) \div \Pi_{sno}(student)) \bowtie course)$$

习题 3

略

习题 4

一、单项选择题

1. C　2. B　3. D　4. A　5. B　6. D　7. D　8. D　9. D　10. B

二、设计题

1.

（1）select *

　　From s

　　Where 年龄<20 and 性别='男'

（2）select s.学号,姓名,成绩

　　from s,sc,c

　　where s.学号=sc.学号 and sc.课程号=c.课程号 and 课程名='数据库'

（3）insert into c

　　values〔('c17','数据结构',64)〕如实体

2. 略

习题 5

一、单项选择题

1. A　2. C　3. B　4. A　5. C　6. A　7. B　8. C　9. D　10. C

11. D　12. C

二、填空题

1. E-R 模型

2. 矩形 椭圆形 菱形

3. 逻辑模型设计

4. 命名 属性 结构

5. 1∶1   1∶n   m∶n

三、简答题

1. 数据库设计（Database Design）是指对一个给定的应用环境，构造最优的数据库模式，建立数据库及其应用系统，使之能够有效地存储数据，满足各种用户的应用需求（信息要求和处理要求）。数据库设计的设计内容包括：需求分析、概念模型设计、逻辑模型设计、物理结构设计、数据库的实施及数据库的运行和维护。

需求分析：调查和分析用户的业务活动和数据的使用情况，弄清所用数据的种类、范围、数量以及它们在业务活动中交流的情况，确定用户对数据库系统的使用要求和各种约束条件等，形成用户需求规约。

概念模型设计：对用户要求描述的现实世界（可能是一个工厂、一个商场或者一个学校等），通过对其中诸处的分类、聚集和概括，建立抽象的概念数据模型。

逻辑模型设计：主要工作是将现实世界的概念数据模型设计成数据库的一种逻辑模式。

物理结构设计：根据特定数据库管理系统所提供的多种存储结构和存取方法等依赖于具体计算机结构的各项物理设计措施，对具体的应用任务选定最合适的物理存储结构（包括文件类型、索引结构和数据的存放次序与位逻辑等）、存取方法和存取路径等。

数据库实施设计：在上述设计的基础上，收集数据并具体建立一个数据库，运行一些典型的应用任务来验证数据库设计的正确性和合理性。

运行与维护设计：在数据库系统正式投入运行的过程中，必须不断地对其进行调整与修改。

2. 该阶段要求数据库设计人员准确理解用户需求，通过进行细致的调查现实世界要处理的对象，充分了解用户的组织机构、应用环境、业务规则，即明确用户的各种需求，然后将用户非形式化的需求陈述转化为完整的需求定义，再由需求定义转化到相应的形式功能约定（需求说明书），并取得双方的一致认同。

调查的内容是"数据"和"处理"。

3. 将需求分析得到的用户需求抽象为信息结构（概念模型）表示的过程称为概念模型设计，这一过程是数据库设计的关键，得到的概念模型既独立于计算机硬件结构，又独立于具体的数据库管理系统（DBMS），是现实世界与机器世界的中介，它不仅能充分反映现实世界，还易于非计算机专业人员理解，而且又易于转化为常见的数据模型。设计步骤：抽象数据并设计局部视图，将局部视图合并成全局的概念模型。

4. （1）实体类型的转换。

将每个实体类型转换成一个关系模式，实体的属性即为关系的属性，实体标识符即为关系的键。

（2）联系类型的转换。

① 实体间的联系是 1∶1。

可以在两个实体类型转换成两个关系模式中的任意一个关系模式的属性中加入另一个关系模式的主键和联系类型的属性。

② 实体间的联系是 1∶n。

在 n 端实体类型转换成的关系模式中加入 1 端实体类型转换成的关系模式的主键和联系类型的属性。

③ 实体间的联系是 m∶n。

将联系类型也转换成关系模式，其属性为两端实体类型的主键加上联系类型的属性，而主键为两端实体主键的组合。

（3）三元联系转换。

1∶1∶1 可以在三个实体类型转换成的三个关系模式中任意一个关系模式的属性中加入另两个关系模式的主键（作为外键）和联系类型的属性。

1∶1∶n 在 n 端实体类型转换成的关系模式中加入两个 1 端实体类型的主键（作为外键）和联系类型的属性。

1∶m∶n 将联系类型也转换成关系模式，其属性为 m 端和 n 端实体类型的主键（作为外键）加上联系类型的属性，而主键为 m 端和 n 端实体主键的组合。

m∶n∶p 将联系类型也转换成关系模式，其属性为三端实体类型的主键（作为外键）加上联系类型的属性，而主键为三端实体键的组合。

5.

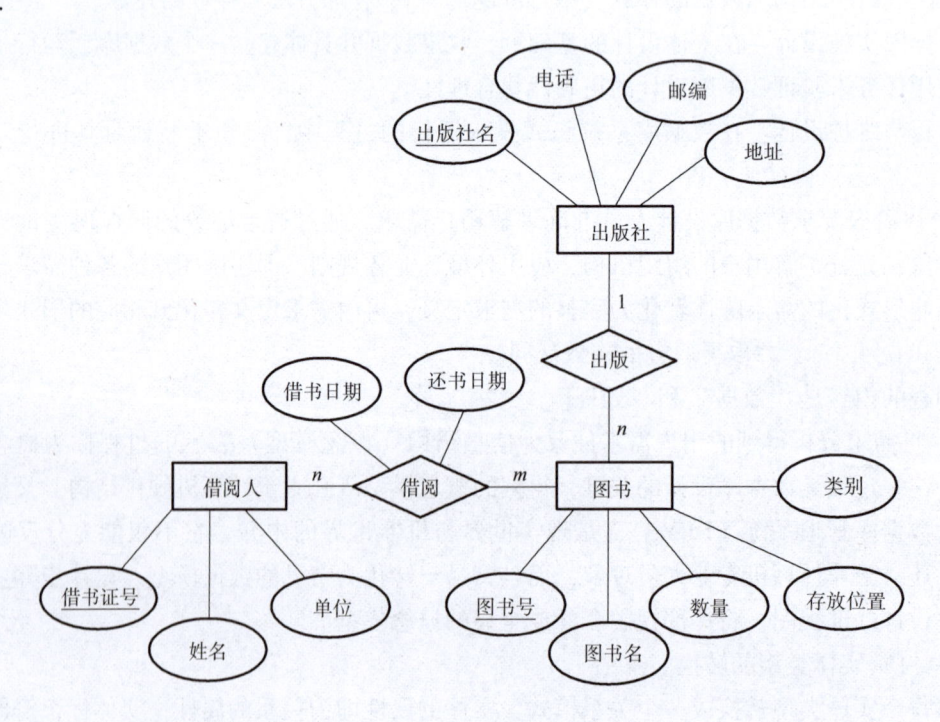

6. (1)

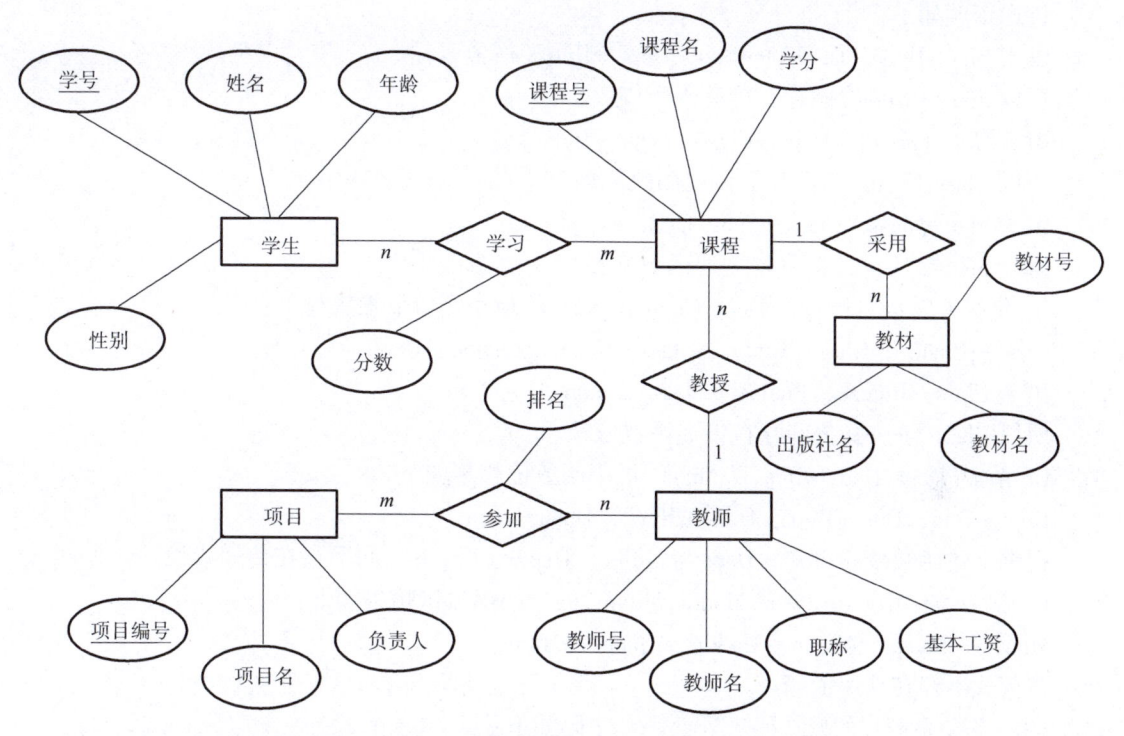

(2) 学生（学号，姓名，年龄，性别）主键：学号 无外键

课程（课程号，课程名，学分，教师编号）主键：课程号 外键：教师编号

教材（教材号，教材名，出版社名，课程号）主键：教材号 外键：课程号

学习（学号，课程号，分数）主键：{学号，课程号}，外键：学号；课程号

教师（教师号，教师名，职称名，基本工资）主键：教师号，无外键

项目（项目编号，项目名，负责人）主键：项目编号

参加（项目编号，教师号，排名）主键：{项目编号，教师号}，外键：项目编号；教师号

习题 6

1. 略

2. 解：

（1）关系模式如下：

学生：$S(Sno, Sname, Sbirth, Dept, Class, Rno)$

班级：$C(Class, Pname, Dept, Cnum, Cyear)$

系：$D(Dept, Dno, Office, Dnum)$

学会：$M(Mname, Myear, Maddr, Mnum)$

（2）每个关系模式的最小函数依赖集如下：

A. 学生 $S(Sno, Sname, Sbirth, Dept, Class, Rno)$ 的最小函数依赖集如下：

Sno→Sname，Sno→Sbirth，Sno→Class，Clas→Dept，DEPT→Rno

传递依赖如下：

由于 Sno→Dept，而 Dept→Sno，Dept→Rno（宿舍区）

所以 Sno 与 Rno 之间存在传递函数依赖。

由于 Class→Dept，Dept→Class，Dep→Rno

所以 Class 与 Rno 之间存在传递函数依赖。

由于 Sno→Class，Class→Sno，Class→Dept

所以 Sno 与 Dept 之间存在传递函数依赖。

B. 班级 C(Class,Pname,Dept,Cnum,Cyear)的最小函数依赖集如下：

Class→Pname，Class→Cnum，Class→Cyear，Pname→Dept

由于 Class→Pname，Pname→Class，Pnam→Dept

所以 Class 与 Dept 之间存在传递函数依赖。

C. 系 D(Dept,Dno,Office,Dnum)的最小函数依赖集如下：

Dept→Dno，Dno→Dept，Dno→Office，Dno→Dnum

根据上述函数依赖可知，Dept 与 Office，Dept 与 Dnum 之间不存在传递依赖。

D. 学会 M(Mname,Myear,Maddr,Mnum)的最小函数依赖集如下：

Mname→Myear，Mnam→Maddr，Mname→Mnum

该模式不存在传递依赖。

(3) 各关系模式的候选码、外部码，全码如下：

A. 学生 S 候选码：Sno；外部码：Dept、Class；无全码

B. 班级 C 候选码：Class；外部码：Dept；无全码

C. 系 D 候选码：Dept 或 Dno；无外部码；无全码

D. 学会 M 候选码：Mname；无外部码；无全码

3. 答：(1) 当属性组 BC 也是关系模型 R 的候选码，R 是 BCNF。此时有：$A→B$，$BC→A$ 成立。

(2) R 的候选码包括：ACE，BCE，CDE。

(3) 因为不存在传递函数依赖，所以 R 属于 3NF。因为每个函数依赖的决定因素都不包含码，所以 R 不属于 BCNF。

4. 答：

(1) 结论(1)是正确的。一个二元关系模式具有两个属性，只存在两种情况。一种情况是两个属性中一个为键，另一个为非主属性，所以不可能存在非主属性对键的部分依赖和传递依赖，故属于 3NF；另一种情况是两个属性的组合为键，更不存在非主属性对键的部分依赖和传递依赖，故属于 3NF。因此，任何一个二元关系模式都属于 3NF。

(2) 同理，结论(2)是正确的。

(3) 根据传递律，结论(3)是正确的。

(4) 根据合并规则，结论(4)是正确的。

(5) 根据增广律和分解规则，结论(5)是正确的。

(6) 结论(6)是错误的，例如，对关系模式 SC(S#,C#,GRADE)有{S#,C#}→GRADE，但 S#→GRADE 和 C#→GRADE 不成立。

5. 证明：用反证法。

设 R 是 3NF 的，但不是 2NF 的，那么一定存在非主属性 A、候选键 X 和 X 的真子集 Y，使 $Y \rightarrow A$。由于 A 是非主属性，所以，$A-X \neq \emptyset$，$A-Y \neq \emptyset$。由于 Y 是候选键 X 的真子集，所以 $X \rightarrow Y$，但 $Y \nrightarrow X$。这样在 R 上存在非主属性 A 传递依赖于候选键 X，所以 R 不是 3NF 的，这与假设矛盾，所以 R 也是 2NF 的。

6. 证明：用反证法。

假设 R 是 BCNF 的，但不是 3NF 的，那么必定存在非主属性对候选键的传递依赖，即存在非主属性 A、候选键 X、属性集 Y，使 $X \rightarrow Y$，$Y \rightarrow A$，$A-X \neq \emptyset$，$A-Y \neq \emptyset$，$Y \nrightarrow X$。但由于 R 是 BCNF，若 $Y \rightarrow A$ 和 $A \notin Y$，则必定有 Y 是 R 的候选键，因而有 $Y \rightarrow X$，这与假设 $Y \nrightarrow X$ 矛盾。

习题 7

一、单项选择题

1. A   2. A   3. B   4. C   5. C   6. D   7. D   8. B   9. D   10. A
11. A   12. D   13. C   14. D   15. B   16. D   17. D   18. D   19. C   20. D
21. C   22. A   23. D   24. C   25. C

二、填空题

1. 查询
2. 原子性　隔离性
3. 丢失修改　读脏数据
4. 事务
5. 事务故障　系统故障　介质故障

三、简答题

1. 简化用户操作、使用户能以多种角度看待同一数据、为重构数据库提供了一定程度的逻辑独立性、对机密数据提供安全保护。

2. 事务是用户定义的一个数据库操作序列，这些操作要么全做要么全不做，是一个不可分割的工作单位。事务具有 4 种特性：原子性（Atomicity）、一致性（Consistency）、隔离性（Isolation）和持久性（Durability）。这 4 种特性简称为 ACID 特性。

原子性：事务作为一个整体被执行，包含在其中对数据库的操作都执行或都不执行。

一致性：事务应确保数据库的状态，从一个一致状态转变为另一个一致状态，一致状态的含义是数据库中的数据应满足完整性约束。

隔离性：多个事务并发执行时，一个事务的执行不应影响其他事务的执行。

持久性：一个事务一旦提交，它对数据库的修改应该永久保存在数据库中。

3. 并发操作带来的数据库不一致性可以分为三类：丢失修改、读脏数据、不可重复读。

4. 所谓封锁，就是事务 T 在对某个数据对象（如表、记录等）操作之前，先向系统发出请求，对其加锁。加锁后事务 T 就对该数据对象有了一定的控制，在事务 T 释放它的锁之前，其他事务在操作该数据对象时会受到这种控制的影响。

基本的封锁类型有两种：排他锁（Exclusive lock，简记为 X 锁）和共享锁（Share lock，简记为 S 锁)。

(1) 排他锁又称为写锁。若事务 T 对数据对象 A 加上 X 锁，则只允许事务 T 读取和修改 A，其他任何事务都不能再对 A 加任何类型的锁，直到事务 T 释放 A 上的锁。

(2) 共享锁又称为读锁。若事务 T 对数据对象 A 加上 S 锁，则事务 T 可以读 A 但不能修改 A，其他事务只能再对 A 加 S 锁，而不能加 X 锁，直到事务 T 释放 A 上的锁。这就保证了其他事务可以读 A，但在事务 T 释放 A 上的 S 锁之前不能对 A 做任何修改。

5. 日志文件是指用来记录每一次对数据库更新活动的文件。

登记日志文件时必须遵循以下两条原则：

(1) 登记的次序严格按并发事务执行的时间次序；

(2) 必须先写日志文件，后写数据库。

6. 可串行化调度是并发事务正确的判定准则。

7. 串行调度指的是多个事务依次执行。并发调度则是利用分时交叉的方法同时处理多个事务。可串行化调度是并发调度，且与它的某一串行调度是等价的。

参 考 文 献

[1] 王珊，萨师煊. 数据库系统概论［M］. 5版. 北京：高等教育出版社，2014.

[2] 李俊山，叶霞，罗蓉，等. 数据库原理及应用［M］. 3版. 北京：清华大学出版社，2017.

[3] 王丽艳，霍敏霞，吴雨芯. 数据库原理及应用（SQL Server 2012）［M］. 北京：人民邮电出版社，2018.

[4] 吴鸥琦，王珊. 关于E-R/数据模型转换的一点注记［J］. 小型微型计算机系统，1983（6）：60-65.

[5] 汪剑，向华. 数据库企业项目实战［M］. 北京：清华大学出版社，2015.

[6] Codd E F. Normalized data base structure：A brief tutorial［C］//Proceedings of the 1971 ACM SIGFIDET (now SIGMOD) Workshop on Data Description, Access and Control. 1971：1-17.

[7] Codd E F. Further normalization of the data base relational model［J］. Data base systems，1972，6：33-64.

[8] Armstrong W W. Dependency structures of data base relationships［C］//IFIP congress. 1974，74：580-583.

[9] Bernstein P A. Synthesizing third normal form relations from functional dependencies［J］. ACM Transactions on Database Systems (TODS)，1976，1（4）：277-298.

[10] Zaniolo C A. Analysis and design of relational schemata for database systems［M］. University of California, Los Angeles，1976.

[11] Fagin R. Multivalued dependencies and a new normal form for relational databases［J］. ACM Transactions on Database Systems (TODS)，1977，2（3）：262-278.

[12] Beeri C, Fagin R, Howard J H. A complete axiomatization for functional and multivalued dependencies in database relations［C］//Proceedings of the 1977 ACM SIGMOD international conference on Management of data. 1977：47-61.

[13] Bernstein P A, Goodman N. What does Boyce-Codd normal form do?［C］//VLDB. 1980：245-259.

[14] Aho A V, Beeri C, Ullman J D. The theory of joins in relational databases［J］. ACM Transactions on Database Systems (TODS)，1979，4（3）：297-314.

[15] Maier D. The theory of relational databases［M］. Rockville：Computer science press，1983.

[16] Kent W. Consequences of assuming a universal relation［J］. ACM Transactions on Database Systems (TODS)，1981，6（4）：539-556.

[17] Ullman J D. On Kent's "Consequences of assuming a universal relation" (Technical correspondance)［J］. ACM Transactions on Database Systems (TODS)，1983，8（4）：637-643.